BERNARD **ROME**

OBTENEZ LE **MAXIMUM** DES

NIKON D7200 ET D7100

DUNOD

Du même auteur chez le même éditeur

Obtenez le maximum du Nikon D500, 2016

Obtenez le maximum du Nikon D750, 2015

Obtenez le maximum du Nikon D810, 2014

Obtenez le maximum du Nikon D600, 2013

Obtenez le maximum des Nikon D800 et D800E, 2012

Obtenez le meilleur du Nikon 1, 2012

Obtenez le meilleur des Nikon D5000 et D3000, 2009

Obtenez le meilleur du Nikon D700, 2009

Couverture : WIP

Photos de couverture : Bernard Rome

Mise en page : Nord Compo

11 rue Paul-Bert, 92240 Malakoff

www.dunod.com

ISBN 978-2-10-076459-4

SOMMAIRE

Attention ! Cet ouvrage est dédié conjointement aux deux modèles Nikon D7200 et D7100. En effet, le D7200 étant une mise à jour du précédent, les différences techniques entre les deux versions sont peu nombreuses. Pour des raisons de simplicité seul le nom « D7200 » est utilisé dans le texte. Lorsque sont évoquées les quelques caractéristiques qui différencient les deux modèles, celles du D7100 sont présentées à la suite entre parenthèses.

AVANT-PROPOS

La société Nikon, créée en 1917 sous le nom Nippon Kogaku KK, s'appelle aujourd'hui Nikon Corporation. Elle fait partie du groupe Mitsubishi. À ses débuts elle était spécialisée dans l'étude et la fabrication de matériel optique à destination militaire et scientifique. La société a ensuite diversifié son activité dans le domaine photographique en 1930. Son premier appareil fut le Nikon 1 sorti en 1948. Il s'agissait d'un appareil télémétrique qui était une synthèse des deux appareils vedettes de l'époque, le Leica et le Contax. En 1959, Nikon sortit le modèle Nikon F, premier reflex de la marque qui créa définitivement la notoriété de Nikon dans le monde entier. Nikon réussit dès le lancement du F à imposer un ensemble cohérent et parfaitement adapté aux évolutions futures. Et cela s'est confirmé jusqu'à nos jours où la baïonnette F continue sa carrière et a permis de supporter toutes les évolutions techniques intervenues depuis 1959.

Le modèle le plus innovant fut sans doute le Nikon FA en 1983, car il révolutionna la mesure de la lumière avec le premier système « intelligent », la mesure matricielle. Puis arriva l'autofocus avec le F4 en 1988. Dès cette époque Nikon avait commencé à s'intéresser au numérique puisqu'il produisait des scanners de haute résolution puis des compacts numériques performants. En 1999 la sortie du Nikon D1, premier appareil reflex numérique intégré, fut un autre moment important. Les années qui suivirent virent l'apparition d'évolutions de la gamme avec des modèles moins professionnels comme le D100 puis le D70... Actuellement la gamme Nikon est composée de deux catégories de reflex se distinguant par la taille de leur capteur : les reflex APS-C dont font partie les D7100 et D7200, et les 24 × 36 comme les D4s, D810 et D610.

Cet ouvrage est dédié conjointement aux deux modèles Nikon D7200 et D7100. En effet, le D7200 étant une mise à jour du précédent, les différences entre les deux versions sont peu nombreuses. Après une première prise en main de l'appareil et de ses commandes, nous commençons par rappeler les principes techniques de base à connaître en photographie, puis nous évoquons les particularités du numérique. Nous abordons ensuite des cas pratiques de prise de vue avec ce nouveau matériel et les flashes dédiés, suivis de conseils pour améliorer ses résultats. Puis nous présentons les principales optiques disponibles afin d'exploiter tout le potentiel du reflex. Nous nous attardons ensuite sur le traitement numérique des images, particulièrement avec les logiciels gratuits Nikon. Nous présentons enfin une première approche de la vidéo et vous conseillons sur les accessoires utiles pour aborder cette nouvelle voie créative. Le dernier chapitre est consacré à l'entretien de l'appareil.

Avant de commencer la lecture de cet ouvrage, une précision : même si le manuel d'utilisation et ce livre parlent forcément du même sujet, le D7200/7100 et ses fonctions, et si le manuel livré par Nikon avec l'appareil est très bien fait et complet en ce qui concerne les caractéristiques, menus et fonctions de l'appareil, son emploi est différent de celui de ce livre. Le manuel d'utilisation est parfait pour rechercher ponctuellement une fonction précise, un menu spécifique dont on a oublié la localisation ou la méthode d'activation. Cet ouvrage est, lui, destiné à approfondir l'usage de l'appareil et peut, contrairement au manuel, être lu du début à la fin, (presque) comme on le fait pour un roman.

REMERCIEMENTS

À Thomas Maquaire de la société Nikon France.
À Jean-Baptiste Gugès et Cécile Rastier des éditions Dunod.

1

DÉCOUVERTE ET PRISE EN MAIN

Une prise en main efficace évite de perdre du temps ou de passer à côté de fonctions utiles.

1.1 EN OUVRANT LA BOÎTE

Vous trouverez le mode d'emploi sous la forme d'un livre très épais (390 pages !) et très complet, ainsi qu'un guide de démarrage rapide vous permettant de prendre l'appareil en main rapidement. La dernière page du mode d'emploi du D7200 comporte le document de garantie, contrairement au D7100 dont le feuillet de garantie est indépendant.

Conseil Il est souhaitable de conserver la boîte d'origine et tous les accessoires et emballages divers. Si vous devez un jour revendre cet appareil, il n'en sera que mieux valorisé.

Les accessoires livrés

- Le câble USB UC-E6 pour relier l'appareil à un ordinateur ou à une imprimante.
- La courroie de cou, peu discrète…
- L'obturateur d'oculaire DK5 et l'œilleton caoutchouc d'oculaire DK23.
- Le bouchon de boîtier BF1B (à utiliser dès qu'un objectif n'est pas monté sur l'appareil).
- La batterie EN-EL15 et le chargeur MH-25.

La batterie et son chargeur

Vous la chargerez bien sûr pour pouvoir profiter de votre nouvel outil. En deux heures de charge environ elle vous donnera une autonomie de 500 à 1 000 images. Cette capacité est fonction de l'usage de l'appareil, nous détaillons ce point dans la section **1.3**.

1.2 ACCESSOIRES NON FOURNIS

Cartes de stockage des images

Le Nikon D7200 utilise les **cartes SD** pour le stockage des images. Elles existent en différentes capacités et qualités. Les capacités sont en constante évolution. 16 Go (1 Go = 1 000 Mo [mégaoctets]) est la plus courante ; on trouve aussi 32 Go, 64 Go et même 128 Go… Cela étant, les cartes de capacité moyenne sont les plus intéressantes économiquement parlant car les cartes de capacité record font payer leurs performances ; selon les opportunités d'achat il vaut mieux quelquefois deux cartes de 16 Go qu'une seule de 32 Go. Du point de vue de la qualité pure, les marques de premier plan sont les plus sûres en ce qui concerne le suivi de fabrication. Les marques qui vendent leurs cartes à des prix bien plus attractifs ont aussi d'excellents produits, mais comme elles se fournissent chez des fabricants différents selon les opportunités, les qualités sont parfois très variables sous une même référence. Les caractéristiques (vitesse d'écriture) sont aussi quelquefois en retrait par rapport à celles annoncées.

▲ Cartes SD.

Au niveau de la qualité, le critère le plus important est la rapidité (d'enregistrement et de lecture) de la carte. Si elle est notée, par exemple, ×100, cette carte est 100 fois plus rapide que la base minimale donnée pour 150 Ko/s (kilo-octets par seconde). C'est la vitesse à laquelle cette carte est capable d'écrire les données qui lui sont transmises par le *buffer* de l'appareil, qui est une mémoire tampon rapide permettant entre autres de stocker provisoirement les données pendant l'écriture sur la carte afin de ne pas perdre de données si la carte utilisée n'est pas assez rapide pour les écrire en temps réel. Certaines marques indiquent en clair la vitesse d'écriture/lecture en Mo/s (mégaoctets par seconde). Plus la performance en écriture de la carte utilisée est importante, plus vite elle libérera le *buffer* et plus l'appareil pourra effectuer des rafales longues sans le saturer (voir la section **5.4** pour plus d'informations sur l'optimisation des réglages pour la rafale). Cette rapidité a aussi un impact positif sur la consommation d'énergie de la batterie. Or, comme la performance en rapidité d'écriture/lecture est aussi importante pour l'enregistrement vidéo, n'utilisez que des cartes de hautes performances. En mode vidéo, des cartes réellement capables de 60 Mo/s (×400) sont suffisantes, de même en mode photo si l'on ne fait pas de rafales longues. En revanche, en photo de type sport où les rafales sont beaucoup plus courantes, les cartes de 95 Mo/s (×633) sont indispensables pour assurer les meilleures performances de l'appareil.

Notez aussi qu'avec une carte lente, l'affichage des images ne sera pas instantané à l'écran de l'appareil. Avec les cartes performantes il sera aussi beaucoup plus rapide de décharger ses images ou ses vidéos par l'intermédiaire d'un lecteur de carte USB 3.

Remarque Le nombre d'images restant à exposer affiché par le compteur peut étonner lorsqu'on insère une carte vide. Il faut comprendre que la plupart des formats utilisés étant compressés, et que cette compression étant variable en fonction de la complexité des images, l'appareil base son calcul sur l'hypothèse la plus pessimiste, c'est-à-dire en partant du poids maximal des images dans chaque format. Vous remarquerez qu'au fur et à mesure des prises de vue, le compteur affichera une capacité disponible en images nettement plus élevée !

Comme un fichier RAW 12 bits compressé sans pertes pèse environ 20,2 Mo, il suffit de diviser la capacité de la carte (en Mo) par 20 pour connaître le nombre approximatif d'images enregistrables (par exemple pour une carte 8 Go : 8 000 Mo/20 = 400 images environ). De même pour un fichier JPEG Fine (12 Mo), en divisant rapidement par 10 la capacité de la carte. Les valeurs supérieures de compression réduisant de moitié chacune le poids de l'image doublent donc la capacité de la carte.

Le D7200 enregistre les images dans des dossiers qu'il crée dans la carte SD. Chaque dossier peut contenir 999 images. Au-delà de cette capacité il crée automatiquement un nouveau dossier et ainsi de suite jusqu'au maximum de 999 dossiers par carte, quelle que soit sa capacité. Lorsque le 999e dossier contient 999 images, il devient nécessaire de formater la carte pour pouvoir continuer à l'utiliser. Dans le menu Prise de vue > **Dossier de stockage**, vous pouvez créer un nouveau dossier à tout moment, si vous souhaitez séparer des prises de vue par exemple.

Par défaut l'appareil est paramétré pour conserver en mémoire la numérotation de la dernière image réalisée (**d7** Séquence numérique d'images), ainsi il pourra reprendre à partir de ce numéro au lieu de repartir de 0 si la carte a été formatée ou si un nouveau dossier est créé par l'appareil ou par l'utilisateur. Mais à partir de l'image n° 9999 la numérotation repart de toute manière de 0. Si vous voulez éviter de devoir faire cohabiter dans vos stockages des images portant les mêmes références, pensez à modifier le nom des fichiers avant d'arriver au 9999. Pour cela utilisez l'option **Nom de fichier** du menu Prise de vue et modifiez le préfixe (par défaut DSC).

Après déchargement des images dans l'ordinateur, on peut effacer la carte avec l'option dédiée du menu Configuration. On peut aussi la formater en cas de mauvais fonctionnement ou si elle n'est pas reconnue par l'appareil par exemple. Cette opération efface aussi toutes les images présentes. Le formatage doit être effectué par l'appareil et non par l'ordinateur : appuyez simultanément sur les boutons Corbeille et Mode de mesure pendant 2 secondes, un affichage **For** clignotera alors sur l'afficheur supérieur. Puis relâchez les commandes et, pour confirmer l'ordre, réappuyez aussitôt une fois simultanément sur les mêmes boutons. L'afficheur indiquera alors la capacité estimée de la carte en nombre d'images.

Attention ! Si aucune carte n'est insérée dans l'appareil, le compteur affiche E (pour *empty*, vide) mais l'on peut tout de même déclencher et afficher l'image à l'écran LCD. Il s'agit en fait d'un mode démonstration. Mais par prudence, si vous ne l'avez pas déjà fait, il vaut mieux le désactiver en paramétrant le menu **f7** en mode Lock, ce qui évite de faire un grand nombre d'images non enregistrées avant de s'apercevoir du problème !

Gestion des deux logements de cartes

Le D7200 disposant de deux logements de cartes SD il est possible de configurer le rôle du logement 2 dans le menu Prise de vue :

- **Débordement**. Lorsque la carte présente dans le logement 1 est pleine, les images suivantes sont automatiquement stockées dans la carte du logement 2.
- **Sauvegarde**. Les images sont enregistrées à la fois sur la carte 1 et la carte 2, ce qui augmente la sécurité du stockage.
- **RAW logement 1 et JPEG logement 2**. La même image est enregistrée en RAW dans la carte 1 et en JPEG dans la carte 2.

▶ Les deux logements de cartes du D7200.

Alimentations, batteries et poignée

Pour des utilisations assez intensives on pourra se procurer une deuxième batterie EN-EL15. Il est aussi possible d'équiper le D7100 de la poignée alimentation **MB-D15**, pour un usage commode en position verticale et une autonomie améliorée. Elle pourra recevoir une batterie EN-EL15 ou 6 piles (taille AA) alcalines ou lithium, ou 6 accus NiMH (taille AA). Le menu **d12** permet alors d'indiquer le type de piles ou d'accus utilisés. Cette poignée est équipée des mêmes commandes que l'appareil (AF-ON, PAD de sélection, molettes principale et secondaire et bouton Fn). L'appareil utilisant toujours une batterie EN-EL15 dans sa poignée, l'autonomie sera alors doublée. Le menu **d13** permet de choisir l'ordre d'utilisation de l'EN-EL15 de l'appareil ou les piles ou accus de la MB-D14. Un adaptateur secteur **EH5b** utilisé avec un connecteur **EP5b** peut alimenter l'appareil directement en cas d'utilisation prolongée à poste fixe.

▲ Base alimentation MB-D15.

Accessoires de visée

- **Verres correcteurs de visée**. Comme il n'est pas toujours agréable de viser en conservant ses lunettes, il est possible de se procurer un des neuf verres correcteurs d'oculaire disponibles si la correction intégrée (de – 2 à + 1 dioptrie) s'avère insuffisante. Malheureusement l'utilisation de ces verres ne permet plus le montage de l'œilleton caoutchouc.
- **Oculaire loupe DK-21M**. Procure un grossissement ×1,17 du viseur mais réduit le relief d'œil, ce qui peut gêner les porteurs de lunettes en leur rendant plus difficile la visualisation des indications du viseur.
- **Loupe de mise au point DG2** (prévoir adaptateur DK-22). Pour une mise au point manuelle précise.
- **Viseur d'angle DR6**. Préconisé en reproduction par exemple ou lors d'une prise de vue au ras du sol.

▲ Conteneur pour piles alcalines ou accus NiMH.

▲ Verre correcteur DK-20C.

Télécommandes infrarouge et radio

La **télécommande infrarouge ML-L3** est un accessoire peu coûteux, très peu encombrant et très utile. Le D7200 étant équipé de deux capteurs infrarouges (à l'avant et à l'arrière du boîtier), la ML-L3 permet un déclenchement de l'appareil jusqu'à 5 m de distance, par l'arrière du D7200 en tant que photographe, ou par l'avant si l'on veut être présent sur la photo. De plus il est possible de réaliser des poses de longues durées (pose T au-delà des 30 secondes) permises par le D7200. L'ouverture de l'obturateur se fait par un appui maintenu 2 secondes sur le bouton de la télécommande et l'arrêt de la pose par une pression brève.

▲ Télécommande infrarouge ML-L3.

La **télécommande radio WR-T10** permet de commander un appareil équipé du **récepteur WR-R10** dans un rayon de 50 m (en terrain dégagé). Le bouton de déclenchement a les mêmes fonctions que celui de l'appareil (mise sous tension de l'AF et de la cellule par pression à mi-course et bien sûr déclenchement). Le bouton Fn de la télécommande WR-T10 a la même fonction que celle attribuée à la commande Fn de l'appareil (voir section **1.5**).

▶ Télécommande radio WR-T10 et récepteur WR-R10.

Communication sans fil (Wi-Fi)

Le D7200 est équipé d'un module de communication Wi-Fi avec lequel vous pouvez le commander depuis un smartphone ou une tablette, visualiser le cadrage et envoyer vos images depuis le D7200 vers un de ces appareils. Pour cela vous devez installer l'application **Wireless Mobile Adapter Utility** dans le smartphone ou la tablette. Une tablette (ou un smartphone à très grand écran) est fortement conseillée pour cette application du fait que l'appareil affiche l'image de visée avec les commandes de l'appareil. La liaison entre émetteur et récepteur est établie automatiquement par une manœuvre très simple.

▲ Module de communication UT-1 équipé du module Wi-Fi WT5.

Pour télécharger gratuitement l'application rendez-vous sur :

- pour les appareils de la gamme Android :
  https://play.google.com/store/apps/details?id=com.nikon.wu.wmau&hl=fr

- pour les appareils de la gamme iOS :

  https://itunes.apple.com/fr/app/wireless-mobile-adapter-utility/id554157010

Le D7100 ne possédant pas ce module, pour accéder à ce type de liaison vous devrez acquérir le **système de communication réseau sans fil WU-1a.** Avec l'application proposée Nikon fournit une solution de transmission d'images entre appareil et smartphone ou tablette au paramétrage assez capricieux (surtout en version iOS) et aux possibilités très basiques. Il faudra sans doute attendre encore un peu avant de bénéficier de fonctionnalités robustes et plus complètes, à ce jour il s'agit plus d'un gadget que d'un outil réellement utile.

▲ Adaptateur Wi-Fi WU-1a.

Géolocalisation des images

Avec le **module GPS de géolocalisation des images GP1-A**, vous pouvez insérer les coordonnées GPS du lieu de chaque prise de vue dans les données EXIF de l'image. Une fois vos images chargées dans le logiciel View NX-i (fourni), vous visualisez le lieu exact de la prise de vue sur une carte comme Google Map par exemple.

▶ Module GPS GP1-A.

Stockage d'images nomade

Compte tenu du poids des fichiers du D7200, il est indispensable de s'équiper de cartes de grande capacité. Mais lors d'un voyage la capacité des cartes pourrait être insuffisante pour assurer une autonomie tout au long du séjour. La solution sera alors de disposer d'un ordinateur portable ou d'un videur de carte. L'ordinateur portable est assez encombrant, même si les modèles ultrafins sont maintenant envisageables plus sereinement et sont très agréables pour visualiser ses images le soir à l'hôtel. Les Netbooks ou mini-PC sont beaucoup moins intéressants sur ce point en raison de la faible qualité de leur écran mais ils peuvent être une alternative aux videurs de carte à condition qu'ils soient équipés d'un disque dur de capacité suffisante.

Sacs et fourre-tout

Il existe une housse en cuir pouvant contenir l'appareil accompagné d'un objectif zoom moyen (16-80 mm f/3,5-5,6 ou 24-85 mm f/3,5-4,5 VR par exemple) qui peut être intéressante pour les sorties en équipement limité. Pour les équipements plus importants on trouve bien sûr une multitude de sacs et sacs à dos spécialisés photo dans un grand nombre de marques, par exemple Lowepro ou Kata. Les baroudeurs préféreront un sac à dos étanche permettant de franchir des rivières et gués en toute sécurité pour leur matériel.

▲ Housse CF-DC3.

▲ De gauche à droite : sac à dos avec deux compartiments photo et objets personnels, sac à dos photo et ordinateur, sac à dos étanche.

Le système de flashes Nikon

Le D7200 est équipé d'un flash intégré escamotable qui se déploie et s'active en cas de besoin dans les modes Auto et Scène. Dans les autres modes un témoin rouge clignotant dans le viseur indique que son usage serait utile (manque de lumière ou contre-jour marqué).

L'appareil peut recevoir et commander en **iTTL** de nombreux flashes (SB-400/700/910) et satellites macro (SBR-200) ainsi que des kits macro complets (et les SB-600/800/900, discontinués mais toujours compatibles). Nous détaillons l'usage de ces flashes dans la section **5.1**.

Attention ! Le nombre guide des flashes Nikon est toujours donné pour 100 ISO et pour un angle d'éclairage correspondant à un objectif de 35 mm. La plupart des autres marques indiquent le plus souvent le nombre guide pour l'angle d'éclairage à la focale maximale, ce qui peut fausser la comparaison.

SB-400

Ce flash est le début de gamme Nikon, il est un peu plus puissant que le flash intégré mais il n'est pas compatible avec le système CLS (il ne peut être ni maître ni esclave dans un ensemble de flashes). Son seul intérêt par rapport au flash intégré est d'avoir un réflecteur orientable vers le haut. Il n'est en fait indiqué que pour un reflex de début de gamme non compatible CLS. Donc pas beaucoup d'intérêt pour le D7200.

▲ Le flash SB-400.

SB-700

Voilà le premier flash intéressant pour débuter son équipement. Il est bien plus puissant que le flash intégré, et doté de nombreuses fonctions et d'une interface très facile d'accès. De plus, comme il est parfaitement compatible avec le système **CLS** Nikon, il pourra constituer un élément maître ou esclave dans un ensemble d'éclairage.

Nombre guide à 100 ISO et à **35 mm (sur DX)**	36
Couverture angulaire (sans diffuseur)	14 à 120 mm en DX
Temps de recyclage minimal	2,5 s (accus NiMH) ou 6 s (piles alcalines)

▲ Le flash SB-700.

SB-910

C'est le plus puissant et le plus complet de la gamme. Il possède de nombreuses possibilités de paramétrage et est doté d'un réflecteur très performant en couverture d'angle d'éclairage. Son *firmware* peut être mis à jour de la même manière que celui de l'appareil lui-même (voir section **4.8**).

Nombre guide à 100 ISO et à **35 mm (sur DX)**	45
Couverture angulaire (sans diffuseur)	12 à 200 mm en DX
Temps de recyclage minimal	2,3 s (accus NiMH) ou 4 s (piles alcalines)

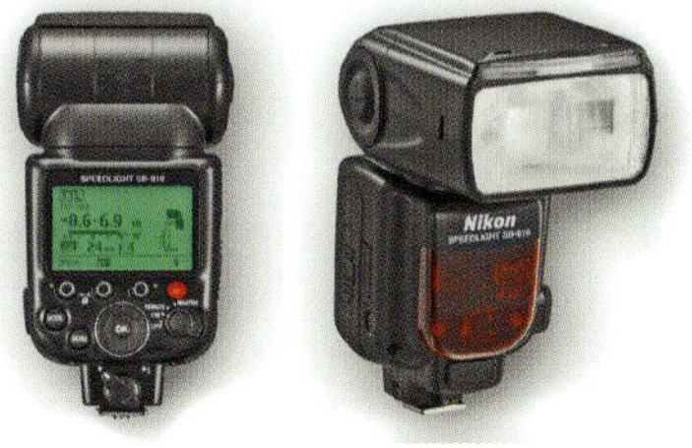

▲ Le flash SB-910.

L'ancienne gamme

Cette gamme n'est plus disponible en neuf, mais il peut être intéressant de commencer ou de compléter son équipement en occasion avec un de ces deux flashes parfaitement compatibles avec les fonctions actuelles. Seul bémol, le SB-600 ne peut être qu'esclave et son ergonomie est un peu déroutante. Mais pas de problème pour le SB-900 qui a des caractéristiques très voisines du SB-910. Les puissances sont respectivement semblables aux SB-700 et SB-910.

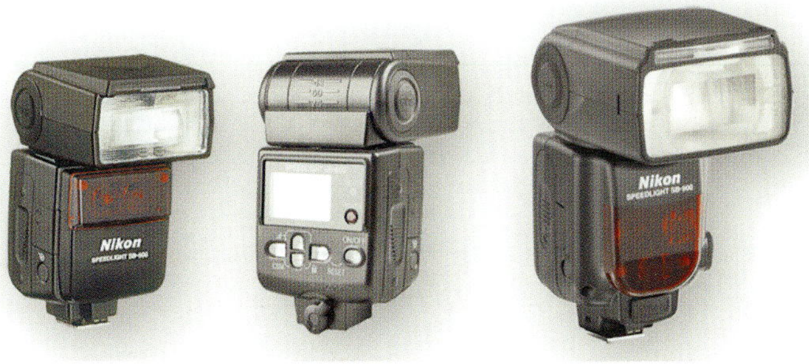

▲ Les anciens flashes SB-600 et SB-900.

1.3 PRISE EN MAIN ET ERGONOMIE

Construction

Le D7200 est conçu sur une base très robuste faite d'un demi-châssis en alliage de magnésium, ce qui est un gage de rigidité. Pour des raisons de poids la partie avant est en polycarbonate. De plus l'appareil est correctement protégé contre la pénétration de poussières et le ruissellement de pluie (à ne pas confondre avec l'étanchéité à l'immersion !). Cette protection ne sera effective que si l'objectif utilisé a les mêmes caractéristiques et s'il est équipé d'un joint caoutchouc côté baïonnette. Cette protection est assurée par la présence de joints équipant les commandes et trappes de l'appareil. Des protections internes contre les interférences électromagnétiques que l'on peut rencontrer dans diverses conditions de prise de vue permettent d'assurer une résistance élevée de l'électronique de l'appareil à ces agressions externes.

© Nikon

◀ Le châssis du D7200.

▶ Joints d'étanchéité à la poussière et aux infiltrations d'humidité (ruissellement de pluie légère).

Obturateur

Pièce importante de l'appareil, celui-ci a été testé sur 150 000 déclenchements (testé ne veut pas dire garanti !). Il est équipé d'une électronique d'auto-contrôle permettant de corriger les dérives éventuelles dans la précision des vitesses tout au long de sa vie. L'obturateur du D7200 est doux et silencieux, bien plus que celui des D800 et D700. La différence porte principalement sur le son moins métallique, moins agressif, de l'obturateur du D7200.

En mode Live view le bruit a été aussi fortement diminué car le miroir reste en position relevée contrairement au mode de fonctionnement du D7000. Les utilisateurs en milieu très sensible, théâtre, concert ou chasse photo animalière par exemple, pourront utiliser avec grand bénéfice une **protection anti-bruit** (*blimp*) que l'on peut trouver chez certains fournisseurs d'accessoires.

▶ Ce modèle de *blimp* simple mais pourvu d'une fenêtre pour l'écran arrière offre à la fois une atténuation du bruit de déclenchement et une protection contre la pluie et le froid (www.missnumerique.com).

Capteur

Le capteur CMOS du D7200 mesure exactement 15,6 × 23,5 mm et comporte 24,7 millions de photosites, c'est-à-dire de points photosensibles. Lorsque vous ouvrirez une image dans votre logiciel favori il vous indiquera que celle-ci mesure 6 000 pixels de large sur 4 000 pixels de haut (24 millions de pixels effectivement utilisés pour former l'image). Nous parlons plus en détail de cet élément important dans la section **3.5**.

© Nikon

▲ Le capteur du D7200.

Électronique embarquée

Ce sont des éléments de plus en plus importants dans un appareil numérique. Les capacités de calcul progressent pour faire face à l'augmentation des données à traiter et aux fonctions évoluées des appareils comme l'anti-bruit image, l'analyse matricielle de lumière, le système autofocus ultra-performant, et bien sûr le traitement d'images ! Nommés **Expeed 4 (Expeed 3)** par Nikon, les circuits spécialisés équipant l'appareil sont à même de réaliser ces calculs et fonctions en quelques millisecondes. Ce sont eux qui rendent agréable, par sa réactivité, l'utilisation d'un reflex moderne.

▲ La platine électronique et le processeur Expeed.

La batterie et sa charge

La batterie lithium **EN-EL15** fournie est une source d'énergie très moderne qui n'a plus les inconvénients des anciennes technologies. En particulier plus d'effet « mémoire » qui obligeait à décharger totalement une batterie avant de la recharger pour éviter qu'elle perde petit à petit de sa capacité. Avec la technologie lithium au contraire, il est plutôt souhaitable de recharger dès que possible.

La capacité d'une batterie en usage réel est fortement liée à la température ambiante pendant son utilisation. Par temps très froid (en dessous de 0°) il est conseillé de conserver la batterie dans une poche, au chaud près du corps pendant les moments d'inactivité. En cas d'usage intensif, il vaut mieux utiliser alternativement deux batteries de cette manière pour éviter leur refroidissement en cours d'usage. L'achat d'une deuxième batterie peut s'avérer utile pour les utilisateurs intensifs, mais pour une utilisation normale ce n'est pas forcément une très bonne idée. Il vaut sans doute mieux reporter cet achat au moment de la perte de puissance de la première, car, en raison même de leur technologie, les batteries lithium ont une durée de vie limitée (5 à 6 ans environ à partir de leur date de fabrication), qu'elles soient utilisées ou pas.

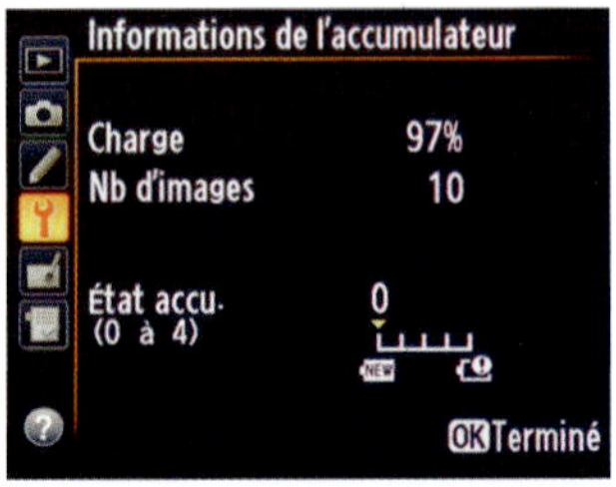

▲ Menu d'information sur l'état de la batterie.

Le D7200 est équipé d'un menu d'information sur l'état de la batterie (menu Configuration). Celui-ci indique l'état de charge au % près. Il indique aussi le nombre d'images prises depuis la dernière charge et enfin l'état d'usure de l'accu est noté sur une échelle de 0 à 4 : à 0 la batterie est en pleine forme, à 4 elle est en fin de vie, il faut la changer.

On peut trouver sur Internet des batteries « compatibles » de marque plus ou moins connue mais qui peuvent causer bien des déceptions quant à leur durée de vie. En fait les distributeurs qui vendent ce type de batteries à prix très avantageux, ont des approvisionnements très variables. Ils se fournissent chez différents fabricants chinois et peuvent vendre sous la même référence et à quelques semaines d'intervalle des produits très différents en qualité. C'est donc la loterie, le pire côtoie le meilleur. D'autre part la **date de fabrication** est maintenant indiquée en clair sur les batteries EN-EL15 Nikon. C'est un point important car comme indiqué plus haut, les batteries lithium entament leur processus de vieillissement aussitôt après leur fabrication. Donc acheter une batterie qui a été stockée pendant deux ans n'est pas une bonne affaire, et acheter une batterie qui n'a pas de marquage de date est donc plus risqué sur ce point.

▲ Ici par exemple la date de fabrication est le 05/12/2011.

La capacité d'une batterie neuve augmentera après quelques cycles de charge/décharge. Bien entendu l'autonomie de la batterie est liée à son usage.

L'utilisation massive de l'afficheur arrière et les nombreuses activations de l'AF et éventuellement du VR, normales et inévitables lors des premières prises en main et découvertes des fonctions de l'appareil, ne permettent pas de présager de l'autonomie en nombre de prises de vue dans une utilisation plus standard.

De manière générale la capacité en nombre d'images de la batterie est bien plus importante si on fait de la rafale car il n'y a alors que la consommation minimale de l'appareil. Alors qu'en prises de vue au coup par coup et avec des espaces de temps entre les vues, on met hors/sous tension l'appareil bien plus souvent en proportion du nombre d'images réalisées et c'est une phase de fonctionnement où la consommation est importante. Même chose pour le visionnage des images à l'écran arrière.

Donc en usage moyen on peut compter sur une capacité variant entre 500 et 700 images en conditions de température normales, alors qu'il est possible d'atteindre les 1 000 en usage rafale majoritaire.

Conseil La consommation de l'appareil est beaucoup plus élevée au moment de la mise sous tension, par le fait de l'activation de tous les circuits. Lors d'une séance de prise de vue, en cas d'inutilisation, même longue, il est beaucoup plus judicieux de laisser l'appareil se mettre en veille que de le mettre hors tension, une brève pression sur le déclencheur sera suffisante pour le réactiver sans consommation supplémentaire importante. De plus cette méthode préservera le contacteur général d'une utilisation excessive.

Les commandes principales

Nikon a toujours suivi une règle sur ses appareils pro ou experts, celle de donner accès aux fonctions principales par des boutons ou molettes accessibles directement sur le boîtier, sans avoir besoin de rentrer dans les menus. On trouve donc deux molettes rotatives de part et d'autre du déclencheur. En mode manuel, la molette avant est dédiée à la commande du diaphragme et la molette arrière à celle de la vitesse, en modes automatiques, seule la molette concernée est active, molette avant pour le mode A et molette arrière pour le mode S.

■ Face avant

▲ 1 Commande d'aperçu – 2 Molette secondaire – 3 Commutateur général – 4 Déclencheur – 5 Correction d'exposition – 6 Commande d'enregistrement vidéo – 7 Sélecteur mode de mesure/formatage cartes (avec le bouton 23) – 8 Illuminateur assistance AF – 9 Micro stéréo – 10 Ouverture et correction flash – 11 Récepteur infrarouge avant – 12 Commande de bracketing – 13 Repère de montage de l'objectif – 14 Commande de déverrouillage de l'objectif – 15 Commande de mode AF – 16 Sélecteur du mode de mise au point – 17 Commande programmable (Fn).

Face arrière

▲ 1 Commande de modification des réglages dans l'affichage des infos ou retouche des images – 2 Réglage sensibilité ou zoom arrière dans l'image affichée – 3 Qualité/taille d'image ou zoom avant dans l'image affichée – 4 Balance des blancs ou aide/protéger image – 5 Appel des menus – 6 Commande visualisation – 7 Couronne des modes de déclenchement et son bouton de déverrouillage – 8 Sélecteur du mode de prise de vue et son bouton de déverrouillage – 9 Viseur optique et son œilleton caoutchouc – 10 Réglage dioptrique (netteté) du viseur – 11 Mémorisation exposition/AF – 12 Sélecteur multidirectionnel (PAD) – 13 Molette principale – 14 Commande OK – 15 Verrouillage du PAD en mode prise de vue – 16 Indicateur d'état de la carte mémoire – 17 Activation Live view – 18 Sélecteur de mode Live view – 19 Récepteur infrarouge arrière – 20 Haut-parleur – 21 Affichage des informations à l'écran – 22 Moniteur – 23 Effacement des images/formatage carte mémoire (avec le bouton 7 de la face avant).

Les utilisateurs d'appareils numériques Nikon ne seront donc pas trop déroutés par l'ergonomie du D7200. Seul le barillet (8) de commande des modes d'exposition changera un peu les habitudes des précédents utilisateurs des Nikon de gamme pro/expert. Ce barillet est pourvu d'un blocage de sécurité qui évite son déréglage accidentel, commande de déblocage en son centre.

Sous le barillet des modes d'exposition se trouve la bague de sélection des modes de déclenchement (7), commande de déblocage à sa gauche :

- **S** : déclenchement vue par vue.
- **CL** : déclenchement en rafale lente (1 à 6 im/s en RAW 12 bits et 5 im/s en 14 bits)
- **CH** : déclenchement en rafale rapide (6 im/s en RAW 12 bits et 5 im/s en 14 bits)

Vous trouverez des précisions sur la rafale et les divers réglages permettant l'optimisation de ce type de prise de vue dans la section **5.4**.

▲ Barillet de commande des modes d'exposition.

▲ Bague de sélection des modes de déclenchement.

Mode silencieux Q

Ce mode permet de diminuer l'impact sonore du déclenchement dans des lieux silencieux. En l'activant, ce mode sépare le cycle de déclenchement en deux parties : lors de l'appui sur le déclencheur le miroir remonte et l'obturateur fait son travail, mais tant que l'on ne relâche pas le déclencheur le miroir reste en position haute. En attendant alors une ou deux secondes avant de relâcher le déclencheur on diminue un peu la gêne occasionnée. En photo de concert classique il peut même être nécessaire d'attendre un moment de niveau musical plus élevé pour relâcher le déclencheur. Mais dans ce cas l'usage d'un *blimp* peut être utile.

Retardateur

Le mode Retardateur est programmable de 2 à 20 secondes par le menu **c3**. De même on pourra aussi programmer le retardateur pour prendre automatiquement de 1 à 9 images séparées par un intervalle de temps réglable de 0,5 à 3 s. 0,5 seconde est un intervalle qui peut être intéressant pour la photo de groupe car cet intervalle permet, en un temps très court, d'enregistrer des expressions variées des différents participants.

Relevage du miroir MUP

Cette fonction permet, lors de prises de vue sur trépied à des vitesses lentes critiques (particulièrement entre 1/30 s et 5 s), de relever le miroir afin de limiter les vibrations pouvant entraîner une perte de netteté. Dans ce cas, à la première pression sur le déclencheur, le miroir se relève, et à la deuxième, l'obturateur s'ouvre pour éviter la manipulation de l'appareil lui-même. On laissera un temps de repos supérieur à 3 s avec une focale de moins de 100 mm et à 5 s avec des objectifs de focale plus longue et/ou de poids/longueur importants. Il sera encore plus sûr d'utiliser la télécommande ML-L3 qui permet directement cette procédure par programmation de l'option **Télécommande** du menu Prise de vue (voir ci-après).

Si vous ne disposez pas de la télécommande vous pouvez aussi utiliser l'option **d10** qui permet, par une pression unique sur le déclencheur, d'activer une temporisation de 1 à 3 s et le déclenchement proprement dit à la fin de ce temps.

Mode Télécommande

Si vous désirez utiliser la télécommande infrarouge ML-L3 (optionnelle) choisissez ce mode pour valider la fonction. Le menu **Télécommande** propose trois options de fonctionnement :

- **Télécommande temporisée** : délai de 2 s entre la commande et le déclenchement (c'est le réglage par défaut).
- **Télécommande instantanée**.
- **Levée du miroir** : la première pression sur la télécommande relève le miroir, la deuxième pression ouvre l'obturateur. C'est l'équivalent de l'option MUP mais avec la télécommande.

D'autre part, pour limiter la consommation d'énergie, la durée d'activité de ce mode est programmée à 1 minute par défaut. Via le menu **c5** il est possible de prolonger ce temps jusqu'à 15 minutes.

Autres commandes

Elles sont utilisées conjointement avec une des molettes pour paramétrer un réglage. Par exemple, on maintient pressée la touche WB et on tourne la molette arrière pour sélectionner le réglage voulu ; la molette avant permet aussi d'affiner le rendu de cette balance. Si on le souhaite il est aussi possible de commander les diverses fonctions sans avoir à maintenir les touches dédiées, une seule pression est alors nécessaire puis réglage par la molette. Dans ce cas la validation du réglage se fera par un appui bref du déclencheur à mi-course. On peut sélectionner cette option dans le menu **f6**.

Sélecteur multidirectionnel

À l'arrière de l'appareil un sélecteur multidirectionnel (ou PAD) permet de modifier la position des capteurs AF en mode Prise de vue, ou de naviguer dans les menus en activant le haut ou le bas du PAD, puis d'entrer dans un menu en activant le côté droit du PAD. En mode Visualisation des images il fait défiler les images et changer le mode d'affichage. Le bouton central du PAD permet de valider un réglage ou d'activer une fonction programmable que l'on peut sélectionner parmi les options du menu **f1**. On peut attribuer à ce bouton des fonctions différentes selon le mode :

- En mode **Visualisation**, la fonction la plus intéressante de manière générale est la **loupe** pour vérifier la bonne netteté de l'image prise. On pourra choisir entre trois niveaux de grossissement. Le grossissement moyen offre une bonne appréciation générale de la netteté. Lorsqu'on presse le bouton OK, l'image se centre sur la zone d'image concernée par le capteur AF qui a été utilisé pour la mise au point, ce qui facilite **encore** cette vérification.
- En mode **Prise de vue**, la sélection du point AF central est sans doute l'option la plus utile.
- En mode **Lv**, selon ses préférences, on pourra activer la fonction de centrage du point AF ou la loupe si on réalise la mise au point manuellement par exemple.

Conseil Ne négligez pas le bouton **?** qui permet d'avoir une explication sur un menu qui le nécessiterait (un point d'interrogation apparaît en bas à gauche de l'afficheur lorsqu'une explication est disponible pour le menu sélectionné). Avec cette fonction particulièrement utile vous évitez un recours trop fréquent au mode d'emploi et diminuer votre temps d'apprentissage des fonctions de votre boîtier. Dans ce but, n'hésitez pas à l'utiliser chaque fois que vous apercevez un menu qui ne vous semble pas clair, même si celui-ci ne vous intéresse pas immédiatement. Vous découvrirez peut-être une fonction qui pourra vous être utile dans un proche avenir.

Les prises disponibles

Sur le côté de l'appareil deux gros caches en caoutchouc masquent cinq prises, de haut en bas :

- une prise jack pour le micro externe en usage vidéo ;
- une prise USB pour la connexion à un ordinateur, à une imprimante, au système Wi-Fi UT1/WT5 ou au système de communication WU-1a (D7100) ;
- une prise HDMI pour la connexion à un écran TV Full HD ; le cordon de liaison n'est pas fourni et doit être acheté séparément ; le câble doit être de type « HDMI vers mini HDMI » ;
- une prise pour un casque audio en mode vidéo ;
- une prise accessoires pour connecter un récepteur GPS (GP1) et le récepteur de la télécommande sans fil (WR-R10).

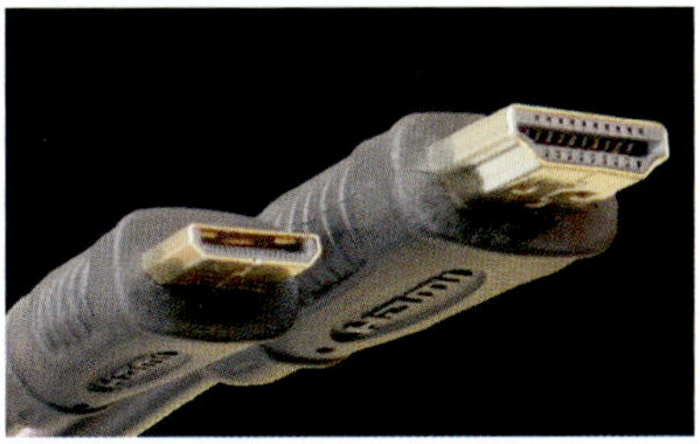

◀ Câble « HDMI vers mini HDMI ».

Visée optique

Équipé d'un pentaprisme et d'une large optique de visée, le viseur est grand et lumineux, montre 100 % du champ couvert par le capteur et bénéficie d'un grossissement ×0,94, ce qui lui confère une visée confortable même pour un porteur de lunettes. Le **relief d'œil** (c'est la distance maximale œil-oculaire à respecter pour voir le viseur en entier avec les indications de prise de vue) est de bon niveau : 19,5 mm. Plus cette distance est grande – c'est le cas du D7200 –, plus les porteurs de lunettes bénéficient d'un bon confort de visée.

▲ Pentaprisme de visée.

Sur le côté droit de l'œilleton de visée se trouve le bouton de réglage dioptrique qui permet d'adapter le viseur à votre vue. Pour réaliser ce réglage visez un mur clair et uni par exemple, et tournez avec le pouce la molette de réglage dans un sens ou dans l'autre jusqu'à voir le cadre qui délimite des zones AF bien net dans le viseur. La manœuvre correcte du bouton de réglage consiste à « balayer » rapidement autour de la bonne netteté, en réduisant peu à peu l'amplitude du balayage pour repérer le bon réglage (car si l'on manœuvre trop lentement, l'œil a tendance à s'accoutumer et il devient plus difficile de repérer précisément le bon réglage). Si le réglage au maximum ne permet pas d'obtenir une bonne netteté vous devrez vous procurer un correcteur supplémentaire (DK-20C).

Par l'intermédiaire du menu **d2** on a la possibilité d'afficher un **quadrillage dans le viseur optique**, permettant d'aider au cadrage harmonieux des sujets de la scène photographiée. L'affichage présent dans le bas du viseur comporte les indicateurs de vitesse, diaphragme, compteur de vues restantes (estimées). À l'extrême gauche de l'afficheur, un indicateur de mise au point permet de vérifier le verrouillage de l'AF sur le sujet visé, signalé par l'allumage d'un disque jaune. En cas de mise au point manuelle, des flèches indiquent le sens de rotation de la bague de mise au point nécessaire à la correction. En cas d'utilisation du correcteur d'exposition, de la modification de la sensibilité, ou de la mémorisation de l'exposition un indicateur apparaîtra dans le viseur. La qualité de ce viseur permettra d'apprécier correctement la profondeur de champ avec le bouton d'aperçu, mais depuis l'avènement de l'autofocus ne nécessitant plus de faire la mise au point manuelle, les constructeurs ont favorisé l'usage de verres de visée de plus en plus fins et lumineux, améliorant le confort, mais limitant la perception du flou.

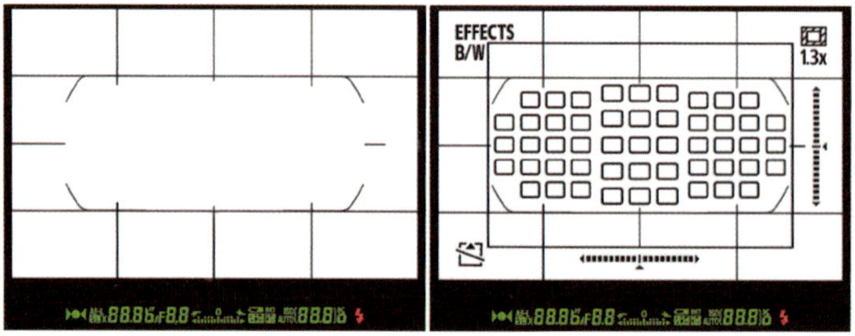

▲ Quadrillage de la visée et visualisation de l'ensemble de tous les affichages possibles du viseur en fonction des réglages en cours.

Par le menu **f2** on peut attribuer au bouton Fn, 18 fonctions différentes dont l'affichage de l'horizon virtuel dans le viseur. Ainsi par une pression sur ce bouton, l'**horizon virtuel** s'affiche en haut ou en bas de la visée selon la position de l'appareil en portrait ou paysage et permet de visualiser l'inclinaison de l'appareil en roulis (gauche/droite).

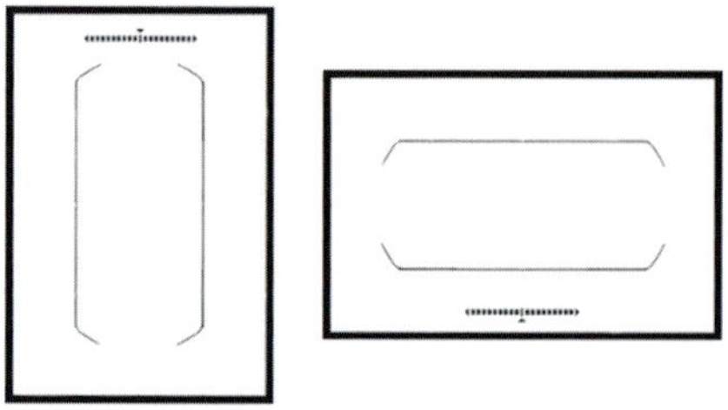

▲ Affichage de l'horizon virtuel dans le viseur selon l'orientation de l'appareil.

Obturateur d'oculaire

Lors de la prise de vue sur trépied, comme l'on n'a pas forcément l'œil derrière le viseur optique la lumière peut pénétrer dans le viseur et fausser la mesure de la cellule qui se trouve à l'intérieur. Dans les cas de pénétration de lumière violente (soleil direct), la lumière peut même entrer directement dans la chambre reflex, d'où l'apparition de problèmes dans les images. Dans tous les cas où l'on n'a pas l'œil au viseur pendant la prise de vue il est donc important de masquer l'oculaire à l'aide de l'obturateur **DK-5** fourni. Vous pouvez glisser celui-ci dans la sangle de courroie pour l'avoir toujours sous la main et éviter sa perte.

Visée Live view (Lv)

C'est la visée directe sur l'afficheur LCD selon le même principe que celui qui est utilisé dans les compacts numériques. On cadre en regardant la scène sur l'afficheur arrière de l'appareil. Dans le cas du D7200, celui-ci est de grande dimension et possède une définition très élevée, 307 200 pixels couleurs soit 1 228 000 points RVB. Il permet d'apprécier finement la netteté de l'image. Dans ce mode, le capteur de l'appareil étant en fonctionnement permanent, il doit recevoir l'image fournie par l'objectif. Il est donc nécessaire que le miroir de visée reflex soit relevé, et dans ces conditions la mesure autofocus (AF) normale ne peut plus se faire. Elle sera réalisée par une détection du contraste de l'image fournie par le capteur lui-même.

Le D7200 bénéficie, par rapport à la génération D7000, d'une amélioration dans le fonctionnement du mode Lv (il n'y a plus qu'un seul mode Lv). Le miroir reste maintenant en position haute entre les vues, il n'y a plus le double battement de miroir des précédents modèles. Cela rend la fonction plus simple et moins bruyante.

Choisissez le mode photo ou vidéo avec le **sélecteur** à droite de l'écran arrière. Activez le mode choisi en appuyant sur le bouton central du sélecteur.

Affichages de l'écran en mode Live view (Lv)

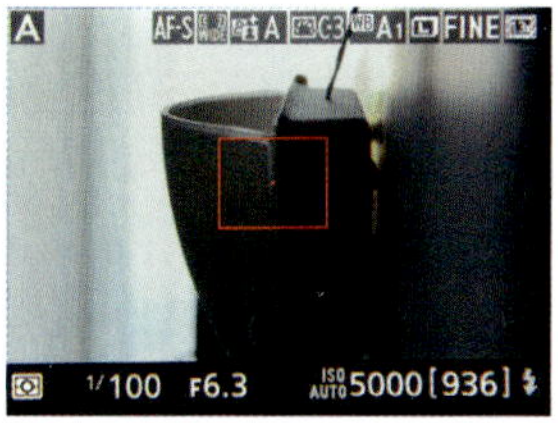

En actionnant plusieurs fois le bouton Info en bas à droite de l'écran on peut afficher successivement :

- le mode d'exposition, les principaux réglages et les informations d'exposition, sensibilité et compteur, au-dessous de l'image,
- les informations d'exposition, de sensibilité et le compteur,
- le quadrillage de visée,
- l'horizon virtuel.

Réglages en mode Lv

La mise au point AF en mode Lv se réalise en plaçant le carré de mesure sur le sujet, n'importe où dans l'image à l'aide du PAD, puis en pressant à mi-course le déclencheur.

En haut de l'image apparaissent les divers réglages en cours. Via le bouton *i* vous pouvez modifier les réglages disponibles dans ce mode en les sélectionnant à l'aide du PAD.

Nous détaillons les modes de mise au point AF ou manuelle en Lv dans la section **2.4**.

Horizon virtuel (Lv)

Il suffira de modifier l'inclinaison gauche/droite de l'appareil pour afficher la barre horizontale en vert afin d'être sûr de la bonne horizontalité de la visée.

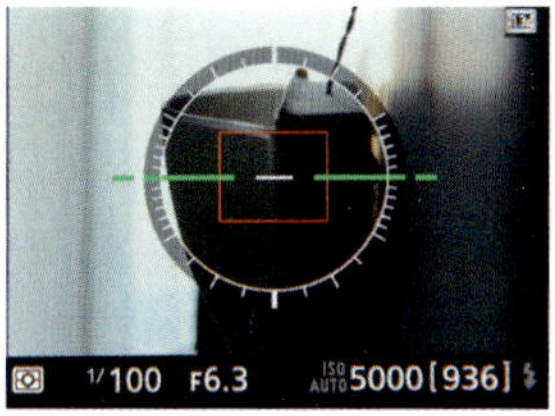

▶ Aspect de l'horizon virtuel dans la visée Lv.

1.4 PREMIÈRES PRISES DE VUE

Avant de rentrer dans les diverses options de réglages et si l'on a peu d'expérience en photographie, dans un premier temps le plus judicieux est de laisser le barillet de modes d'exposition sur **Auto**.

Dans ce mode tout est géré par l'électronique de l'appareil, on n'aura à s'occuper que du cadrage et du moment du déclenchement pour capturer l'instant. Si la lumière devient insuffisante, le flash intégré se déploiera et s'activera automatiquement. Dans le cas où on ne désire pas utiliser le flash il suffit de sélectionner le mode ⊘ sur le barillet. L'appareil gérera alors automatiquement la sensibilité en fonction des conditions de luminosité ambiante.

Toujours dans le but de simplifier l'usage de l'appareil dans le cas d'un usage novice, Nikon a intégré 16 programmes **Scène**. Ce sont des réglages spécifiquement adaptés à des cas particuliers de prise de vue de la vie courante. En choisissant l'un de ces programmes l'appareil sera paramétré idéalement pour ce cas. Ce type de fonctionnalité peut aussi être utilisé ponctuellement par des photographes confirmés lorsqu'il est nécessaire de s'adapter très rapidement à des conditions changeantes et qu'ils n'ont pas le temps de re-paramétrer complètement l'appareil.

La sélection du mode Scène désiré est très simple. Une fois le mode sélectionné sur le barillet de réglage d'exposition il suffit d'appuyer sur le bouton Info et d'agir sur la molette arrière pour activer l'écran arrière et faire défiler les différents modes. Avec chaque mode apparaît une imagette présentant le type de sujet correspondant et le rendu possible.

Les différents modes Scène

Ces programmes se chargent automatiquement de paramétrer tous les réglages de l'appareil de manière à les adapter au type de sujet choisi ; ils procèdent donc comme le ferait un photographe averti dans la même situation. Au-delà de la facilité d'usage qu'ils procurent, ils ont un intérêt pour l'apprentissage en permettant aux utilisateurs débutants de vérifier les réglages adoptés par l'automatisme dans chaque cas afin de progresser dans la compréhension de la technique photo. Dans ce but nous détaillons quelques-uns de ces modes afin de mettre en évidence les réglages spécifiques de chacun d'eux et de prendre conscience des paramètres importants dans ces cas photographiques.

De manière générale vous pourrez constater que, comme dans le mode Auto, l'appareil sélectionne le mode Sensibilité automatique de manière à pouvoir s'adapter à toutes les situations. En effet, dans le cas d'un sujet sportif par exemple, il est nécessaire d'utiliser une vitesse élevée pour pouvoir figer son mouvement ; en conditions d'éclairage faibles ceci ne sera possible que si l'appareil peut accéder à une sensibilité élevée.

■ Paysage

- Dans ce mode on souhaite avoir une bonne netteté de tous les plans, l'appareil utilise alors le mode AF automatique avec tous les capteurs actifs.
- Picture Control Paysage.

- Balance des blancs Auto1 (neutre).
- Le flash, sans intérêt ici, est annulé.
- Mesure de lumière matricielle pour prendre en compte l'ensemble de la scène.
- Mode Programme pour disposer de toute la plage de réglages qui, couplé à la sensibilité Auto, favorise le choix d'un diaphragme assez fermé, gage d'une grande profondeur de champ.

Enfants

- Flash disponible ; il se déploiera et s'activera si nécessaire.
- Mode Programme mais favorisant cette fois une vitesse élevée pour faire face à des sujets remuants.
- Mesure AF automatique, tous capteurs actifs.

Fête en intérieur

- Balance des blancs Auto2 (couleurs plus chaudes).
- Flash disponible, réglage anti-yeux rouges activé.

Bougie

- Flash annulé pour conserver la visibilité de la flamme de la bougie et préserver le rendu de l'éclairage ambiant qu'elle procure.
- Balance des blancs fixée sur une valeur proche de celle de la lumière procurée par la bougie mais conservant une teinte chaude typique de cette ambiance.
- Autofocus en mode Sélectif pour bien prendre en compte le sujet, toujours centré dans ce cas.

Conseil Comme le flash ne sera pas utilisé, une vitesse faible sera certainement nécessaire, l'usage d'un trépied est donc recommandé.

Coucher de soleil

- Flash désactivé (il n'a aucune utilité dans ce cas).
- Balance des blancs Ensoleillé fixe, afin de ne pas corriger et conserver la lumière très chaude, rouge orangée, typique de ce moment.

Conseil Comme dans ce cas la luminosité est faible, l'usage d'un trépied peut être nécessaire pour obtenir une image bien nette.

Couleurs d'automne

- Picture Control Saturé afin de bien restituer les couleurs de cette saison.
- Flash désactivé.

Portrait de nuit

- Flash actif en mode Synchronisation lente pour utiliser une vitesse adaptée à la lumière ambiante et conserver ainsi le paysage visible tout en éclairant le personnage.
- Picture Control Portrait.
- Balance des blancs Auto2 pour conserver au personnage une teinte chaude en harmonie avec la scène en arrière-plan.

Conseil Comme l'arrière-plan est peu lumineux, la vitesse utilisée sera faible, aussi le fond non éclairé par le flash peut être flou si l'on n'utilise pas de trépied.

Animaux (idem Sport)

- Picture Control Standard.
- AF en mode Dynamique 51 capteurs afin de suivre la mobilité des sujets.

Visualisation des images

Pour afficher les images il suffit de presser le bouton **visualisation** de l'appareil. Les touches + et – permettent de grossir ou de réduire la taille de l'image à l'écran (on peut aussi paramétrer le bouton OK du PAD pour appliquer automatiquement un effet loupe dans l'image – voir section suivante). Lorsqu'on utilise ce mode loupe +, une imagette incrustée dans l'affichage permet de se situer dans l'image et on peut se déplacer dans l'image à l'aide du PAD.

À partir d'une image affichée plein écran, c'est-à-dire telle qu'elle apparaît après une pression sur le bouton **lecture**, plusieurs pressions sur la touche – permettent un affichage par imagettes de différentes dimensions autorisant une visualisation rapide du contenu de la carte. L'effacement d'une image affichée, ou sélectionnée parmi les imagettes, se fait en deux étapes : une pression sur la touche **corbeille** suivie d'une deuxième pour confirmation de cette action définitive. L'effacement de toutes les images se réalise par le menu **Visualisation** en choisissant **Effacer tout**. Par ce même menu on peut choisir d'effacer les images sélectionnées en visionnant les imagettes.

◀ Incrustation de l'imagette de navigation.

Remarque Le D7200 dispose d'un afficheur de très grande définition (1,2 million de points) et de grande taille, qui permet d'apprécier la netteté des images avec une grande précision. Mais ne vous fiez pas à lui pour juger de la luminosité, du contraste ou des couleurs de vos images ! Seulement le cadrage, la netteté et (grossièrement) l'exposition.

Dans le menu **Visualisation** vous disposez de l'option **Diaporama** qui, après avoir choisi la durée d'affichage des images, affiche séquentiellement les images contenues dans la carte. En mode de visualisation sur l'écran de l'appareil, une pression sur le déclencheur fera repasser en mode Prise de vue.

Il suffira de relier l'appareil à un téléviseur par la prise HDMI à l'aide d'un cordon (HDMI vers HDMI mini, non fourni), pour pouvoir visualiser le diaporama sur grand écran. Éteignez toujours l'appareil avant de brancher le cordon au téléviseur.

Il est aussi possible d'imprimer les images présentes dans la carte en reliant l'appareil avec le câble USB (fourni) à une imprimante disposant de la fonction PictBridge. Le menu **PictBridge** permet alors de sélectionner une ou des images, de choisir le format d'impression et le nombre de tirages.

1.5 PERSONNALISATION DU D7200

Paramétrages de base de l'appareil

Dans un premier temps nous parlons uniquement des réglages qui peuvent constituer un choix important dès les premières utilisations de l'appareil. Par la suite nous aborderons les paramétrages plus particuliers lorsque nous parlerons de fonctions spécifiques.

Menu Visualisation

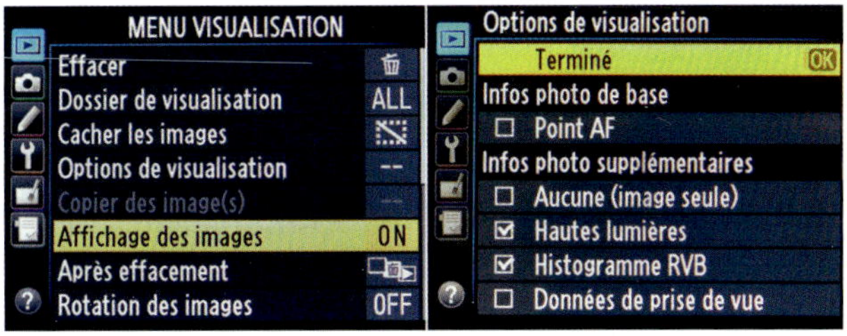

- **Options de visualisation**. Il est intéressant de sélectionner Hautes lumières, Histogramme RVB, Données de prise de vue, puis de valider les modifications en remontant sur Terminé puis OK.
- **Affichage des images**. Si on le désire, sélectionner ON. De cette manière, après chaque prise de vue l'image sera systématiquement affichée. Comme le temps d'affichage est réglé par défaut à 4 secondes il est suffisamment court pour ne pas grever la capacité de la batterie, et de plus le simple appui à mi-course sur le déclencheur provoque son extinction.

Remarque Dans le cas où l'image est affichée il n'est pas possible d'intervenir sur les commandes de prise de vue. Cela peut troubler si l'on a l'œil au viseur, mais une simple pression à mi-course sur le déclencheur fera repasser l'appareil en mode Prise de vue et libérera alors les commandes.

- **Rotation des images**. Par défaut l'option est activée. Cela permet de visualiser une image prise verticalement sans avoir besoin de tourner l'appareil, mais cela a aussi le défaut de présenter l'image dans une taille plus réduite. Donc selon les goûts de chacun on désactivera ou pas cette option qui n'a d'effet que sur la présentation des images dans l'appareil mais n'empêchera pas la rotation automatique des images dans l'ordinateur si l'on a laissé cette option activée dans le menu Configuration.

Menu Prise de vue

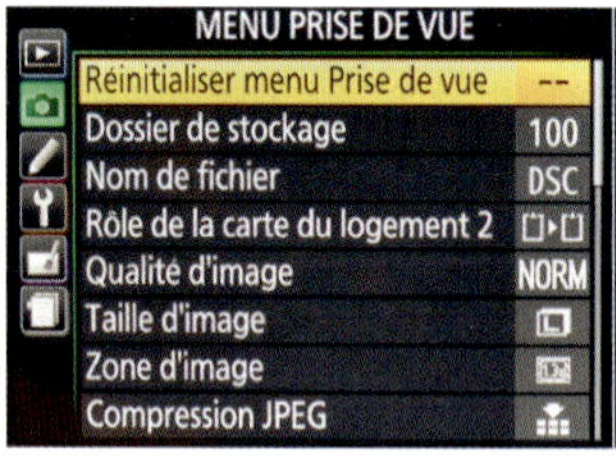

- **Compression JPEG**. Choisir le mode **Qualité optimale**. En effet par défaut l'appareil est configuré en mode Priorité à la taille, ce qui n'est pas très adapté à la philosophie générale d'un appareil comme le D7200. Préférer la qualité maximale.
- **Enregistrement NEF (RAW)**. Le mode **Compression sans perte** est le plus intéressant. D'autre part on a aussi accès au mode d'enregistrement des fichiers 12 ou 14 bits. Compte tenu de la différence raisonnable en poids d'image entre les deux options il vaut mieux laisser 14 bits par défaut, sauf en cas de prise de vues en rafale dont nous parlerons dans la section **5.4**.
- **D-Lighting actif**. Cette option est suffisamment efficace pour l'activer sans attendre, mais en mode automatique !

Menu Réglages perso

- **a7 Illuminateur d'assistance AF**. Si l'option est activée, la lampe située en façade de l'appareil peut s'allumer pour permettre un fonctionnement sûr de l'AF en cas de lumière faible (en mode AF-S ou AF-A uniquement). En fait la plupart du temps l'appareil est tout à fait capable de faire la mise au point sans cette aide même en lumière ambiante faible, et cet allumage pouvant être perturbant dans certaines circonstances il peut être intéressant de l'annuler ponctuellement. Comme c'est une fonction sur laquelle on n'intervient pas souvent il peut être intéressant de l'ajouter dans le menu Personnalisé afin de la retrouver facilement en cas de besoin (voir plus loin).
- **b2 Incrément de la correction expo**. La valeur 1/3 IL par défaut est très insuffisante dans la plupart des cas. Je conseille 1/2 IL.
- **b3 Correction d'exposition**. Par défaut désactivée, c'est-à-dire que lorsque l'on applique une correction d'exposition par l'intermédiaire du bouton dédié, elle est permanente et reste active même après la mise hors tension de l'appareil.

Le menu **b3** propose deux autres options :

- **Activée** : dans ce cas on n'utilise plus le bouton Correction d'exposition, l'action sur la molette arrière en mode d'exposition A ou sur la molette avant en mode S sera suffisante. On visualisera la correction sur le graphe de l'afficheur supérieur et dans le viseur. Dans ce mode la correction reste active après la mise hors tension de l'appareil.
- **Activée réinitialisation auto**. Même principe que dans le mode Activée mais dans ce cas la correction d'exposition est annulée lors de la mise hors tension de l'appareil. Cela évite d'oublier qu'une correction a été appliquée lorsque l'on reprend l'appareil plusieurs heures ou jours après. Cette option n'est pas compatible avec l'option **d3** qui utilise la même commande. Si vous désirez utiliser les deux fonctions enregistrez-les dans deux mémoires de réglages (U1 et U2) différentes (voir plus loin dans cette section).

Astuce Si l'on règle la temporisation du mode Veille au minimum (4 s) dans le menu **c2**, la réinitialisation de la correction d'exposition appliquée en mode Activée réinitialisation auto sera très rapide et pourra donc n'être active que sur une image (sauf en rafale), ce qui évitera tout oubli.

- **c4 Extinction du moniteur**. C'est le temps pendant lequel le moniteur restera allumé dans les différents modes. Vous pourrez choisir des temps différents pour la visualisation des images, l'affichage des informations, des menus ou de la visée écran (Lv). Ces réglages ont une influence sur la capacité de la batterie.
- **d1 Signal sonore**. C'est le bip sonore qui confirme que l'autofocus a effectué la mise au point correctement. Désactivé par défaut il peut être utile de l'activer en mode Faible pour s'assurer en permanence que le point est bien fait, quitte à le désactiver dans les moments où le bip pourrait être perturbant pour l'entourage. Ce menu pourra éventuellement être intégré au menu Personnalisé afin de permettre un accès rapide lorsque l'on voudra désactiver le signal sonore lors de prises de vue dans un environnement sensible. Il est réglable sur deux tonalités, aiguë ou plus grave, et sur trois niveaux de volume.
- **d2 Quadrillage dans le viseur**. Fait apparaître (en mode de zone DX) un quadrillage dans le viseur permettant un cadrage soigné. À ajouter éventuellement dans le menu Personnalisé pour un accès rapide.
- **d3 Affichage et réglage ISO**. Si l'option **Afficher ISO/ISO simplifiée** est choisie on pourra modifier la sensibilité sans quitter le viseur des yeux par action sur la molette avant en mode S ou P et la molette arrière en mode A. Attention, cette option n'est pas compatible avec la **b3** qui utilise la même commande (voir plus haut dans cette section).
- **d10 Temporisation miroir relevé**. En mode Activé, introduit une temporisation de 1, 2 ou 3 secondes entre le relevage du miroir et l'ouverture de l'obturateur, ce qui laisse le temps aux vibrations générées de s'amortir lorsque l'on réalise des prises de vue sur trépied à des vitesses lentes. Cette fonction est inutilisable à la main car la visée est masquée pendant la temporisation. À ajouter éventuellement dans le menu Personnalisé (voir plus loin) pour un accès rapide en cas de besoin.
- **f1 Bouton central du PAD (OK)**. En mode prise de vue ce bouton peut rapidement sélectionner le point AF central (RESET). En mode visualisation il est conseillé de sélectionner le mode loupe et grossissement moyen.

Menu Configuration

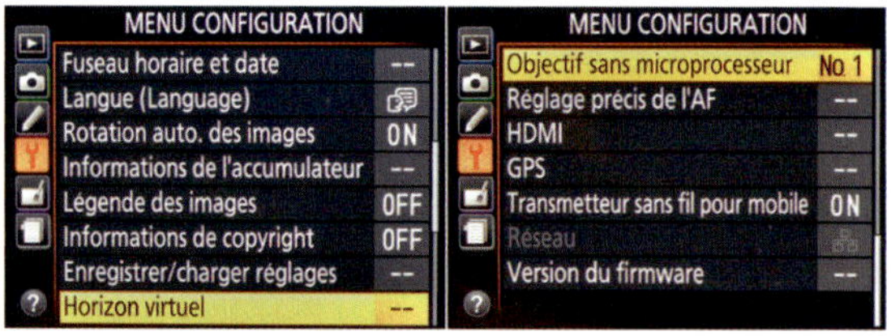

- **Rotation auto des images**. Si cette option est activée, les images seront ouvertes **dans l'ordinateur** dans le sens où elles ont été prises. Cette option est indépendante de celle se trouvant dans le menu Visualisation qui ne concerne que l'affichage à l'écran de l'appareil.
- **Fuseau horaire et date**. Il est indispensable de régler ces paramètres dès la mise en route de l'appareil car les images seront alors horodatées (dans le fichier EXIF associé à l'image), ce qui permettra plus tard de les replacer dans leur contexte plus facilement.
- **Informations de l'accumulateur**. Ce menu informe sur le taux de charge actuel, le nombre d'images réalisées depuis la dernière charge et enfin l'état général de l'accumulateur noté de 0 à 4 (de 0 pour un accu neuf à 4 pour un accu qui n'est plus utilisable).
- **Photo de correction poussière**. Cette fonction permet d'enregistrer la position des poussières présentes sur le capteur afin de les corriger avec le logiciel Capture NX-D (voir section **8.3**). Si on utilise ce système il peut être intéressant de l'ajouter dans le menu Personnalisé afin de la retrouver facilement à chaque utilisation.
- **Informations de copyright**. On pourra ici indiquer le nom du photographe qui sera enregistré dans les données EXIF de chaque image.
- **Objectif sans microprocesseur**. Il s'agit des objectifs très anciens. Une option permet d'enregistrer les caractéristiques (focale et ouverture maximale) de 9 objectifs différents et de leur attribuer un numéro de 1 à 9. Pour que le système de mesure puisse fonctionner correctement avec ce type d'objectif il conviendra de sélectionner ce n° lors de l'utilisation de l'optique correspondante. Ces indications permettront d'utiliser la mesure matricielle, de bénéficier de l'affichage de l'ouverture dans le viseur et d'utiliser les flashes SB-900, 910, 800, 700 en mode AA (ou A selon modèle).

Menu Personnalisé

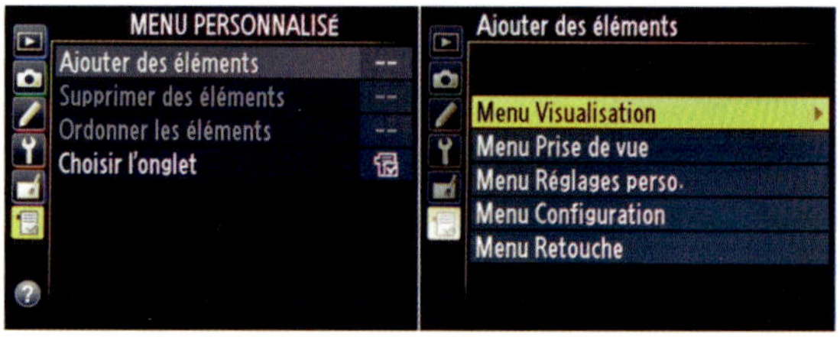

Il est vide car c'est à vous de le créer dans le but de rassembler ici les menus que vous utilisez le plus souvent. Il évite d'avoir à s'enfoncer dans l'arborescence assez touffue des menus pour rechercher une fonction que l'on utilise souvent et qui n'est pas accessible directement par une commande dédiée, ou au contraire que l'on utilise peu et dont il est difficile de se souvenir de l'emplacement dans les menus. Pour cela, après avoir sélectionné le menu **Personnalisé**, validez l'option **Ajouter des éléments** puis naviguez dans les menus afin de sélectionner celui que vous désirez importer. Vous pourrez ensuite modifier l'ordre des éléments à l'intérieur du menu. Avec le D7200 un certain nombre de fonctions et d'options sont maintenant accessibles par bouton de commande dédié. C'est le cas des réglages AF, du Live view, etc.

Conseil Pour les fonctions comportant des sous-menus de réglages comme Sensibilité auto ou menu HDR par exemple, il conviendra d'enregistrer le menu principal (et non un sous-menu) dans le menu Personnalisé afin de conserver l'accès à l'intégralité des réglages.

Voici un exemple de mes réglages actuels. C'est évidemment tout à fait personnel mais cela peut donner des idées de configuration que chacun adaptera à son genre d'utilisation.

Régler Picture Control	Je le paramètre en fonction des sujets
Sensibilité auto	Activation et paramétrage de la fonction
d10 Temporisation miroir relevé	Pour les photos à faibles vitesses sur pied
Mode HDR	Activation et réglage de la fonction
Contrôle du flash intégré	Accès au contrôle de flashes déportés
Illuminateur d'assistance AF	Pour le couper lorsqu'il peut être dérangeant

Option Réglages récents

C'est une alternative au menu personnalisé que l'on sélectionne à l'aide du menu **Choisir l'onglet**. Cette option mémorise les derniers réglages modifiés dans tous les menus de l'appareil, ce qui permet d'y revenir facilement sans rechercher dans l'arborescence des menus. Chacun choisira l'une ou l'autre option selon ses préférences.

Jeux de réglages

Les fonctions **U1** et **U2** du barillet permettent d'enregistrer pratiquement tous les réglages de l'appareil et de créer ainsi deux jeux distincts et complets de réglages, chacun adapté à un type d'utilisation de l'appareil. Ce principe est très pratique et efficace. Les réglages sont enregistrés et sécurisés car leur éventuelle modification en cours d'utilisation ne change pas l'enregistrement lui-même qui sera réinitialisé dès que l'on éteindra l'appareil ou que l'on changera de mode d'exposition. La procédure d'enregistrement consiste à configurer entièrement l'appareil selon votre souhait comprenant le mode d'exposition et ses paramètres, et les réglages des menus Prise de vue et Réglages perso. Puis, dans le menu Configuration, sélectionnez **Enregistrer réglages utilisateur**

et choisissez l'une des mémoires U1 ou U2. Ainsi vous disposerez de deux configurations différentes de votre appareil, chacune adaptée à un usage précis et très rapidement accessible.

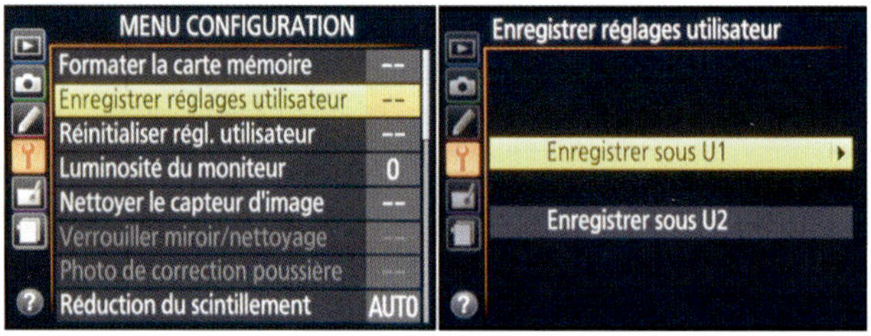

▲ Enregistrement des réglages dans les banques U1 et U2.

Boutons programmables

On a la possibilité d'attribuer à 3 boutons de commande externes du D7200 un choix de fonctions. Par défaut le bouton **Fn** à l'avant près de l'objectif, n'a aucune commande attribuée, mais il est programmable en 18 fonctions par l'intermédiaire du menu **f2**. Pour celles qui nécessitent un réglage, une option permet de les paramétrer par l'action du bouton Fn + molette.

Mêmes possibilités avec le bouton **Aperçu** situé au-dessus (par défaut c'est le test de profondeur de champ), qui peut être programmé par le menu **f3**. Le menu **f4** permet de personnaliser la fonction de la touche **AEL-AFL** qui par défaut possède la fonction de mémorisation de l'exposition. En fonction de son utilisation de l'appareil chacun pourra trouver son bonheur parmi ces nombreuses possibilités. Cette programmation fait partie des réglages pouvant être enregistrés dans chacun des jeux de réglages U1/U2 vus précédemment. On peut donc aussi disposer pour chaque jeu de réglages des commandes différentes affectées à ces boutons.

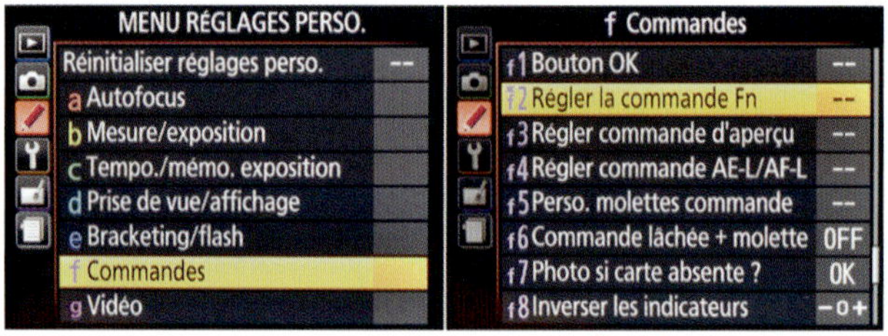

▲ Exemple de choix de fonctions pour la commande Fn.

Sauvegarde des réglages

Il est possible et conseillé de sauvegarder l'intégralité des réglages de l'appareil dans la carte SD en utilisant l'option **Enregistrer/charger réglages** du menu Configuration. La configuration est alors enregistrée à la racine de la carte située dans le logement supérieur sous la forme d'un fichier nommé NCSETUPB.BIN. On ne peut copier qu'un seul fichier de ce type sur chaque carte.

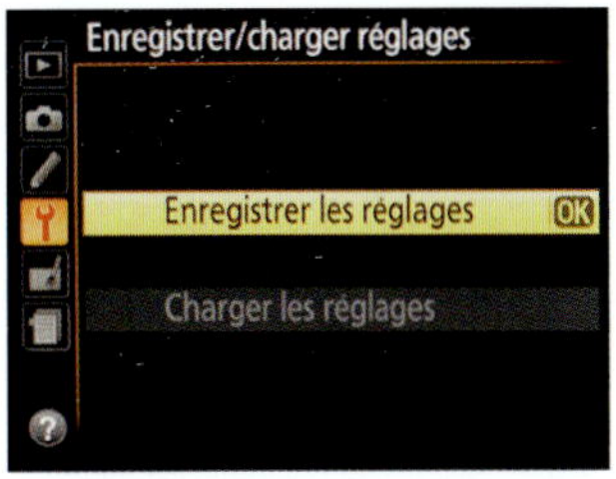

◀ Enregistrement et sauvegarde des réglages complets de l'appareil.

Attention ! Comme ce fichier sera effacé si vous formatez la carte, il est prudent de le sauvegarder sur votre ordinateur. Ainsi lorsque vous voudrez réinitialiser vos réglages, après avoir copié le fichier à la racine de la carte mémoire à l'aide d'un lecteur de carte, vous utiliserez cette fois le menu Charger les réglages de l'appareil. La solution la plus commode et efficace est d'enregistrer les réglages sur une vieille carte SD que vous n'utilisez plus à cause d'une capacité trop faible. Ainsi vous aurez toujours à portée de main un moyen de réinitialiser complètement votre appareil si vous avez par trop modifié ses réglages. Il est même possible de partager ainsi ses réglages favoris avec un autre possesseur de D7200.

Écran d'information

Il est important de connaître rapidement et à tout moment comment est configuré l'appareil afin de pouvoir s'adapter rapidement à chaque type de sujet. Appuyez sur la touche Info, en bas à droite de l'arrière de l'appareil, et l'écran arrière affichera un résumé des réglages en cours. Un coup d'œil sur cet affichage permet de vérifier que les réglages de l'appareil correspondent bien aux images que l'on va réaliser et il est même possible d'intervenir directement sur certains d'entre eux apparaissant en bas de l'écran en cliquant sur le bouton *i*. Puis à l'aide du PAD naviguez dans les différents réglages disponibles et sélectionnez celui que vous voulez modifier en validant avec la touche OK.

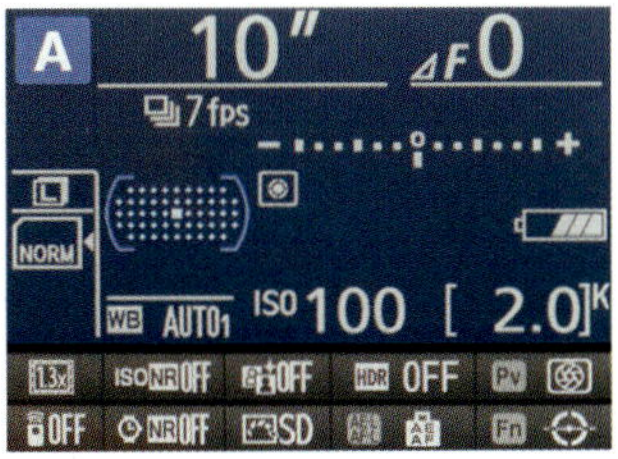

▲ Écran d'information des réglages.

Réinitialisations des réglages d'usine

Si après maintes manipulations de votre appareil, particulièrement lors de la prise en main, vous avez joyeusement modifié tous les réglages et que vous voulez revenir aux paramétrages d'origine, les menus Prise de vue et Réglages perso peuvent être réinitialisés à l'aide de l'option située en première place dans la liste de chacun d'eux. S'il s'agit de remettre à 0 des modifications concernant les réglages courants affichés par l'écran LCD supérieur (mode d'exposition, taille et qualité d'image, balance des blancs, sensibilité, etc.), on peut utiliser les deux boutons signalés par un point vert sur le dessus du boîtier et à l'arrière de l'appareil. Il suffit de les maintenir simultanément pressés jusqu'à clignotement de l'affichage supérieur. L'appareil reprend alors ses réglages de base d'origine, c'est-à-dire : Programme, JPEG Normal, taille d'image Large, balance des blancs Auto1, sensibilité 100 ISO, flash en synchro premier rideau, mémorisation FV désactivée, et les diverses corrections flash, exposition, et décalage programme désactivés.

2

MISE AU POINT DE NETTETÉ

Plus les capteurs deviennent denses en pixels, plus les petites erreurs de mise au point deviennent visibles. Il est donc capital d'apporter une attention particulière à ce paramètre.

2.1 MISE AU POINT AUTOFOCUS (AF)

Obtenir une image nette nécessite de focaliser exactement dans le plan du capteur les rayons lumineux provenant de l'objectif et formant l'image du sujet. Cela se fait, en manuel en manœuvrant la bague de mise au point de l'objectif, ou en automatique en utilisant le système autofocus de l'appareil. Pour bien utiliser cet automatisme il est important d'en comprendre le principe pour en cerner les possibilités et les limites.

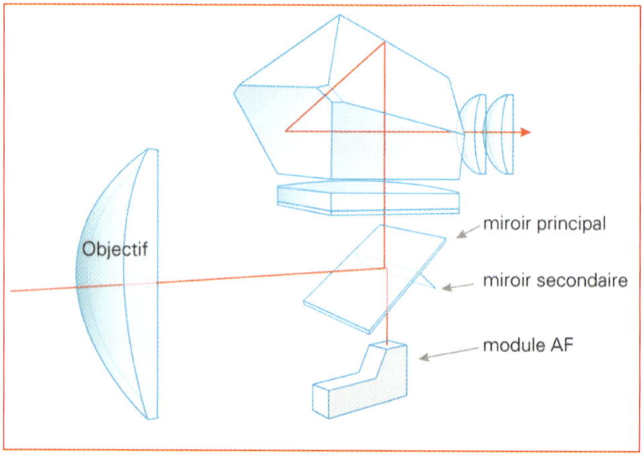

▲ Disposition du système AF dans un reflex.

L'image focalisée par l'objectif est renvoyée vers le viseur par l'intermédiaire du miroir de l'appareil. La partie centrale du miroir étant semi-transparente, une partie de la lumière est ainsi prélevée et redirigée vers le module AF situé dans le bas de la chambre reflex par le miroir secondaire de plus petite taille situé derrière le miroir principal. Dans la figure suivante, on peut voir que le module AF est constitué d'un séparateur composé de deux petites optiques divisant les rayons lumineux provenant de deux zones diamétralement opposées du groupe optique avant de l'objectif et situées dans la partie délimitée par la fermeture entre f/5,6 et 8 du diaphragme. Ces deux zones forment en quelque sorte les deux optiques d'un télémètre. Dans les schémas suivants nous prenons le cas simple d'un point représentant le sujet visé. Si la mise au point est bonne, les deux rangées de capteurs CCD du module AF détectent deux signaux parfaitement centrés. Dans le cas d'une mise au point en avant ou en arrière du sujet le signal recueilli par les CCD est décalé dans un sens ou dans l'autre. Le calculateur est programmé pour déterminer la correction à apporter au réglage de distance de l'objectif pour obtenir le point correct en fonction de la valeur et du sens du décalage.

Dans la réalité les sujets réels étant beaucoup moins ponctuels et contrastés que dans cet exemple le signal reçu par le calculateur est beaucoup moins significatif. Au lieu d'un pic d'amplitude bien franc comme le signal carré représenté dans l'exemple il s'agit d'un signal complexe duquel il doit tirer la partie représentative, ce qui est beaucoup plus délicat et qui explique la raison pour laquelle l'AF a du mal à travailler sur des sujets peu contrastés.

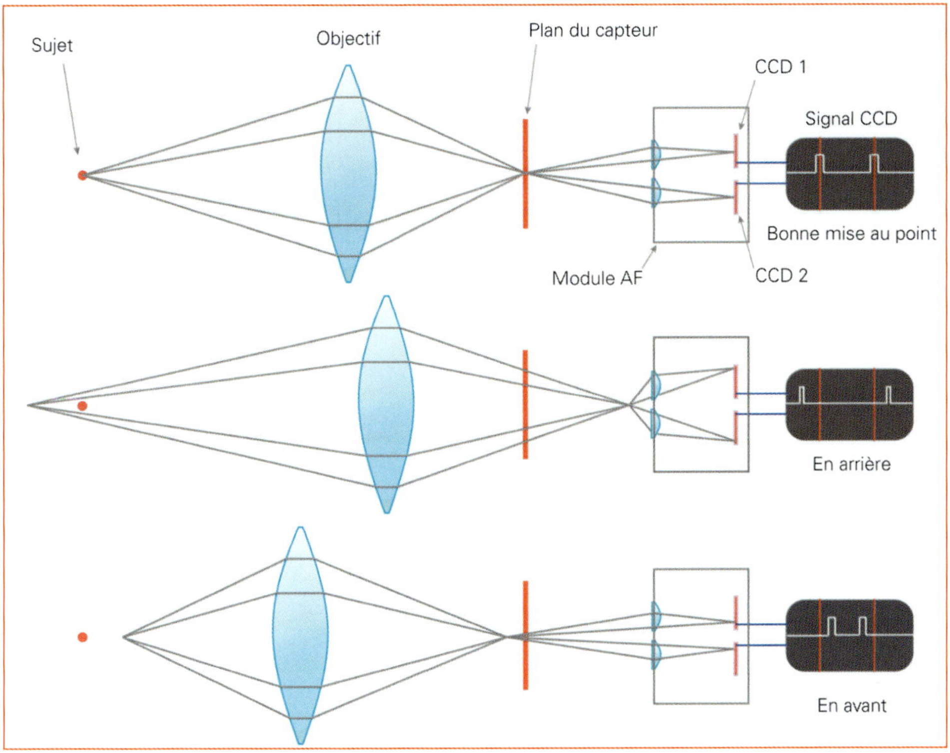

▲ Principe de l'AF.

Le schéma suivant représente de manière un peu plus réaliste le type de signaux que délivrent les deux parties du capteur AF pour une mise au point correcte. Ici, il s'agit d'un signal de bonne qualité car le sujet est suffisamment contrasté. Dans un cas plus délicat, les deux pics seront bien moins différenciés du signal moyen et donc plus difficiles à distinguer par le calculateur :

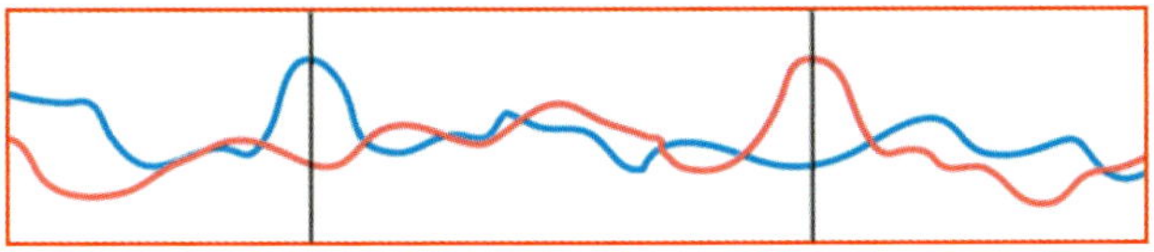

La zone de mesure de l'AF est matérialisée dans le viseur sous la forme d'un petit rectangle s'illuminant en rouge lors de son activation par une pression à mi-course sur le déclencheur. Compte tenu du principe de l'AF que nous venons de voir, pour que l'AF fonctionne il faut qu'il y ait un sujet significatif dans le viseur à l'emplacement de ce rectangle. Une surface lisse ou sans contraste ne le permet pas, le signal sera toujours « plat » quelle que soit la mise au point. Il faut donc veiller à placer ce rectangle sur un objet suffisamment structuré et contrasté.

Tout comme nos yeux l'AF a aussi des limites en sensibilité. Dans la pénombre il pourra être plus lent ou inefficace. Dans ces conditions difficiles l'activation de l'aide lumineuse par le menu **a7** facilitera son travail, mais ne le rendra pas très discret. De plus le faisceau de cette lampe d'aide à la mise au point peut être masqué par la présence d'un objectif long et muni d'un parasoleil. La portée utile de cette lampe est d'environ 2 à 3 m.

▲ Couverture et disposition des capteurs AF dans le viseur en mode DX à gauche et en mode Zone d'image 1,3× à droite.

Conseil Les 15 capteurs situés au centre de la plage AF sont les plus discriminants, car ils sont formés par des capteurs en croix, aussi performants sur des structures verticales qu'horizontales. C'est parmi eux qu'il sera important de sélectionner les capteurs actifs lorsque la lumière ou le contraste des sujets seront faibles. Soit en mode Sélectif, donc 1 capteur, soit en mode 9 capteurs.

Sensibilité du module AF

Avec le D7200 cette sensibilité est de –3 IL (–2 IL). Pour fixer les idées cette valeur correspond à une scène dont la bonne exposition à 100 ISO serait de 16 s (8 s) à f/1,4. Dans ces conditions on ne voit plus grand-chose dans le viseur, et pourtant l'AF est encore capable de faire la mise au point. Il n'y a donc plus guère de limite réelle à la mise au point en dehors du contraste faible du sujet et de l'obscurité totale !

De plus l'utilisation d'optiques ouvertes à f/8 (au lieu de f/5,6) est maintenant possible. Cela concerne particulièrement l'usage de multiplicateurs de focale qui modifient l'ouverture apparente des optiques. Par exemple un 300 mm f/4 équipé d'un convertisseur de focale 2× verra son ouverture effective réduite à f/8. Dans ces conditions le système AF du D7200 continuera de fonctionner mais seulement avec le capteur AF central.

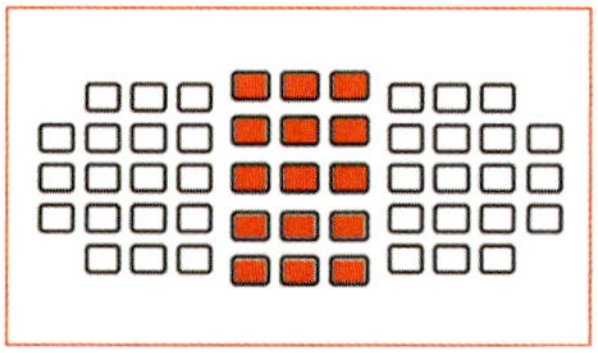

▲ Pour des objectifs d'ouverture jusqu'à f/5,6, les 51 capteurs AF peuvent fonctionner et les 9 capteurs centraux sont en croix c'est-à-dire sensibles aux détails verticaux ou horizontaux.

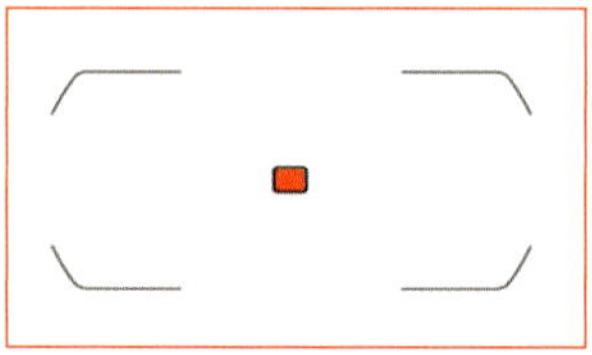

▶ À f/8, seul le capteur central reste actif.

Précisions

Comme vous avez pu le pressentir dans les lignes précédentes, il faut distinguer luminosité de la scène et diaphragme minimal utilisable par l'AF. Lorsque l'on parle de sensibilité de –3 IL il s'agit de la luminosité de la scène focalisée par l'objectif. Donc un filtre gris, par exemple, ne deviendra incompatible avec l'AF que lorsqu'il aura réduit la luminosité de la scène visée au-dessous de –3 IL. Ce qui fait que l'AF sera tout à fait capable de fonctionner avec un filtre gris neutre ND8 si la scène elle-même est lumineuse.

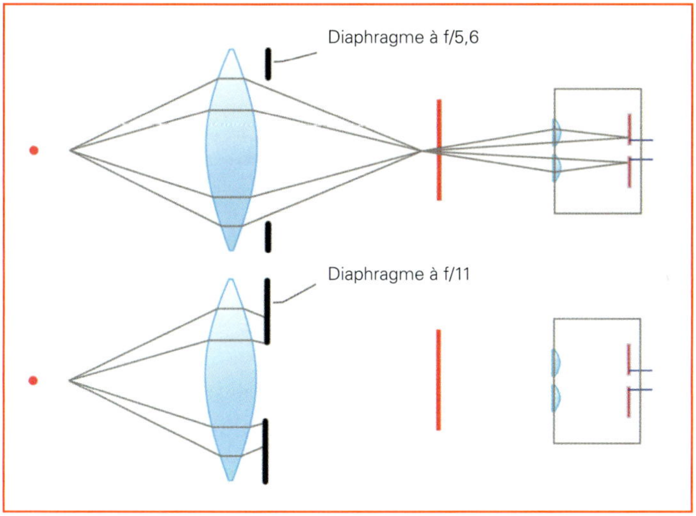

▲ Comme on peut le voir ici, avec un objectif moins lumineux que f/8 (par l'utilisation d'un doubleur par exemple) c'est comme si l'on fermait le diaphragme, l'AF ne fonctionnera pas quelle que soit la luminosité de la scène car dans ce cas c'est la zone de la lentille avant utilisée pour la mesure AF qui n'est plus utilisable par les capteurs AF, ce qui est sans rapport avec la luminosité.

Remarque Ceux qui sont intéressés par les principes techniques que nous évoquons ici (et bien d'autres) pourront se connecter sur le site de Pierre Toscani, magnifiquement illustré : http://tinyurl.com/bwntymw

Modes AF

Le D7200 offre plusieurs possibilités en ce domaine et l'accès aux modes AF a été simplifié, il se réalise par l'intermédiaire du **sélecteur AF** à l'avant de l'appareil.

▶ Le sélecteur AF.

2.2 MODES DE MESURE AF

On vérifie d'abord que la fonction est activée en plaçant le sélecteur sur AF (sur certaines optiques il existe aussi un sélecteur de mode AF, il doit être sur AF également).

Sélection manuelle des points autofocus

Elle s'effectue à l'aide du PAD au dos de l'appareil. Chaque pression à gauche ou à droite, en haut ou en bas du PAD fait se déplacer le point actif dans le viseur. On peut ainsi placer le point AF sur le sujet, même lorsque celui-ci est décentré dans le cadre de visée. L'option **a6** permet de choisir le nombre de capteurs AF visibles, et donc sélectionnables dans le viseur. Si l'on choisit **51**, il y a évidemment beaucoup de choix possibles pour placer le capteur AF à un endroit très précis du sujet, mais la manipulation est plus lente. Avec 11 capteurs, le déplacement d'un coup de pouce est beaucoup plus rapide. Selon que l'on dispose de plus ou moins de temps en fonction du type de prise de vue on choisira l'un ou l'autre.

AF-S (bouton central du sélecteur AF + molette arrière)

S pour *Single* : une seule mise au point. Ce réglage peut se faire sans quitter le viseur des yeux, en effet les paramètres sélectionnés s'y affichent pendant leurs réglages.

Deux options avec bouton central + molette avant :

- **Sélectif (S)**. Dans ce mode, un seul capteur est activé. On place le capteur matérialisé dans le viseur sur le sujet à l'aide du PAD. Une pression à mi-course sur le déclencheur active l'AF et la mise au point se fait. Sa bonne exécution est signalée par l'apparition d'une petite pastille ronde en bas à gauche du viseur (et d'un bip sonore si l'option **d1** est activée). En mode S la mise au point reste mémorisée tant que l'on maintient le doigt à mi-course sur le déclencheur. Il ne reste plus qu'à attendre le moment le plus opportun pour faire la photo.
- **Auto (51 points)**. Tous les capteurs sont disponibles et l'automatisme de l'appareil décidera lesquels seront utilisés en fonction du sujet. Les capteurs actifs apparaîtront brièvement dans la visée. La

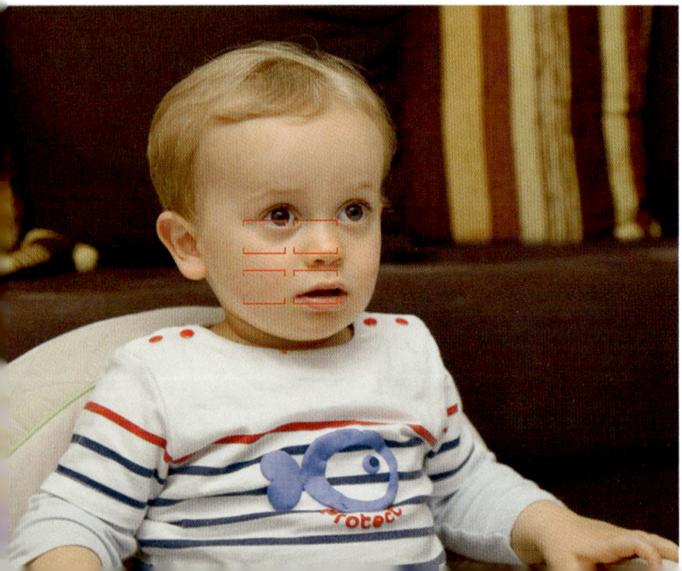

◀ En mode S Auto, les capteurs utilisés par l'appareil s'illuminent brièvement dans le viseur, permettant de contrôler que la zone sélectionnée par l'automatisme est correcte.

mesure est mémorisée tant que le doigt est maintenu à mi-course sur le déclencheur. Ce mode peut être pratique et efficace dans le cas où le sujet principal (visage ou forme humaine) est facile à distinguer du fond (distance et couleur très différentes principalement). Pour d'autres types de sujets moins faciles à reconnaître, l'automatisme effectuera la mise au point sur le sujet situé au premier plan.

Conseil En mode S, la mémorisation de la mise au point suivie d'une attente plus ou moins longue avant la prise de vue effective (cas d'un portrait à courte distance par exemple) peut poser des problèmes de netteté. En effet, pendant le temps d'attente (même assez bref), le sujet peut légèrement bouger en avant ou en arrière, et le photographe de même par un mouvement involontaire du buste. Ces 1 à 3 cm de variation n'auront que peu d'importance pour un sujet éloigné, mais pourront se révéler très pénalisants pour un sujet proche où la profondeur de champ est forcément plus faible. Donc ne pas hésiter à refaire une mise au point périodiquement si le temps d'attente dépasse les 2 ou 3 secondes par exemple. De même à courte distance le décadrage après mise au point modifie légèrement la distance appareil-sujet, créant forcément un décalage de mise au point qui sera d'autant plus visible que la profondeur de champ sera faible et ne pardonnera aucune erreur.

AF-C (bouton central du sélecteur AF + molette arrière)

C pour mise au point **continue**. Six options avec bouton central + molette avant :

- **Sélectif (S)**. Dans ce mode la mise au point se fait sur un seul capteur sélectionnable parmi les 51, et elle est réactualisée en permanence. Il y a donc suivi du déplacement du sujet à condition de cadrer afin de garder le capteur AF sur le sujet en continu et de maintenir le déclencheur à mi-course.
- **Auto (51 points)**. Tous les capteurs sont disponibles et l'automatisme de l'appareil décidera lequel sera utilisé en fonction du sujet. Le groupe de capteurs actifs (matérialisé par un seul point) apparaîtra en permanence dans la visée. La mesure est actualisée en permanence selon les déplacements du sujet tant que le doigt est maintenu à mi-course sur le déclencheur, ou en cas de rafale. L'automatisme est capable de reconnaître une forme humaine à condition qu'elle soit suffisamment détachée du fond (distance et couleur). Dans le cas où ce n'est pas possible la mise au point se fera sur le premier plan.
- **Dynamique 9, 21 ou 51 capteurs**. En mode 9 ou 21 capteurs le groupe entier peut être déplacé avec le PAD (seul le capteur central du groupe est visible dans le viseur mais il est aussi possible de vérifier la position du groupe de capteurs sélectionné en appuyant sur le bouton Info). Dans ces modes la première mise au point se fait sur le capteur central du groupe choisi. Si au cours du suivi le sujet se décadre légèrement, les autres capteurs du groupe prendront le relais. Si l'on a à faire à un sujet aux déplacements réguliers que l'on peut suivre facilement, on peut utiliser le mode 9 capteurs. Dans le cas où le sujet a des déplacements plus imprévisibles, 21 ou 51 capteurs sont plus sécurisants mais ils ne peuvent

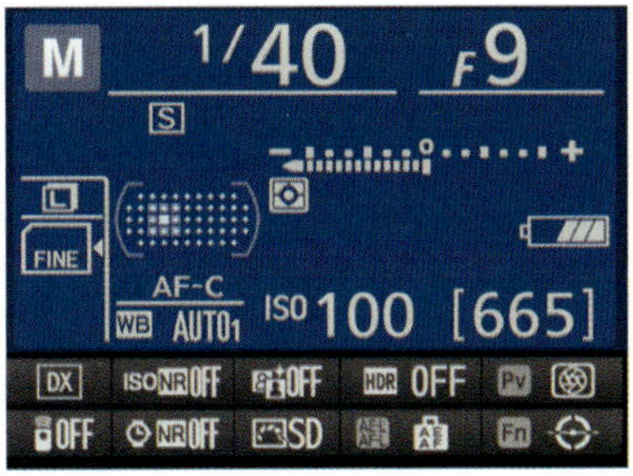

▲ Ici, par exemple, groupe de 9 capteurs légèrement décalé à gauche de la plage AF.

pas tout. Pour que le système de suivi avec un grand nombre de capteurs fonctionne bien il faut que le sujet soit d'une couleur et une distance bien différentes du reste de la scène et afin que le calculateur puisse le différencier facilement.

- **Dynamique 51 points 3D**. On réalise une première mesure sur le sujet choisi avec le capteur désiré et on maintient la pression à mi-course sur le déclencheur. Si le sujet se déplace dans le cadrage pendant la prise de vue (simple suivi ou rafale) ou que l'on décadre après la mise au point, l'automatisme AF le recherche en permanence dans le viseur. Les critères de cette recherche sont la forme et surtout la couleur du sujet, enregistrés lors de la première mise au point. La position du capteur AF n'est pas actualisée dans le viseur (afin de concentrer la puissance de calcul du processeur sur le suivi effectif du sujet) mais le suivi est bien réel.

Ce mode fonctionne bien à la condition que le sujet soit bien différent du reste de la scène, par exemple un sportif au maillot d'une couleur différente des autres et du fond (et bien sûr à condition que l'on ne relâche pas la pression à mi-course sur le déclencheur sinon il faut refaire une mise au point sur le sujet choisi).

AF-A (bouton central du sélecteur AF + molette arrière)

A pour détection **automatique** du type de sujet : fixe ou mobile. Dans ce mode c'est l'appareil lui-même qui déterminera si l'on a affaire à un sujet fixe ou mobile, et il activera le mode AF-S ponctuel ou le mode AF-C continu. On dispose des mêmes options de capteurs AF que dans le mode AF-C.

Remarque Si l'on sélectionne un grand nombre de capteurs actifs, on augmente la complexité du calcul de l'AF, et donc on diminue sa réactivité. En cas de sujets rapides et peu différenciés du fond, il vaut mieux choisir un nombre limité de capteurs (les 9 du centre de préférence).

Attention !

En prise de vue animalière ou de sport, si vous avez choisi **Priorité au déclenchement** dans le menu **a1**, dans le cas où le sujet est très flou au départ (l'objectif était réglé pour une distance très différente précédemment) les premières images seront floues, et pendant la suite de la rafale l'AF disposera de très peu de temps entre chaque image pour rattraper la défocalisation importante. Avec un téléobjectif haut de gamme cela ne posera pas trop de problème, les moteurs AF étant ultrarapides. Mais avec un 200-500 mm par exemple ou tout autre téléobjectif de cette gamme, la correction sera moins instantanée, donc les images floues encore plus nombreuses. Je vous conseille de choisir l'option **Mise au point + déclenchement** qui laissera à l'AF un peu plus de temps au départ pour réaliser la mise au point et optimisera ainsi la suite de la rafale.

Retouche du point manuelle

La plupart des objectifs AF-S permettent la retouche manuelle du point en mode AF-S ou AF-C. C'est utile par exemple lorsque l'on constate que la mise au point ne s'effectue pas exactement à l'endroit voulu ou si un élément parasite s'interpose devant le point souhaité (dans un portrait par exemple). Il suffit alors de manœuvrer la bague de mise au point pour la corriger (en maintenant le déclencheur à mi-course).

> **Attention !**
>
> En cours de suivi d'un mobile et/ou de rafale par exemple, si par inadvertance vous touchez la bague de mise au point manuelle de l'objectif, l'AF sera désactivé ! En effet, le système enregistrera le mouvement de la bague de mise au point comme votre désir de prendre la main sur l'AF. Les images suivantes seront donc floues et vous ne comprendrez sans doute pas pourquoi. Seuls les objectifs haut de gamme disposent d'un sélecteur proposant un mode supplémentaire : A/M. En **mode A/M** la bague de mise au point sera moins sensible qu'en mode M/A et ne réagira pas en cas de léger mouvement involontaire.

2.3 MISE AU POINT MANUELLE

Vous pourrez l'utiliser pour les prises de vue macro, la reproduction, et bien sûr obligatoirement si vous montez sur votre D7200 des optiques non AF. Avec un objectif AF, il faut déconnecter l'entraînement du moteur en plaçant le sélecteur de mode AF sur M. Et avec les objectifs AFS qui en possèdent un, il suffit de placer l'interrupteur de l'objectif sur M.

Avant l'arrivée de l'autofocus la mise au point était forcément manuelle, les verres de visée étaient optimisés pour ce type de réglage, leur structure moins fine que les verres actuels permettait de bien discerner le passage du flou au net de manière extrêmement précise. De plus ils étaient équipés d'aides à la mise au point très précises au centre du viseur comme les microprismes, efficaces sur les zones lisses, ou le télémètre à champ coupé plus adapté aux éléments aux contours bien définis dans l'image.

Avec l'autofocus, comme nous l'avons vu au début de cette section, il est nécessaire de prélever une partie de l'image focalisée par l'objectif pour la diriger vers le module AF se trouvant dans le bas de la chambre reflex. Ce prélèvement diminue d'autant la part de lumière reçue par le viseur. Pour conserver une luminosité acceptable de la visée, les constructeurs ont donc dû modifier les verres de visée en les dotant d'une structure plus fine, mais au détriment de l'efficacité en mise au point manuelle. C'est un compromis acceptable car en pratique l'AF est utilisé dans l'écrasante majorité des cas.

Dans le viseur du D7200, en bas à gauche, se trouve un **indicateur de mise au point**. Des flèches indiquent dans quel sens il convient de tourner la bague d'objectif, puis, le point atteint, un témoin apparaît. La meilleure méthode est de dégrossir la mise au point visuellement dans l'image du viseur, puis d'affiner avec l'indicateur.

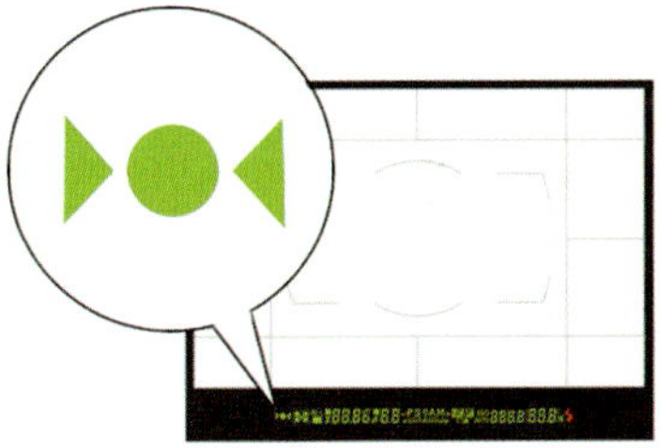

▲ Indicateur de mise au point manuelle.

2.4 MISE AU POINT EN LIVE VIEW (LV)

Après avoir activé la visée Lv par le bouton dédié, la mise au point peut se faire de deux manières : manuellement ou par l'autofocus.

Manuellement

En mode Lv la mise au point manuelle se réalise en tournant la bague de mise au point de l'objectif. L'activation de la loupe (via le bouton + ou avec le bouton OK programmé pour cela par le menu **f1**) et la grande qualité de l'afficheur permettent d'obtenir une très grande précision de réglage.

Par l'autofocus

En mode Lv, le miroir étant escamoté, le module AF situé dans le bas de la chambre reflex ne peut plus recevoir l'image focalisée par l'objectif qui se projette alors directement sur le capteur. La mise au point AF ne se fait donc pas de la même manière qu'en mode classique. Le calculateur va utiliser les pixels du capteur lui-même pour déterminer la netteté de l'image. Il se base pour cela sur le contraste de l'image. En effet plus une image est nette plus son contraste est élevé.

De ce fait, comme vous pourrez le constater, lorsque vous appuyez sur le déclencheur l'objectif fait un aller-retour rapide, ce qui permet au calculateur de détecter dans la plage de mise au point parcourue, le point le plus contrasté sur lequel il va se fixer au retour.

La sélection du mode AF (AF-S ou AF-F) se réalise avec le bouton central de la commande AF et la molette arrière. Le mode **AF-F** correspond à une mise au point continue permanente sans avoir à maintenir le doigt sur le déclencheur. En mode Lv photo, le mode AF-F a l'avantage de maintenir le sujet visé net pendant la préparation du cadrage mais au moment de la prise de vue, lors de l'appui à mi-course sur le déclencheur, l'appareil effectuera une nouvelle mise au point avant le déclenchement (sauf si l'on a mémorisé la mise au point par le bouton AEL/AFL juste avant de déclencher). L'AF Lv est très précis mais, compte tenu de sa lenteur, il est plus adapté à un usage sur pied. En Lv le capteur AF étant le capteur image lui-même, la zone AF peut être placée n'importe où dans l'image à l'aide du PAD. En mode **AF-S** on active la mesure AF en appuyant à mi-course sur le déclencheur comme pour la mise au point classique. L'acquisition de la bonne netteté est confirmée par l'affichage en vert du carré de mise au point. S'il clignote en rouge c'est que l'AF a échoué (luminosité trop faible, contraste insuffisant le plus souvent), il suffira alors la plupart du temps de déplacer légèrement la zone de mise au point et de répéter l'opération.

Les diverses configurations de la zone AF en Live view se sélectionnent avec le bouton central du commutateur AF et la molette avant, et on peut déplacer la zone AF dans l'image à l'aide du PAD. L'affichage du mode se fait sur l'écran arrière :

- **AF zone normale** NORM. C'est le mode par défaut. Il convient pour réaliser la mise au point sur des sujets de taille réduite dans l'image.
- **AF zone large** WIDE. Plutôt adapté aux sujets de plus grande taille ou aux paysages.
- **Suivi de sujet**. Dans ce mode le capteur AF peut suivre des déplacements pas trop rapides du sujet dans le cadrage à condition qu'il soit bien différent en couleur du reste de la scène. On active le suivi en positionnant la zone AF sur le sujet choisi puis en validant en pressant la partie centrale du PAD (OK).
- **AF priorité visage**. Dans ce mode l'appareil peut détecter la présence de visages dans la scène et réalise la mise au point sur le plus proche. Ce système ne peut fonctionner que si le ou les sujets sont de face.

2.5 STABILISATION OPTIQUE (VR)

Les fabricants, conscients de l'impact des mouvements de l'appareil sur la netteté finale de l'image, ont créé des systèmes de stabilisation des mouvements et vibrations de l'ensemble appareil-opérateur. Le système de stabilisation n'agit que sur les vibrations de l'appareil et du photographe, pas sur les mouvements du sujet ! Nikon utilise pour cela des capteurs (gyromètres) placés dans les optiques VR, qui détectent les mouvements, leur rapidité et leur sens, et transmettent à un moteur qui mobilise un groupe optique à l'intérieur de l'objectif, les ordres nécessaires pour compenser exactement les mouvements détectés. L'efficacité est telle que ce système est capable de permettre des gains de l'ordre de 3 à 4 vitesses par rapport à celles qui auraient été nécessaires auparavant pour garantir la netteté dans les mêmes conditions.

Tous les objectifs ne sont pas encore dotés de stabilisation, mais déjà les téléobjectifs et la plupart des longues focales et zooms disponibles au catalogue Nikon le sont. Un autre intérêt non négligeable de la stabilisation par l'objectif est que la visée est aussi stabilisée, ce qui procure un confort certain et facilite le travail du système AF en mode Suivi de sujet particulièrement.

Les objectifs possédant cette fonction sont équipés d'un sélecteur permettant de l'activer ou pas, et de choisir entre deux modes de stabilisation.

Mode Normal

C'est le mode à utiliser la plupart du temps. On peut l'utiliser à la main, sur un monopied ou sur un pied peu stable. Il détecte automatiquement les mouvements horizontaux réguliers et de longue durée (donc volontaires : filé de suivi d'un mobile) et dans ce cas ne corrige que les mouvements verticaux.

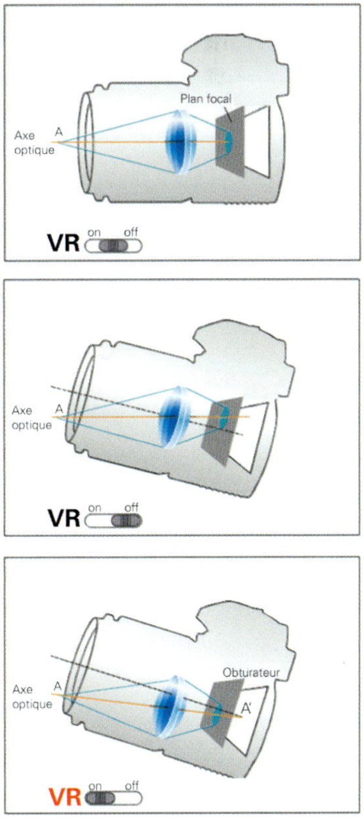

▶ La stabilisation optique VR (d'après un document Nikon). En haut l'appareil est stable. Au centre, système VR désactivé, l'appareil animé d'un mouvement vertical fait déplacer l'image sur le capteur pendant l'exposition, créant un flou de bougé. En bas le système VR est en fonction, l'appareil est aussi animé d'un mouvement vertical mais le système VR compense ce mouvement par un déplacement opposé d'un groupe optique. L'image reste stable sur le capteur pendant l'exposition.

Mode Active

Ce terme peut prêter à confusion. Il ne signifie pas que le VR serait actif dans ce mode (et donc inactif ou moins actif en mode Normal !) mais simplement que la visée est mieux stabilisée. Ce mode est donc à utiliser lorsque le photographe se trouve lui-même sur un véhicule produisant des mouvements importants. Il permet d'agir plus efficacement sur la visée elle-même, facilitant ainsi le travail de cadrage du photographe dans ces conditions particulièrement difficiles.

Mais pourquoi ne pas toujours l'utiliser, direz-vous ? Simplement parce que cela a trois inconvénients :

- Comme il corrige mieux les mouvements de grande amplitude pendant la visée il peut se trouver déjà dans des situations de correction extrêmes juste avant le déclenchement et donc être moins apte à corriger instantanément un mouvement de même sens lors de la prise de vue.
- Il n'est pas capable de détecter les mouvements de filé du photographe et peut essayer de les corriger, ce qui n'est vraiment pas souhaitable !
- La correction améliorée durant la visée est plus grande consommatrice en énergie électrique et donc limiterait l'autonomie de la batterie si on l'utilisait en permanence.

Attention !

L'initialisation du système de stabilisation demande un petit laps de temps après le contact sur le déclencheur. Il est donc nécessaire de le respecter avant de faire la photo car celle-ci risquerait fort d'être moins nette. On voit très bien, dans le viseur au niveau du capteur AF, l'image se stabiliser après environ 1 à 2 secondes, quelquefois un peu plus avec certains objectifs. Entraînez-vous à détecter ce moment précis en observant bien les mouvements de l'image au niveau du collimateur AF ; lorsque le système devient efficace les petits mouvements sont comme lissés, gommés. À la mise en veille du système de mesure la stabilisation est aussi désactivée.

L'effet du système de stabilisation est maximal aux vitesses lentes bien sûr, mais il ne faut pas hésiter à l'utiliser jusqu'à des vitesses plus élevées, selon la focale utilisée. Au-delà d'une vitesse un peu supérieure à la focale il n'apportera pas de gain notable, et il peut même être, dans certains cas, légèrement pénalisant.

La raison de cette limite est simple. Les capteurs de mouvement transmettent un signal au calculateur qui envoie un ordre de déplacement opposé au groupe optique. Cet ensemble mesure-calcul-ordre-exécution est réalisé dans un temps extrêmement bref, mais pas nul. D'autre part rien n'étant parfait, la précision de cet ensemble ne peut être absolue. Donc tant que la vitesse d'obturation relativement faible, l'action du VR sera toujours très positive et bénéfique. Lorsque la vitesse d'obturation sera suffisamment élevée pour permettre de figer à elle seule le mouvement, les temps de retard et petites imprécisions de correction peuvent devenir alors (éventuellement) pénalisants.

Conseil Le système VR peut être utilisé avec l'appareil sur monopied mais doit être déconnecté en cas d'utilisation d'un trépied lourd et stable.

Mode Sport

Ce nouveau mode est apparu sur certains objectifs récents, principalement de longue focale. Il remplace le mode Active, mais il a un avantage supplémentaire : comme le mode Normal il détecte les mouvements de filé lors du suivi de sujets mobiles et désactive alors la stabilisation dans le sens du filé. Comme son nom l'indique, ce mode est particulièrement indiqué pour la photo de sujets sportifs très mobiles.

Une différence importante pour le choix du mode Normal ou Sport réside dans leur mode de stabilisation. Le mode Normal est plus efficace en stabilisation pure, mais lors d'une prise de vue qui aura nécessité une forte correction par le système, le sujet sera affecté d'un assez fort décadrage, ce qui, en cas de cadrage serré au départ, pourra entraîner une coupure du sujet dans l'image finale. En cas de **cadrage serré**, préférez donc le mode Sport, sinon, optez pour le mode Normal.

3

EXPOSITION DES IMAGES

Pour découvrir ou confirmer les connaissances de base indispensables à l'utilisation d'un reflex évolué.

3.1 RAPPELS TECHNIQUES : LES OUTILS DE RÉGLAGE DE LA LUMIÈRE

Argentiques ou numériques, les appareils reflex disposent des mêmes éléments mécaniques de base pour doser la lumière : un obturateur et un diaphragme. Les conditions d'éclairage des scènes photographiées étant par nature fort différentes, le diaphragme et l'obturateur vont permettre d'adapter la quantité de lumière transmise à la sensibilité du capteur.

▲ Le diaphragme.

▲ Obturateur électronique du D7200.

Diaphragme

C'est un dispositif situé dans l'objectif, composé de lamelles mobiles, un iris formant un trou plus ou moins large limitant le passage de la lumière. Les valeurs de fermeture du diaphragme sont normalisées et exprimées par des chiffres : 1,4 – 1,8 – 2 – 2,8 – 4 – 5,6 – 8 – 11 – 16 – 22 – 32. Plus le nombre est élevé plus le diamètre du trou laissant passer la lumière est petit. Le flux lumineux passant par l'ouverture du diaphragme varie du simple au double entre chaque valeur normalisée. Il existe néanmoins des valeurs intermédiaires par 1/2 ou 1/3 de valeur permettant d'affiner le réglage.

Obturateur

Il est lui aussi composé de lamelles mobiles, verticales celles-ci, placées juste devant le capteur. Il est formé de deux rideaux dont le temps d'ouverture détermine le temps d'exposition du capteur. L'ouverture du premier rideau dévoile le capteur, le second vient le masquer à la fin du temps de pose programmé. L'obturateur du D7200 permet d'exposer à des vitesses comprises entre 30 s et 1/8 000 s.

Les lamelles de l'obturateur se déplaçant toujours à la même vitesse, au-dessus de 1/250 s la réduction du temps d'exposition du capteur se réalise par le démarrage du deuxième rideau avant la fin de l'ouverture du premier. L'exposition est alors réalisée par le passage devant le capteur d'une fente dont la largeur est proportionnelle au temps de pose programmé. Plus la fente est étroite plus le temps d'exposition à la lumière de chaque point du capteur balayé par la fente est bref.

Couple vitesse-diaphragme

Le diaphragme intervient donc sur l'intensité du flux de lumière, et l'obturateur sur le temps de passage de ce flux. La combinaison des deux aboutit au dosage de la quantité de lumière reçue par le capteur.

Oui mais, me direz-vous, pourquoi se compliquer la vie et utiliser deux systèmes qui font, en fait, le même travail ? Parce qu'ils le font différemment et que ces différences vont nous servir en photographie :

- Selon que le diaphragme est plus ou moins fermé, le résultat sur le rendu d'image sera fort différent : la zone de netteté (profondeur de champ ou PdC) sera d'autant plus large que le diaphragme sera fermé.
- Selon que le temps d'ouverture de l'obturateur sera court ou long, les mouvements du sujet seront figés ou pas. Dans le premier cas il sera net, dans l'autre, flou.

Nous exploiterons donc ces possibilités pour adapter l'appareil à notre sujet et à nos souhaits de résultat d'image.

Les ingénieurs nous ont facilité la tâche en choisissant des valeurs de réglage faciles à comparer entre ces outils. Chaque fois que l'on ferme le diaphragme d'un cran on laisse passer deux fois moins de lumière, et inversement. De même, chaque fois que l'on augmente la vitesse d'une valeur on laisse passer la lumière deux fois moins longtemps, donc on divise aussi par deux la quantité de lumière, et inversement bien sûr. Et la sensibilité ? C'est pareil, chaque pas de sensibilité double la sensibilité du capteur. Il y a toujours un rapport de 2 entre chaque valeur normalisée de ces trois paramètres. Donc il est simple de comprendre qu'il y a de multiples combinaisons possibles de ces trois réglages permettant d'obtenir la même exposition.

Par exemple, pour une sensibilité donnée, la cellule de mon appareil m'indique une valeur de diaphragme et une vitesse. Mais si le sujet que je veux photographier est un peu remuant, il serait souhaitable d'utiliser une vitesse plus rapide. Il me suffit d'en sélectionner une juste supérieure mais qui exposera donc deux fois moins (1 IL de moins) et de compenser cela en ouvrant le diaphragme d'un cran qui laissera passer deux fois plus de lumière (1 IL de plus). C'est ce que l'on appelle un **couple vitesse-diaphragme équivalent en valeur d'exposition**. Par exemple, le couple 1/500 s-f/2,8 est équivalent en exposition au couple 1/125 s-f/5,6, ces deux couples correspondent au même niveau de luminosité (12 IL dans ce cas).

Indice de luminance (IL)

Pour chaque valeur IL, il existe plusieurs couples vitesse-diaphragme permettant d'obtenir une exposition correcte. Chaque valeur entière d'IL vaut le double en luminance de la précédente. De même une surexposition de 1 IL correspond à un diaphragme plus ouvert d'une valeur, ou à une vitesse d'obturation deux fois plus lente.

3.2 MESURE DE LA LUMIÈRE

Principes

Il existe deux modes de mesure de la lumière.

■ Mesure incidente

Dans ce mode il faut mesurer le flux de lumière illuminant la scène. Pour cela la cellule utilisée est placée au niveau du sujet et dirigée vers l'appareil. Elle est munie d'un dôme translucide permettant d'intégrer (additionner) la lumière arrivant vers le sujet dans un angle de 180°. Un calculateur permet d'en déduire les paramètres d'exposition permettant de reproduire une valeur moyenne de ton (un gris moyen) sur le capteur, laissant ainsi une marge pour les valeurs plus sombres et plus claires de la scène. C'est la mesure la plus fiable car elle n'est basée que sur la lumière éclairant le sujet et indépendante des éléments clairs ou sombres présents dans la scène. Mais, par son principe d'utilisation pratique, elle ne peut être utilisée que lorsque l'on peut se placer près du sujet pour prendre la mesure de lumière. Elle trouve alors son utilité principale pour les prises de vues cinéma par exemple (ou en mesure de l'éclair d'un flash en photo en studio avec un flashmètre).

En photographie de type reportage, sport ou voyage il est rare de pouvoir utiliser ce type de mesure qui de plus nécessite une cellule indépendante de l'appareil.

▶ Cellule à main. Le dôme translucide (intégrateur) permet la mesure incidente.

■ Mesure réfléchie

Dans ce cas on mesure la lumière réfléchie par la scène et non plus la lumière qu'elle reçoit. L'avantage est que l'on n'a plus besoin de se placer au niveau des sujets pour prendre la mesure et que la cellule peut donc être intégrée dans l'appareil photo. L'inconvénient c'est que, selon qu'ils sont clairs ou sombres les sujets réfléchissent plus ou moins la lumière alors que la lumière qui les éclaire est identique.

Dans les premiers appareils qui en furent équipés, la cellule photoélectrique chargée de mesurer la lumière se trouvait à l'extérieur de l'appareil, c'était simplement la réunion commode de la cellule à main utilisée jusque-là et de l'appareil photo. Elle mesurait la luminance des différents sujets, clairs ou sombres, présents devant l'appareil. C'était donc une mesure globale se traduisant par la moyenne des luminances des sujets composant la scène photographiée.

Luminance

Intensité de la lumière réfléchie par la scène photographiée vers l'appareil.

Remarque Le principe de la mesure moyenne globale consiste à prendre pour hypothèse, statistiquement souvent vérifiée, que la moyenne des luminances de la scène visée correspond à une valeur moyenne de ton (un gris moyen, intermédiaire entre les valeurs claires et sombres). C'est effectivement le cas dans les scènes les plus courantes éclairées par le soleil, à quelques variations près. Par conséquent la luminance moyenne mesurée par la cellule est utilisée pour calculer des paramètres d'exposition permettant de reproduire cette même valeur moyenne par le capteur. La plage complète des luminances de l'image cadrée est ainsi répartie au mieux dans la plage des luminances enregistrables par le capteur.

Les ingénieurs ont donc créé une **échelle de luminance** (IL pour indice de luminance, ou EV pour *Exposure Value* en anglais), chaque valeur IL pouvant correspondre à un trio vitesse-diaphragme-sensibilité capable de reproduire une même valeur moyenne sur le film (voir tableau suivant). La boucle était bouclée.

▼ Tableau IL pour 100 ISO.

IL	**Diaphragme**							
	1,4	**2,0**	**2,8**	**4,0**	**5,6**	**8,0**	**11**	**16**
−2	8 s	15 s	30 s	60 s	2 min	4 min	8 min	16 min
−1	4 s	8 s	15 s	30 s	60 s	2 min	4 min	8 min
0	2 s	4 s	8 s	15 s	30 s	60 s	2 min	4 min
1	1 s	2 s	4 s	8 s	15 s	30 s	60 s	2 min
2	1/2 s	1 s	2 s	4 s	8 s	15 s	30 s	60 s
3	1/4 s	1/2 s	1 s	2 s	4 s	8 s	15 s	30 s
4	1/8 s	1/4 s	1/2 s	1 s	2 s	4 s	8 s	15 s
5	1/15 s	1/8 s	1/4 s	1/2 s	1 s	2 s	4 s	8 s
6	1/30 s	1/15 s	1/8 s	1/4 s	1/2 s	1 s	2 s	4 s
7	1/60 s	1/30 s	1/15 s	1/8 s	1/4 s	1/2 s	1 s	2 s
8	1/125 s	1/60 s	1/30 s	1/15 s	1/8 s	1/4 s	1/2 s	1 s
9	1/250 s	1/125 s	1/60 s	1/30 s	1/15 s	1/8 s	1/4 s	1/2 s
10	1/500 s	1/250 s	1/125 s	1/60 s	1/30 s	1/15 s	1/8 s	1/4 s
11	1/1 000 s	1/500 s	1/250 s	1/125 s	1/60 s	1/30 s	1/15 s	1/8 s
12	1/2 000 s	1/1 000 s	1/500 s	1/250 s	1/125 s	1/60 s	1/30 s	1/15 s
13	1/4 000 s	1/2 000 s	1/1 000 s	1/500 s	1/250 s	1/125 s	1/60 s	1/30 s

De fait, dans les cas les plus courants, les résultats de cette mesure globale étaient tout à fait acceptables. Or, plus les appareils se sont perfectionnés plus des exigences de précision et d'efficacité sont apparues. Dans tous les cas la cellule des reflex modernes se trouve à l'intérieur de l'appareil, elle mesure la lumière passant par l'objectif, donc exactement la scène cadrée. Elle tient aussi compte de l'objectif et des accessoires, filtres ou autres, utilisés. C'est la **mesure TTL** (*Through The Lens*, à travers l'objectif). Aujourd'hui on trouve plusieurs systèmes de mesure de la lumière dans les reflex. Le D7200 en propose trois principaux, chacun étant adapté à des situations particulières.

Modes de mesure

Les divers modes de mesure (à l'exception de la matricielle) reprennent le même principe d'utilisation de la mesure de lumière évoqué plus haut : la luminance mesurée est prise comme référence de la valeur moyenne de la scène, et sera donc traduite comme valeur moyenne de l'image, à ceci près que la zone de mesure est de taille différente. Les trois modes de mesure se sélectionnent sur le D7200 avec le bouton situé à gauche du déclencheur et la molette arrière.

▲ Le bouton sélecteur du mode de mesure.

■ Mesure matricielle

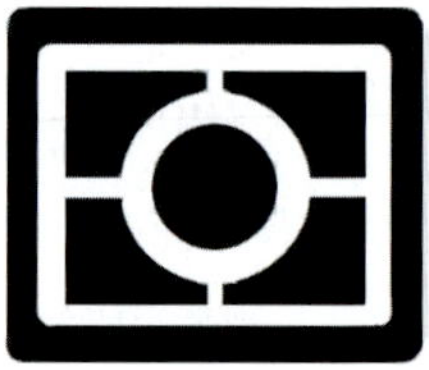

Cette mesure a été inventée par Nikon et est apparue pour la première fois lors de la sortie du Nikon FA en 1983. C'est le mode le plus « intelligent », il est dit **évaluatif**. Les autres modes se contentent de mesurer la lumière dans une zone plus ou moins grande du viseur sans tenir compte de la nature et de la position du sujet dans le cadrage. Dans la mesure matricielle, le viseur est divisé en plusieurs zones, mesurées indépendamment. Un calculateur, grâce à une base de données informatique basée sur des milliers de cas réels de prise de vue, détermine la meilleure exposition possible de la scène. C'est le mode idéalement adapté au fonctionnement automatique. Il a été perfectionné à chaque génération d'appareils.

Le principe de la mesure matricielle est de d'abord déterminer le contraste de l'image en comparant les valeurs minimale et maximale de luminance mesurées dans les zones, puis de déterminer le niveau de luminosité moyen de l'image. Avec ces deux paramètres le calculateur peut déjà déterminer à quel type de scène il a à faire. En fonction des divers niveaux de contraste et de luminosité il va appliquer un algorithme complexe qui va permettre une adaptation fine aux conditions, qui va se traduire par le choix d'un mode de mesure :

- **CW** (pondérée centrale) ;
- **M** (moyenne) ;
- **L** pondérée sur les basses lumières ;
- **H** pondérée sur les hautes lumières.

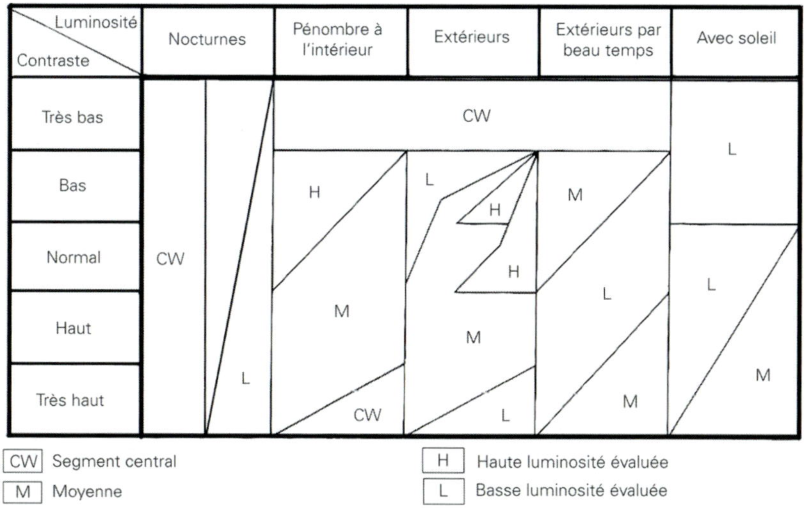

▲ Schéma algorithmique simplifié de la mesure matricielle (d'après un document Nikon).

> **Remarque** Depuis l'arrivée de la mise au point AF, Nikon utilise aussi les informations prélevées dans la zone du capteur autofocus actif pour affiner les calculs d'exposition en mesure matricielle. En effet, le but de cette mesure étant de déterminer automatiquement la meilleure exposition possible dans des conditions très variables de cadrage et de contraste, la connaissance par le calculateur de la position du sujet principal dans l'image est donc un atout de première importance. Et c'est celui sur lequel on fait la mise au point.

L'évolution suivante a été la mesure matricielle couleur. C'est aussi une des évolutions du D7200 par rapport au D7000 par l'adoption d'un capteur couleur spécifique situé dans le viseur et doté de 2 016 pixels contre 1 005 pixels dans le D7000, capable de fournir des informations plus précises sur les niveaux de lumière mais aussi de couleurs du sujet. Ces informations sont utilisées pour la mesure de lumière, la balance des blancs, mais aussi pour le suivi autofocus 3D. Ce mode de mesure est particulièrement adapté aux modes de prise de vue automatiques car il permet une adaptation très rapide et fiable aux conditions changeantes d'éclairages et de sujets. Il est parfait pour la photo de type reportage

▲ Le capteur couleur 2 016 pixels du D7200.

où l'on ne dispose pas de temps pour agir manuellement sur les corrections. Mais il est assez peu adapté aux corrections d'exposition au coup par coup par le photographe cette mesure apportant déjà une correction à la mesure brute, variable en fonction des sujets et du cadrage. Si l'on maîtrise bien la technique et que l'on désire intervenir au coup par coup sur l'exposition il vaut mieux utiliser la mesure pondérée centrale qui n'apporte elle-même aucune correction à sa mesure, ce qui fait qu'il est plus facile de prévoir sa réaction selon le type de sujet, et donc plus aisé de déterminer la correction la plus adaptée.

Mesure pondérée centrale

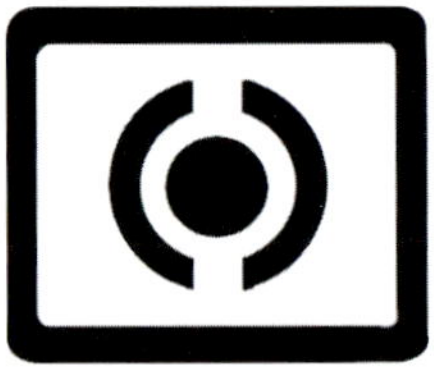

Comme son nom l'indique, sa zone de sensibilité principale se situe **au centre du viseur dans une zone assez large**. Par défaut, dans le D7200 la largeur de cette zone est de 8 mm correspondant au marquage arrondi dans le viseur. Il est possible de personnaliser la zone de mesure par l'adoption de différentes largeurs de la zone sensible : 6, 8, 10, 13 mm et moyenne globale qui s'applique à tout le viseur (menu **b4**). Plus on utilise une zone large plus cette mesure se rapproche de la mesure moyenne globale (elle est donc plus tolérante mais moins précise), et plus on utilise une zone étroite plus elle se rapproche de la mesure spot (voir plus bas) et devient plus précise, mais peu tolérante dans le choix de la zone de l'image sur laquelle on fait la mesure. Dans cette dernière configuration elle sera donc à réserver aux utilisateurs avertis.

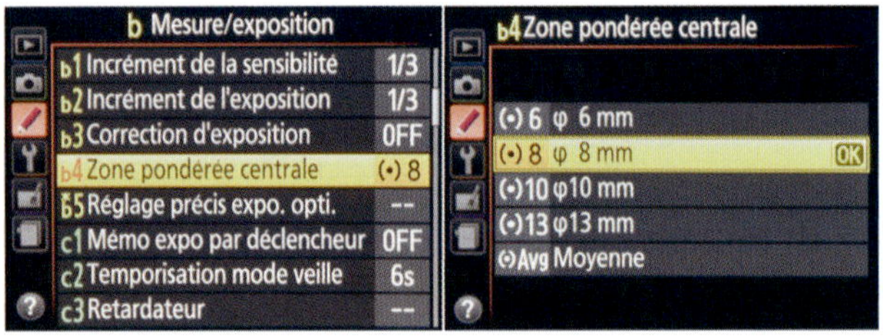

▲ Le menu **b4** Zone pondérée centrale et ses options.

La **mesure moyenne globale** (**Avg** pour *average*) est quelquefois considérée par certains comme plus fiable que la mesure matricielle, mais c'est un leurre. Dans les cas de scènes au contraste raisonnable elle donne des mesures très régulières (ce qui est normal vu son principe). Mais dans le cas de scènes comportant des zones de lumières intenses cette mesure a tendance à se caler dessus car, mesurant une moyenne, elle ne fait pas de différence entre une source ponctuelle forte, une lampe ou le soleil par exemple, et la même quantité de lumière mais répartie sur l'ensemble de la scène. Dans ce cas elle a tendance à sous-exposer l'ensemble et fournir une image sombre où c'est la source de lumière qui est presque correctement exposée. Alors que la mesure matricielle, en segmentant les zones mesurées, peut détecter que ce n'est pas la scène dans son ensemble qui est moyennement lumineuse mais seulement une zone de cette scène qui est fortement éclairée.

Cela montre, si c'était nécessaire, que si un mode de mesure était parfaitement adapté à toutes les situations il n'y en aurait qu'un dans les appareils photo !

On peut constater, dans l'exemple ci-dessous, que la mesure matricielle à gauche a tenu compte de la présence d'une zone importante (le bouquet) sur laquelle la mise au point a d'ailleurs été faite, ce qui conforte son choix, et a appliqué un réglage conservant un peu de détails dans le sujet ; la scène ayant une dynamique très élevée elle ne peut être exposée parfaitement mais la mesure matricielle donne une image la plus acceptable possible pour un système automatique. Alors que la mesure moyenne s'est calée sur le « plus disant », la fenêtre, et a inutilement sous-exposé l'ensemble de la scène pour fournir des rideaux gris dont on n'a rien à faire.

▲ À gauche mesure matricielle, à droite mesure moyenne.

La mesure moyenne peut être utilisée dans les cas où il n'y a pas de problèmes de mesure, c'est-à-dire les scènes assez uniformément éclairées. Dans ces cas même en changeant les cadrages l'exposition restera toujours assez régulière.

La mesure matricielle est justement faite pour s'adapter plus facilement et justement à des conditions très différentes d'éclairage et en mode automatique.

Mesure spot

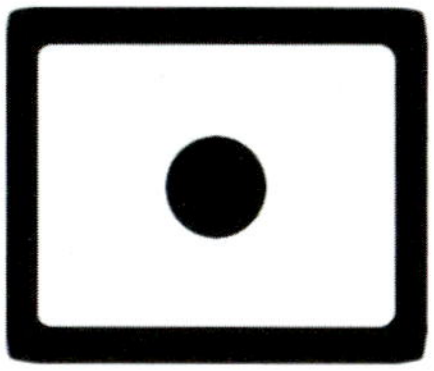

Dans ce cas, la zone de mesure est extrêmement étroite (environ 2,5 % de l'image, soit approximativement la taille des capteurs AF dans le viseur), c'est donc une mesure **très sélective**. Dans le D7200, comme dans tous les Nikon numériques, la zone de mesure spot est liée au capteur AF actif. On peut donc, si nécessaire, la déplacer à l'intérieur du cadrage et la placer à l'endroit souhaité. Le photographe qui l'utilise doit bien connaître son fonctionnement, qui consiste à traduire la zone mesurée par **une valeur moyenne dans l'image**. Le sujet sur lequel il va placer la zone sensible de la cellule pour faire la mesure doit donc être aussi de valeur moyenne. S'il choisit un sujet clair celui-ci sera assombri et un sujet sombre il sera éclairci. C'est vrai aussi avec la mesure pondérée centrale mais beaucoup plus marqué par la taille très réduite de la zone de mesure en spot. L'erreur dans le choix de la zone mesurée n'est pas permise !

C'est un mode de mesure qui demande réflexion et expérience et ne peut donc être utilisé qu'en exposition manuelle, ou en automatique en utilisant la mémorisation de la mesure.

◀ Dans cette image la mesure a été faite dans une zone de l'image trop sombre. Comme c'est la seule chose qu'elle sait faire, la cellule va exposer de manière à rendre cette valeur comme un ton moyen. Dès lors toutes les valeurs de l'image seront décalées vers plus clair, l'image sera forcément surexposée.

▲ Ici la mesure a été placée dans une zone claire, la cellule va comme précédemment exposer de manière à reproduire cette zone comme un ton moyen. L'ensemble de l'image va être assombri, sous-exposé.

▲ Enfin la mesure a été prise ici dans une zone de luminosité moyenne (en réalité à cheval entre une zone claire et une sombre, ce qui revient au même). La cellule va donc rendre correctement l'ensemble de l'image.

On utilise donc la mesure spot lorsque le sujet important est éclairé très différemment du reste de la scène (photo de spectacle par exemple ou similaire). Globalement, la mesure matricielle fournira les meilleurs compromis dans la très grande majorité des cas. Mais dans les situations extrêmes de contraste dans lesquelles ménager l'ensemble des valeurs n'est plus possible, la mesure spot peut permettre de favoriser un élément de la scène plutôt qu'un autre. C'est le photographe qui reprendra alors la main.

Charte de gris

À côté de ces modes de mesure sur le sujet, dont la précision est, on l'a vu, liée à la bonne adéquation entre la zone de mesure et le sujet mesuré, il existe une méthode, efficace mais lente, qui permet d'obtenir toujours le meilleur compromis d'exposition possible sans avoir à se soucier si le sujet est clair ou sombre, petit ou gros dans l'image. Elle consiste à réaliser la mesure sur un carton gris moyen calibré (charte de gris à 18 %) placé au même niveau que le sujet, afin qu'il reçoive le même éclairement. Cela suit parfaitement la logique de fonctionnement des cellules qui sont justement réglées pour traduire la zone mesurée par cette valeur moyenne dans l'image finale. C'est une mesure qui donne les mêmes résultats que la mesure incidente dont nous avons parlé plus haut.

Dans les cas difficiles et lorsqu'on dispose du temps nécessaire c'est un moyen sûr de régler au mieux l'exposition. Dans ce cas on utilisera la cellule spot et le mode d'exposition manuel.

3.3 MODES D'EXPOSITION

Il s'agit pour le photographe de sélectionner parmi les divers automatismes proposés par l'appareil celui qui convient le mieux au type de prise de vue en cours.

▶ Le sélecteur de mode d'exposition.

Mode Auto

Dans ce mode tout est pris en charge par l'appareil. Sont actifs :

- le mode Programme,
- la sensibilité automatique,
- la mesure matricielle,
- le mode AF-A (autofocus avec détection de type de sujet et mode de zone AF automatique),
- le déclenchement du flash automatique en cas de lumière insuffisante,
- le mode d'enregistrement JPEG Normal.

Si vous désirez que le flash n'intervienne pas choisissez la position du sélecteur, le reste de la configuration restant identique. Dans ces deux modes les fonctions Auto activées ne permettent pas de modifier les réglages qui les concernent et qui apparaissent alors en grisé dans les menus.

Ce mode pourra être utilisé par les débutants mais éventuellement aussi par un photographe aguerri ; lorsque les conditions de prise de vue sont imprévisibles et stressantes, cela permet de se concentrer sur le sujet en limitant les erreurs. L'avantage est que la sélection rapide de ce mode assure que tous les réglages sont revenus en mode de base et sont entièrement gérés par l'automatisme. Mais dans ce cas il sera tout de même plus adapté de choisir le mode Programme en mode ISO Auto qui donnera plus de souplesse tout en restant très automatisé.

Mode Programme (P)

Il sera utilisé de préférence avec la mesure matricielle. Son principe est simple et logique : imaginons d'abord une scène très peu éclairée ; dans ce cas l'appareil va ouvrir le diaphragme au maximum, afin de laisser passer le plus de lumière possible, et utiliser une vitesse adaptée à la sensibilité demandée, au diaphragme et à la lumière ambiante. Si à ce stade la lumière est tout de même insuffisante, l'appareil affichera **Lo** pour l'indiquer. Il faudra alors utiliser un flash. Si le niveau de lumière ambiante augmente, l'appareil va s'adapter uniquement par action sur la vitesse d'obturation (c'est une priorité pour atteindre le plus rapidement possible une vitesse limitant le risque de bougé). Lorsque 1/8 s est atteint (pour un objectif 50 mm f/1,4) et que la lumière ambiante augmente encore, l'appareil agit ensuite alternativement sur les paramètres vitesse et diaphragme.

Utilisation adaptée : tous les cas où l'on n'a que peu de temps pour réaliser des prises de vue dans des conditions changeantes ou lorsque l'on connaît encore peu son appareil, cela peut être un moyen de se consacrer à l'apprentissage d'autres fonctions tout en sécurisant la prise de vue.

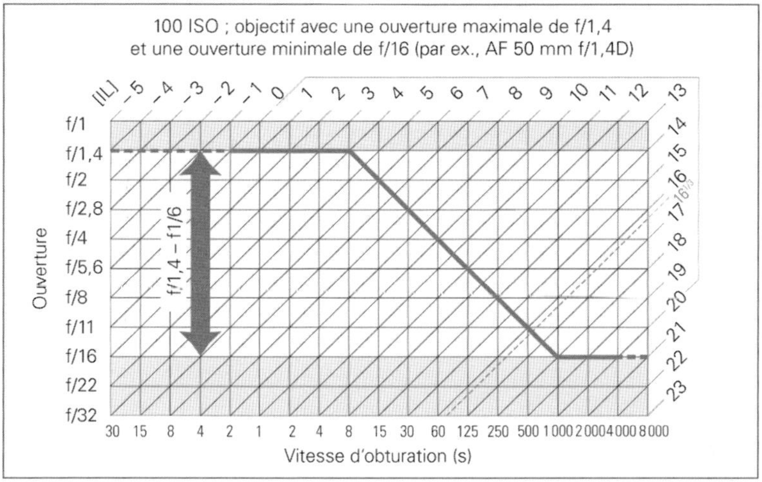

▲ Représentation de la courbe programme pour un objectif 50 mm f/1,4 et 100 ISO (d'après un document Nikon). Avec un objectif 24-120 mm f/4 à 120 mm par exemple, le seuil de basculement se trouve au 1/300 s.

Décalage du programme

Il est à noter que le couple vitesse-diaphragme proposé peut être à tout moment modifié tout en gardant la même exposition. Il suffit pour cela de tourner la molette arrière dans un sens ou dans l'autre. Dans ce cas, un astérisque apparaît à côté de la lettre **P*** dans l'afficheur supérieur pour indiquer que le programme a été décalé. Le décalage ainsi réalisé se maintient jusqu'à l'extinction de l'appareil. Il suffit d'utiliser la molette arrière si on désire revenir au couple préconisé qui sera signalé par la disparition de l'astérisque. Il est à noter qu'en utilisant cette possibilité on a en fait l'avantage de la simplicité et des possibilités des modes suivants puisque l'on peut imposer une vitesse ou un diaphragme, simplement c'est moins direct et moins définitif comme choix, le décalage étant annulé par la mise hors tension de l'appareil.

Mode Priorité ouverture (A)

A pour *aperture*. Le choix de ce mode signifie que l'on désire être maître du diaphragme. La sélection du diaphragme se fait par la molette avant.

Dans ce cas, l'automatisme ne va agir que sur la vitesse pour obtenir une exposition correcte de l'image, en fonction de la luminosité de la scène, de la sensibilité et du diaphragme choisis. C'est le mode le plus couramment utilisé, il convient à la photo de paysage, portrait, macro, bref tout type d'image où la maîtrise de la zone de netteté ou profondeur de champ (PdC) est primordiale. Plus le diaphragme est fermé plus la PdC augmente. La limite d'utilisation de cette propriété est que lorsque l'on arrive à des ouvertures de l'ordre de f/16, la résolution des optiques se dégrade fortement. Cela est dû à la diffraction (voir section **6.6**). Donc avec le D7200 il vaut mieux éviter de diaphragmer au-delà de f/11 pour des tirages de grand format.

Remarque La dégradation amenée par la diffraction est constituée en partie par une perte de contraste général, elle peut donc être partiellement compensée par l'application de réglages de contraste et de netteté adaptés en post-traitement. Il est important de le savoir car il peut être parfois nécessaire de recourir à l'utilisation de valeurs de diaphragme de l'ordre de f/16 afin d'optimiser la PdC.

Inversement, beaucoup d'objectifs, sauf ceux qui bénéficient des dernières technologies, ne sont pas à leur meilleur niveau à pleine ouverture, ce n'est pas forcément très pénalisant en portrait, où l'on peut rechercher la douceur de rendu que procurent alors ces optiques. Mais un ou deux diaphragmes plus fermés leur redonnent toute leur vigueur !

Dans l'absolu, la PdC n'existe pas, il n'y a de netteté parfaite qu'au point exact de mise au point. La perception de la PdC est basée sur la limite de résolution de la vue humaine, considérée comme capable de « séparer » deux traits fins distants d'un peu moins 0,1 mm, vus de 35 cm. Donc, lorsqu'une table de PdC indique que la netteté s'étendra de 0,95 m à 1,10 m pour une mise au point à 1 m par exemple, cela veut dire qu'à 0,95 m, ce sera moins net qu'à 1 m, mais que l'œil humain sera incapable de le déceler en observant le tirage 20 × 30 cm à 35 cm (en gros, la valeur de la diagonale du tirage). Cette norme s'avère réaliste tant que l'on respecte le principe de distance d'observation proportionnelle à la taille du tirage, mais plus du tout si on reste à 35 cm pour observer un tirage de 50 × 70 cm… Et encore moins en observant l'image à 100 % et à 30 cm de l'écran de l'ordinateur !

▶ Sur cette image, toutes les boules sont nettes.

◀ Mais si on agrandit suffisamment l’image on voit que ce qui paraissait net ne l’est pas vraiment. La netteté perçue est relative à la taille du tirage et/ou à la distance d’observation. Cette même portion d’image agrandie et vue de 1,5 m paraîtra de nouveau nette. C’est normal puisque cette portion d’image correspond à un tirage de 1,80 m qui devrait normalement être observé à plus de 2 m.

Mode Priorité vitesse (S)

S pour *speed*. Ici c’est la vitesse que l’on veut fixer. C’est intéressant dans le cas de prises de vue sportives ou de mobiles. Plus le sujet est rapide plus la vitesse utilisée doit être élevée pour le figer. C’est aussi utile pour éviter le bougé dû au photographe lui-même lorsqu’on utilise un téléobjectif par exemple. Comme pour le mode précédent, l’automatisme fait varier l’autre paramètre (dans ce cas le diaphragme) pour adapter à l’ambiance lumineuse et exposer correctement l’image. Ce mode peut aussi être utile au flash si l’on désire fixer une vitesse autre que la vitesse de synchronisation de base. La sélection de la vitesse se fait par la molette arrière.

Mode Manuel (M)

Dans ce cas le mode de mesure le plus adapté est le mode spot, et c’est vous qui êtes le maître… Enfin presque ! Il faut quand même avoir une indication sur la pertinence de votre choix du fameux couple vitesse-diaphragme. Pour cela, la méthode est de fixer la vitesse ou le diaphragme selon le sujet et le souhait de rendu (la vitesse pour figer un sujet mobile ou le diaphragme pour obtenir peu ou beaucoup de PdC), puis de manœuvrer la commande de l’autre paramètre, en visant le sujet, jusqu’à ce que l’indicateur d’exposition (bargraph) dans le viseur se trouve à 0. Un déplacement de l’indicateur vers le plus + indique une surexposition, et vers le moins –, le contraire. La sélection de la vitesse se fait toujours par la molette arrière, et le diaphragme par la molette avant.

Ce mode, où une fois réglés les paramètres d’exposition ne changent plus, peut être utile dans bien des cas où des éléments lumineux perturbateurs pourraient faire varier inutilement l’exposition au moindre changement de cadrage en mode automatique (spectacles par exemple). Mais bien sûr, ceci implique que les conditions d’éclairage soient constantes, ou que l’on surveille l’indicateur dans le viseur pour modifier un des paramètres en cas de besoin.

Mode Effects

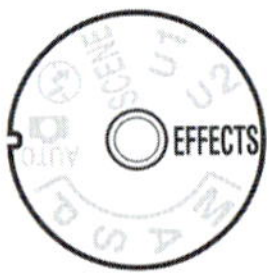

Nouveauté dans les D7100/D7200, le mode Effects propose 7 rendus différents. Il s'agit plus d'effets ludiques que d'effets photographiques, à l'exception des deux suivants qui proposent des rendus artistiques jouant sur l'exposition :

- **High-key**. Ce type d'effet est destiné à produire des images très majoritairement composées de hautes luminosités. L'effet High-key peut être utilisé dans des cas très différents mais le plus souvent pour des portraits de personnes au teint et cheveux clairs et habillées de blanc sur fond blanc. Il convient bien aussi aux bébés placés dans un environnement très clair. Cela donne des images éthérées, très douces, dans lesquelles les traits principaux yeux-nez-bouche sont mis en valeur. Pour un maximum d'effet l'éclairage doit être sans ombres mais puissant et homogène.
- **Low-key**. C'est l'effet inverse qui consiste à procurer une image majoritairement composée de tons foncés. Il peut convenir aussi bien pour des objets que pour des portraits. Inversement au high-key il sera préférable de choisir des sujets à la peau foncée ou des objets sombres sur fond très sombre. Seul un éclairage très dirigé dessinera les contours des traits et des zones de brillance.

3.4 VÉRIFICATION DE LA BONNE EXPOSITION

Une fois l'image réalisée, on peut la visualiser immédiatement, et c'est bien un des grands avantages du numérique. Mieux, on peut aussi vérifier précisément la qualité de cette exposition avec les outils disponibles dans l'appareil.

Histogramme

Afficher l'histogramme

En affichant une image enregistrée il suffit de presser le haut ou le bas du PAD pour faire apparaître les paramètres de la prise de vue et l'histogramme général (pour que cette option soit accessible, il faut la valider en choisissant les options d'affichage dans le menu Visualisation > Options d'affichage, voir section **1.5**).

Lire l'histogramme

L'histogramme représente la répartition des luminosités dans l'image : à gauche les valeurs sombres, au centre les valeurs moyennes, à droite les valeurs claires. La hauteur du graphique indique la proportion des pixels concernés dans chaque niveau de luminosité. L'histogramme théorique d'une scène équilibrée (c'est-à-dire comportant un large échantillon de luminosités), et bien exposée, serait rempli de gauche à droite. La même scène sous-exposée présenterait un histogramme n'arrivant pas à droite.

Histogramme normal. L'image est équilibrée et comporte toute la gamme des tons.

Histogramme normal. La scène comportant une majorité de tonalités claires, il est placé à droite. Image correctement exposée.

Histogramme anormal. La scène ne comportant que des tonalités claires il devrait se situer à droite comme le précédent. L'image est donc sous-exposée.

▲ Lire l'histogramme.

Mais, les scènes photographiées n'étant pas théoriques, elles ne sont pas toujours parfaitement équilibrées, et dans ce cas il n'est pas indispensable que l'histogramme soit régulièrement réparti pour indiquer une bonne exposition. Cela dépend essentiellement du sujet. Un chat noir sur fond sombre ne remplira, logiquement, que la partie gauche de la courbe, inversement un paysage de neige concentrera la grande majorité de ses données au centre et à droite de la courbe. L'appréciation de l'exposition correcte ne peut donc se faire que relativement au sujet lui-même.

Dans l'exemple présenté ci-contre on peut voir que l'image du haut est surexposée et que les hautes lumières sont « brûlées » et ne présenteront plus aucun détail. Le point significatif à bien noter c'est qu'on ne distingue pas la fin de la courbe à droite (encadré rouge). En revanche l'image inférieure est correctement exposée, toutes les valeurs sont bien présentes et la fin de la courbe est bien visible (encadré vert), signe que les plus hautes lumières ont été enregistrées correctement. Mais cet histogramme étant constitué par le canal vert pris comme référence, il peut tout de même masquer certains problèmes. Il est plus sûr de demander l'affichage des histogrammes RVB montrant l'exposition des trois canaux séparément.

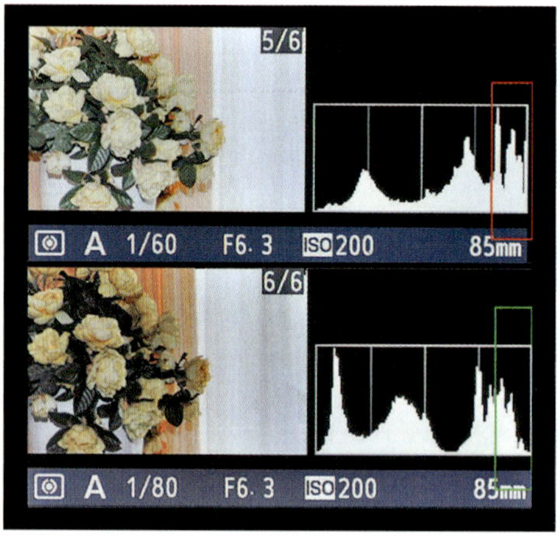

▲ En haut, image surexposée.
En bas, image correctement exposée.

On peut voir dans l'exemple ci-contre que l'histogramme général est correct, alors que le canal rouge est surexposé. Dans l'image, les zones en question du canal rouge seraient bien « brûlées » et comme un seul canal est surexposé, cela pourrait aussi se traduire par une dérive couleur dans les hautes lumières et donc rendre plus délicat un éventuel rattrapage en post-traitement RAW.

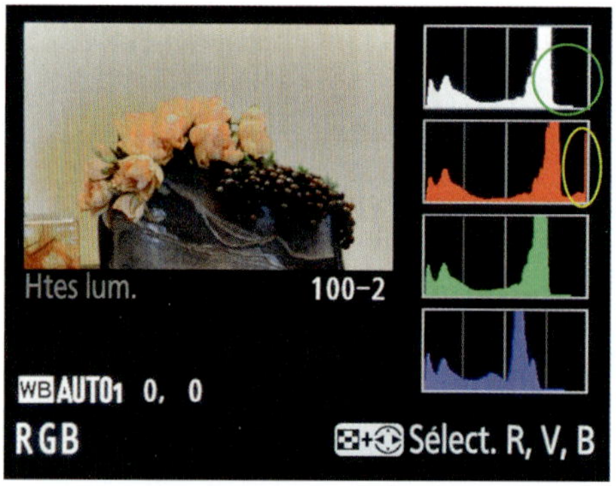

▲ Ici, l'histogramme général est correct, alors que le canal rouge est surexposé.

Correction d'exposition

Compte tenu de la tendance des cellules à transcrire toute valeur mesurée en un ton moyen, lorsque la scène que vous photographiez est, par exemple, constituée majoritairement de valeurs claires la cellule risque d'être influencée par ces valeurs et donc de sous-exposer l'image. Inversement si ce sont les valeurs sombres qui dominent. Dans ces cas, pour les vues suivantes prises dans les mêmes conditions, vous pouvez introduire une correction de l'exposition dans le sens opposé. Le correcteur d'exposition se trouve à droite du déclencheur et se règle avec la molette arrière.

Un exemple de correction que l'on peut appliquer presque avant de commencer les prises de vue concerne la photo de neige. Dans ce cas 80 % ou plus de la surface de cadrage étant composé de blanc très lumineux l'appareil va forcément sous-exposer. Si l'on veut exposer ces zones à la limite de la surexposition pour qu'elles soient bien claires et non grises il faudra appliquer une correction d'environ +2 IL (selon le mode de mesure utilisé car le mode matriciel limite un peu la sous-exposition dans ce cas en limitant l'influence des luminances à 16 1/3 IL). Inversement une photo de nuit ne comportant pas de zone claire nécessitera peut-être une légère sous-exposition si l'on veut garder l'ambiance perçue réellement et non en faire une photo de jour.

Avec le menu **b2** on peut choisir la variation de la correction d'exposition par pas de 0,3 IL ou 0,5 IL. La précision de 0,3 IL est inutile en pratique, 0,5 IL est plus adapté.

Astuce

Lorsque l'on active une correction d'exposition il y a toujours le risque de l'oublier car elle reste activée même si l'on éteint l'appareil. On peut éviter cet inconvénient en utilisant l'option du menu **b3**. En sélectionnant l'option **Activée (réinitialisation auto)**, on bénéficiera de deux avantages : l'application d'une correction se fera d'un seul doigt grâce à la molette avant ou arrière seule (selon le mode auto choisi), et la correction sera désactivée à l'extinction de l'appareil. Rien n'étant parfait, ces avantages ont un inconvénient, le risque d'activer une correction involontaire par la manœuvre accidentelle de la molette. Chacun choisira sa préférence en fonction de son usage.

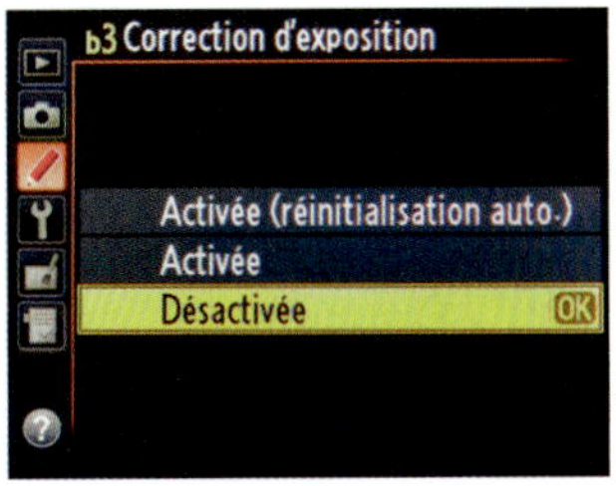

▲ Correction d'exposition avec réinitialisation auto.

Bracketing

En cas de scène très contrastée, on peut hésiter à trouver la bonne exposition. C'est le cas par exemple avec des paysages comportant un ciel avec des nuages extrêmement lumineux. Si l'on n'a pas le temps de faire des essais et de corriger au fur et à mesure, on peut alors utiliser cette fonction qui permet de prendre une série de 3 images avec exposition décalée. En maintenant pressé le bouton **BKT** situé à l'avant de l'appareil, la molette arrière sélectionne le nombre d'images et la molette avant le décalage d'exposition entre les vues. On peut choisir la valeur de ce décalage en sur et sous-exposition, 3 images avec un décalage de 1 IL conviennent la plupart du temps.

Trois exemples de réglages possibles

- 3 images dont une à la valeur normale (0), une à –1 IL et une à +1 IL.
- 3 images dont une à la valeur normale (0), une à –2 IL et une à +2 IL.
- 3 images dont une à la valeur normale (0), une à –3 IL et une à +3 IL.

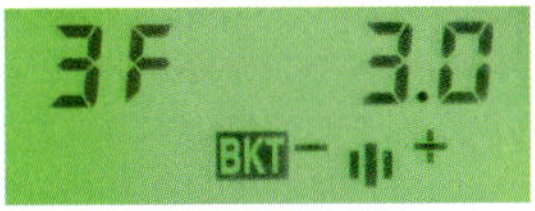

▲ Afficheur bracketing : on a sélectionné 3 images avec décalage de 3 IL (3 Frames à ±3 IL).

Un cas particulier d'utilisation du bracketing est l'assemblage de plusieurs images avec des expositions différentes (**HDR**), permettant d'obtenir des images équilibrées de scènes à très forte dynamique (contraste), soit manuellement dans un logiciel de traitement d'images, soit automatiquement avec des logiciels spécialisés comme Photomatix Pro par exemple. Dans ce cas le nombre d'images nécessaires peut être plus important, le D7200 propose jusqu'à 5 images avec décalage de 0,3 à 3 IL.

Par le menu **e7** il est possible de choisir l'ordre de réalisation des images. Par défaut il est conforme à celui présenté dans le tableau précédent, c'est-à-dire « mesure normale – sous-exposition – surexposition ». L'option « sous-exposition – mesure normale – surexposition » pourrait paraître plus logique. Nous détaillons divers usages et réglages du bracketing dans le chapitre **6** (section **6.3**) ainsi que dans le chapitre **8** (section **8.8**).

Intervallomètre

Vous pouvez utiliser cette fonction pour prendre une série d'images en déclenchement automatique commençant à une heure donnée et se suivant à des intervalles de temps réglables. On peut ainsi décomposer toutes les phases d'ouverture d'une fleur par exemple, ou de tout autre événement lent se déroulant dans le temps.

Après avoir choisi l'intervalle de temps entre les images puis le nombre d'intervalles et le nombre d'images par intervalles, vous réglerez une heure de démarrage ou vous lancerez les prises de vues avec le menu **Maintenant** et côté droit du PAD.

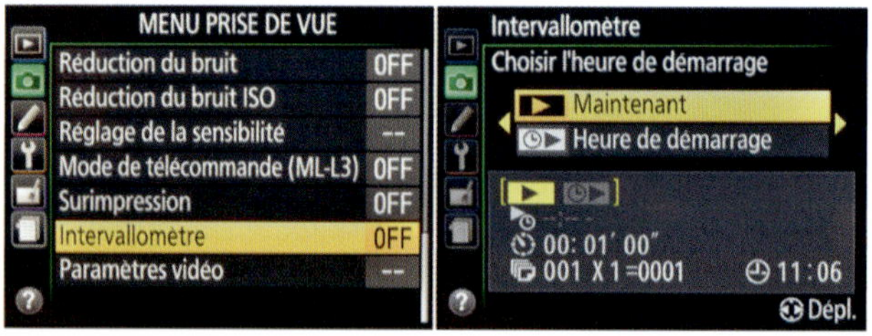

▲ Menu Intervallomètre.

Si vous souhaitez que la programmation dure sur une journée entière et que vous désirez une exposition qui conserve la variation de la luminosité au cours des prises de vue, vous choisirez le mode Manuel. Sinon un des modes automatiques conservera une luminosité assez constante aux images. Afin que l'ensemble soit réalisable il faut évidemment que les temps de pose et leur cumul soient compatibles avec les durées des intervalles de temps programmés. Sinon la fonction refusera de démarrer et affichera un message d'avertissement.

Surimpression d'images

Cette option permet de réaliser, en plusieurs prises de vue, des surimpressions d'images. Ce type de trucage nécessite une bonne préparation car les divers sujets doivent être placés au bon endroit dans chaque image et le fond de chaque image doit être adapté pour permettre la visibilité des suivantes. Sauf cas particulier, ce type de trucage est maintenant plus simple à réaliser en post-traitement.

3.5 CAPTEUR ET EXPOSITION

Principe du capteur

Le capteur d'un appareil numérique est constitué d'une base de silicium sur laquelle on a créé des zones sensibles à la lumière, ce sont les photosites ; le capteur du D7200 en possède 24 millions. Lors de l'exposition, l'objectif projette sur le capteur l'image de la scène photographiée, et les photons constituant la lumière pénètrent dans le silicium de chaque photosite où ils se transforment en électrons qui créent une charge électrique. On peut comparer les photosites à de petits réservoirs qui stockent ces charges. Selon la quantité de lumière qu'ils reçoivent ils se remplissent plus ou moins, plus ils sont remplis plus la charge électrique stockée est importante.

▲ Le capteur.

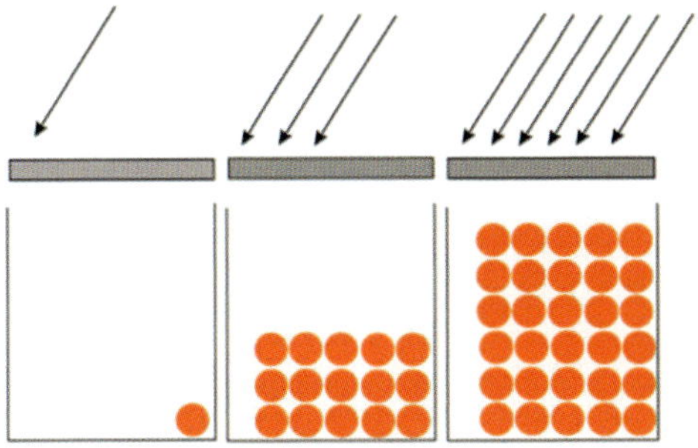

◀ Les photosites sont de petits réservoirs à photons. Selon la quantité de lumière qu'ils reçoivent, ils se remplissent plus ou moins. Plus ils sont remplis plus la charge électrique stockée est importante.

Une fois l'exposition terminée l'électronique du capteur va collecter individuellement les valeurs des charges électriques accumulées par chaque photosite. Après avoir été numérisées, ces données sont envoyées au processeur de traitement afin de créer le fichier image. On peut déjà comprendre à ce stade qu'un réservoir (photosite) vide représentera une zone noire dans l'image, et un réservoir plein une zone parfaitement blanche. Les remplissages partiels déclineront la palette des tons allant du noir au blanc. Comme tout réservoir chaque photosite a une capacité maximale, une fois plein il ne peut plus stocker d'électrons. D'autre part, comme chaque photosite ne capture réellement qu'une partie des photons qu'il reçoit (car le rendement n'est pas de 100 %), il faudra donc une quantité minimale de photons pour créer une charge qui soit mesurable, c'est le seuil de sensibilité du capteur.

Une autre donnée importante des caractéristiques du capteur est son niveau de bruit. En effet tout système électronique génère un bruit de fond parasite dont les sources sont multiples, mais au final un type de capteur donné a un niveau de bruit qui lui est propre, lié en grande partie à sa technologie de fabrication. Pour donner un ordre d'idée, ce niveau de bruit peut, selon les modèles de capteurs actuels, varier de 2 à 10 électrons de bruit par photosite, à comparer avec leur capacité maximale de 20 000 à 50 000 électrons selon les capteurs, c'est dire si le niveau de bruit est faible !

Et les constructeurs se donnent beaucoup de mal pour réduire cette valeur au minimum possible (RSB, rapport signal/bruit) car c'est ce qui déterminera la performance du capteur en haute sensibilité et en dynamique.

Sensibilité du capteur

Par son principe même un capteur n'a qu'une seule sensibilité, 100 ISO dans le cas du D7200, et on n'obtiendra des sensibilités apparentes plus importantes que par l'amplification électronique de la charge électrique accumulée dans les photosites.

On amplifie un signal audio trop faible en poussant le volume de l'amplificateur de la chaîne hi-fi, mais on amplifie en même temps le bruit créé par les composants mêmes de l'amplificateur (en temps normal inaudible car infiniment plus faible que le signal utile). On entend alors le signal parasite sous la forme d'un souffle dans les haut-parleurs en même temps que la musique. C'est le même principe avec le capteur, en demandant une sensibilité plus élevée, alors que l'exposition insuffisante n'a que faiblement rempli les photosites, on met en route une amplification électronique qui amplifie indistinctement charge utile et charge parasite du photosite. Le signal parasite arrive alors à un niveau où il devient visible dans l'image sous la forme de taches colorées et d'une granulation, c'est le **bruit ISO** (lié à la sensibilité).

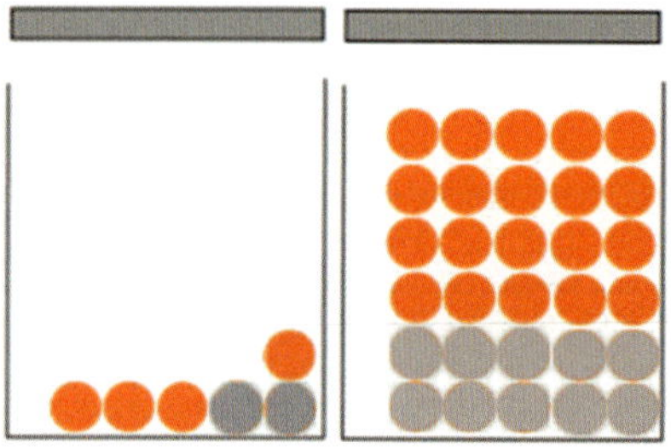

◀ Dans le photosite de gauche on peut voir le très faible nombre d'électrons (en rouge) accumulés par ce photosite, sa charge est très faible il sera donc très sombre dans l'image, si sombre que l'on ne verra même pas le bruit (représenté par les billes grises). À droite, comme on a demandé une « sensibilité » plus élevée l'électronique du capteur amplifie alors la faible charge des photosites, mais il amplifie aussi le bruit dans la même proportion. Maintenant ce pixel est bien plus clair dans l'image, mais le bruit devient aussi bien plus visible.

Remarque En réalité il existe deux manières d'amplifier le signal pour aboutir à une sensibilité apparente plus importante : soit le signal est amplifié directement à la sortie des photosites (à ce stade le signal est analogique c'est-à-dire à variation continue comme dans la réalité et peut donc prendre toutes les valeurs intermédiaires possibles avec une grande finesse), ce sont les sensibilités affichées normalement dans les réglages de l'appareil ; soit il est amplifié après sa numérisation où le signal ne peut prendre que certaines valeurs déterminées par la quantification liée à cette numérisation (voir section **6.1**), ce sont les sensibilités au-dessus de 6 400 ISO. Leur dénomination différente dans le menu Sensibilité indique que dans ce dernier mode la qualité est plus faible et ne peut servir qu'à « sauver » des prises de vue impossibles autrement.

▲ Vue d'artiste d'un quadruplet de photosites.

Tel que nous venons de le décrire, le capteur n'est capable d'enregistrer que des niveaux de lumière, donc au final des images en noir et blanc. Pour créer une image couleur, il faut spécialiser chaque photosite pour une couleur du spectre. Pour cela on va disposer au-dessus de chacun d'eux et alternativement, des filtres rouge, verts et bleu (RVB), cette mosaïque se nomme **matrice de Bayer** du nom de son inventeur (ingénieur chez Kodak). Chacun de ces filtres ne laisse passer que la partie de la lumière reçue correspondant à sa propre couleur. En rapprochant les valeurs de trois photosites RVB le calculateur pourra reconstituer la couleur de la lumière dans cette zone puisque la lumière blanche est constituée à part égale des trois couleurs primaires RVB. En pratique les filtres sont disposés sous forme de quadruplets formés de deux verts, un rouge et un bleu, afin de respecter la sensibilité plus grande de l'œil humain au vert. Ainsi, si le seul photosite bleu d'un quadruplet accumule une charge, c'est que de la lumière bleue a illuminé cette zone, si les quatre photosites du quadruplet ont accumulé une charge égale, c'est que la lumière était blanche, et ainsi de suite avec toutes les combinaisons possibles permettant de recomposer toutes les couleurs.

Exposition du capteur

Comme nous venons de le voir, pour exposer le capteur correctement il faut que ses photosites se remplissent suffisamment pour créer un signal de bonne qualité. Comme dans une même image il y a forcément des zones claires et des zones sombres, tous les photosites ne reçoivent pas la même quantité de lumière, il faut donc veiller à ce que les photosites qui reçoivent beaucoup de lumière n'en reçoivent pas trop pour ne pas se saturer, mais le plus possible afin que, pendant le même temps de pose, ceux qui se trouvent dans les zones sombres de l'image en reçoivent tout de même suffisamment pour que leur charge « utile » soit nettement plus importante que la charge « parasite » (bruit). Il s'agit donc d'un équilibre que l'on obtient par l'intermédiaire du système d'exposition, automatique ou manuel. Mais le compromis n'est pas toujours possible, en effet les scènes de la vie courante comportent parfois des écarts de luminances tels qu'il est impossible de remplir suffisamment les photosites se trouvant dans les zones sombres sans surcharger ceux se trouvant dans les zones claires. On dit alors que la scène a une dynamique plus élevée que celle du capteur. La dynamique d'une scène c'est l'écart entre la zone la plus sombre et la plus claire de cette scène. La dynamique du capteur c'est l'écart de luminance que sont capables d'enregistrer ses photosites dans un même temps d'exposition.

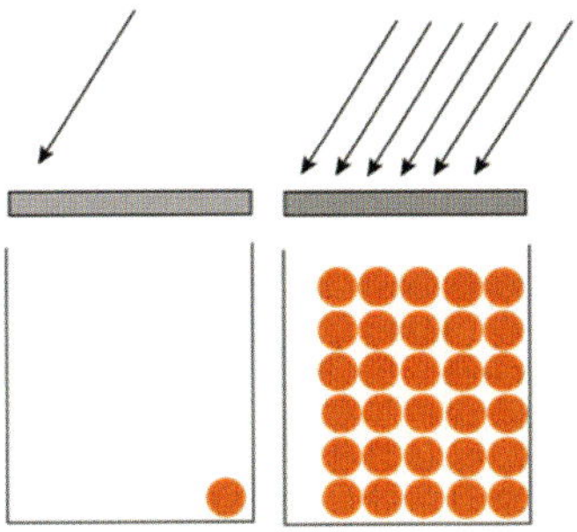

▶ La dynamique du capteur c'est l'écart entre la capacité maximale en photons des photosites et la charge minimale pouvant fournir un signal utilisable.

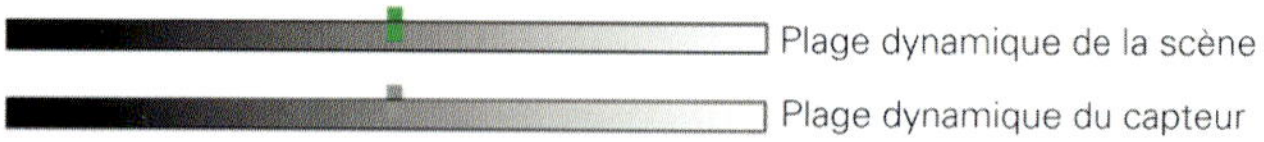

Dans le cas ci-dessus la dynamique de la scène est égale à celle que peut enregistrer le capteur. Le système d'exposition ayant calé la moyenne des luminances de la scène sur la valeur moyenne que peut enregistrer le capteur, les deux plages sont centrées et l'ensemble est bien enregistré.

Ici la dynamique de la scène est plus importante que celle que peut enregistrer le capteur. Néanmoins, le système de mesure ayant calé la moyenne des luminances de la scène sur la valeur moyenne que peut enregistrer le capteur, les deux plages sont centrées et l'ensemble est enregistré au mieux possible, mais une partie des hautes lumières et des basses lumières ne seront pas enregistrées.

▲ La plage dynamique c'est l'étendue de tons que peut enregistrer et reproduire un capteur dans la même exposition.

Malheureusement, encore à ce jour, même si les appareils progressent à chaque génération, les capteurs ont une dynamique inférieure à celle que l'on peut rencontrer dans la nature. Le système de mesure matricielle du D7200 est capable de choisir la meilleure exposition possible, mais comme tous les appareils numériques il ne pourra que réaliser un compromis lorsque la dynamique de la scène dépasse la sienne.

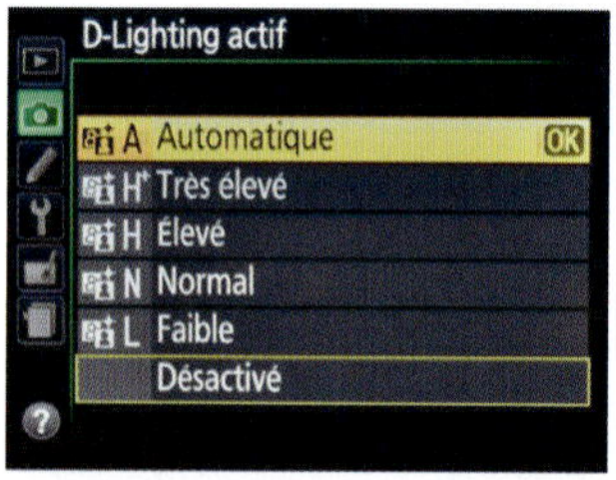

▲ Menu D-Lighting actif.

Heureusement, une fonction permet d'épauler le système matriciel : le **D-Lighting actif Automatique** (DLA-Auto). Lorsque ce système est en fonction, la mesure matricielle en tient compte et expose alors au mieux les hautes lumières par l'utilisation d'une très légère sous-exposition (–0,3 à 0,5 IL environ) lorsque le contraste de la scène est très élevé, mais ceci a pour conséquence une exposition plus faible des photosites se trouvant dans les zones sombres de l'image ; le système D-Lighting Auto se charge alors d'intervenir sélectivement dans les basses lumières en les éclaircissant une fois l'exposition réalisée. Cette fonction intervenant à la manière d'une augmentation de sensibilité de ces parties de l'image, c'est-à-dire par une amplification du signal fourni par les photosites peu remplis, elle augmentera de la même manière la visibilité du bruit dans les zones sombres. Mais ceci n'aura pas d'impact visible tant que la sensibilité de travail reste faible. En revanche si on a sélectionné dès le départ une sensibilité élevée il vaudra mieux désactiver cette fonction qui est plus particulièrement adaptée aux prises de vue en basse sensibilité.

4

FONCTIONS NUMÉRIQUES

Tout ce qu'il faut savoir sur les fichiers images et les nombreux réglages permis par le numérique.

4.1 ENREGISTREMENT ET VISUALISATION DES IMAGES

Formats d'enregistrement des images

Le D7200 permet d'enregistrer les images en RAW ou JPEG. On sélectionne le format par la touche QUAL et la molette arrière. Il apparaît dans l'afficheur supérieur.

JPEG (.jpg)

C'est un format image compressé, c'est-à-dire qu'au moment de l'enregistrement dans la carte mémoire, le processeur de l'appareil analyse le fichier et, à l'aide d'un processus mathématique, « simplifie » la masse d'informations afin que le fichier image occupe moins de place dans le support de stockage. Cette opération n'est pas sans effet sur la qualité de l'image. Cet allégement du poids du fichier est obtenu par une limitation de la gamme des tons reproduits et par le regroupement de pixels. Il existe trois niveaux de compression disponibles : Fine, Normal et Basic.

Le mode **Fine** est le moins destructif, il conserve un très bon niveau de qualité. On peut l'utiliser sans réserve pour les images courantes. Le mode **Normal** est à réserver aux images destinées à un usage familial sans but d'agrandissement important. Le mode **Basic** est très peu qualitatif mais occupe une place très réduite dans la carte, on pourra l'utiliser pour des images très peu importantes destinées, par exemple, à un passage sur Internet ou conjointement avec un enregistrement en RAW (puisque la possibilité de ce double enregistrement est aussi proposée), par exemple pour un tri plus rapide d'un grand nombre de prises de vue RAW ou pour donner une image rapidement. À titre d'exemple, un fichier Fine pèse environ 12 Mo (mégaoctets), un fichier Normal, 6,2 Mo, et un Basic, 2,9 Mo, cela pour une taille d'image L, c'est-à-dire dans laquelle tous les pixels du capteur sont utilisés. Ces valeurs sont approximatives car dépendantes de la complexité de l'image ; une image comportant des plages unies étant plus facile à compresser qu'une image fourmillant de détails.

Vous trouverez dans le menu Prise de vue, une possibilité de paramétrage des enregistrements JPEG. Vous pourrez choisir entre la meilleure qualité possible et la priorité au poids d'image, la première option étant la plus utile, sauf cas particulier de manque dramatique de place de stockage !

Remarque Comme nous venons de le voir, un fichier JPEG est compressé, c'est-à-dire que ses données sont simplifiées. En post-traitement il faut donc éviter autant que possible de modifier une image JPEG plusieurs fois de suite. En effet chaque modification suivie d'un réenregistrement en JPEG entraînerait une nouvelle compression donc une nouvelle perte de qualité. Si on a pris la précaution d'enregistrer dans le mode de compression le plus qualitatif et si elle n'est pas trop répétée, cette opération sera sans grandes conséquences, mais si on a déjà fortement compressé, un deuxième passage ou plus sera beaucoup plus destructeur. (Une simple ouverture/fermeture du fichier n'entraîne pas de nouvelle compression. C'est sa modification, même infime, qui l'implique.)

RAW (brut) = .NEF (Nikon Electronic File)

Ce n'est pas un fichier image car il s'agit des données brutes du capteur, c'est-à-dire (entre autres) une compilation des valeurs numérisées du niveau de charge électrique de chaque photosite traduisant la quantité de lumière reçue par chaque point du capteur. Pour cette raison, il est moins lourd qu'un fichier TIFF, car il ne comprend qu'une seule information couleur par photosite en fonction du filtre de chacun. Il est donc nécessaire d'utiliser un logiciel spécialisé pour le dématricer et le transformer en fichier image. L'utilisation de ce type de format présente beaucoup d'avantages. On conserve l'intégralité des données du capteur sans les transformer, ce qui laisse toute possibilité d'utiliser un logiciel externe à l'appareil pour le développer, et éventuellement de pouvoir utiliser, le moment venu, une version plus évoluée de ce logiciel pour en tirer encore une meilleure qualité. D'autre part un grand avantage du RAW est que les réglages principaux de l'appareil sont enregistrés séparément dans le fichier RAW et ne sont appliqués qu'au développement de l'image, ils sont donc modifiables dans le logiciel de dématriçage. Ainsi on pourra aisément reprendre les réglages de balance des blancs, accentuation de netteté, exposition, saturation, contraste, D-Lighting et autres paramètres importants, exactement comme si l'on reprenait la photo ! Les réglages non modifiables sont la sensibilité et bien sûr les paramètres d'exposition (vitesse, diaphragme) et mise au point de distance.

C'est dire l'importance de ce format que l'on a d'ailleurs tendance à nommer « négatif numérique » (bien que ses possibilités de modifications soient bien supérieures au négatif argentique).

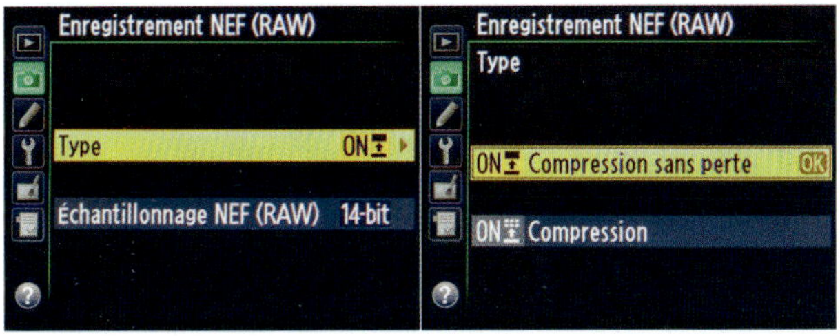

▲ Menu des options d'enregistrement du mode RAW.

Il existe aussi la possibilité de compresser un fichier RAW. Vous trouverez dans le menu Prise de vue deux réglages possibles : **Compression sans perte** (≈ 23,4 Mo) et **Compression** (≈ 20,7 Mo). Le meilleur choix est le mode compression sans pertes car, comme son nom l'indique, c'est une compression non destructive, et le gain en poids de fichier est réduit de moitié par rapport au mode non compressé. En revanche la compression normale induit des pertes (faibles) et, compte tenu du faible gain en poids, elle ne présente d'intérêt que lorsqu'il est nécessaire d'utiliser la rafale (voir section **5.4**).

Tailles d'image

En mode JPEG, le D7200 peut enregistrer les images en 3 tailles : **L** (large, c'est l'option par défaut), **M** (moyenne) et **S** (petite). Le format de l'image est toujours le même, simplement le logiciel interne n'utilise qu'une partie des pixels disponibles, on réduit la densité de pixels pour une même surface de capteur. Il est donc évident que la qualité maximale est procurée par le mode **L** qui utilise l'ensemble des 24 millions de pixels de l'appareil. Le mode **M** n'en utilise que 13,4 millions, et le mode S 6 millions. En RAW on est toujours en taille **L** puisque l'on utilise tous les pixels disponibles. Lorsque l'on sait que les images en cours seront utilisées en format réduit il peut être intéressant de choisir la taille **M** mais avec une faible compression (Fine) qui procurera la meilleure qualité.

Zone d'image

En revanche, en RAW comme en JPEG, on peut modifier la zone du capteur utilisée grâce au menu **Zone d'image**.

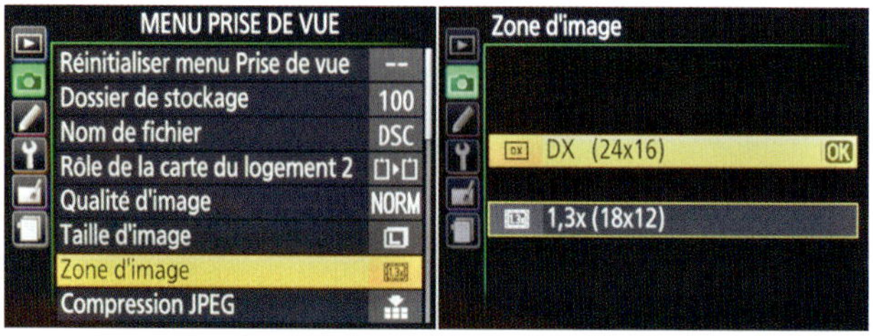

▲ Le menu Zone d'image et ses options.

Zone DX (24 × 16)

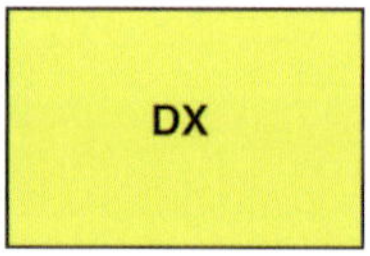

C'est le format du capteur du D7100. Dans ce cas on utilise l'ensemble des pixels du capteur, ce qui permet les plus grandes possibilités de tailles de tirage et laisse une marge de sécurité en cas de besoin de recadrage.

Zone 1,3× (18 × 12)

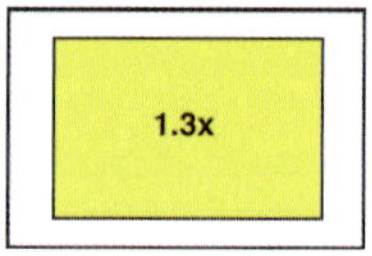

Dans ce cas on n'utilise que la partie centrale du capteur, soit 15,3 Mpix, ce qui offre deux avantages :

- Cadrage plus serré d'un sujet lointain comme si on utilisait un objectif de plus longue focale.
- En cas de prise de vues en rafale celles-ci pourront être plus longues et plus rapides.

Ces deux avantages sont importants en prise de vue de type sport ou animalière par exemple (voir section **5.4**).

◀ Affichage du mode 1,3× dans le viseur.

4.2 BALANCE DES BLANCS

Principe

La lumière qui nous éclaire n'est pas stable, autant en luminosité qu'en couleur. Celle du petit matin, celle de midi ou du coucher de soleil ont des teintes bien différentes. Tout au long de la journée un même objet nous renvoie une couleur différente puisqu'elle est aussi fonction de celle qu'il reçoit. Heureusement notre cerveau corrige de lui-même et nous montre une surface blanche même si elle est éclairée par une lumière jaune. Ainsi une pièce éclairée par de la lumière artificielle (type incandescent) est à dominante jaune orangée, notre œil corrige automatiquement, ou du moins notre cerveau s'en accommode. En revanche il n'en est pas de même pour une image imprimée. Dans ce cas, le cerveau ne corrige pas ou peu.

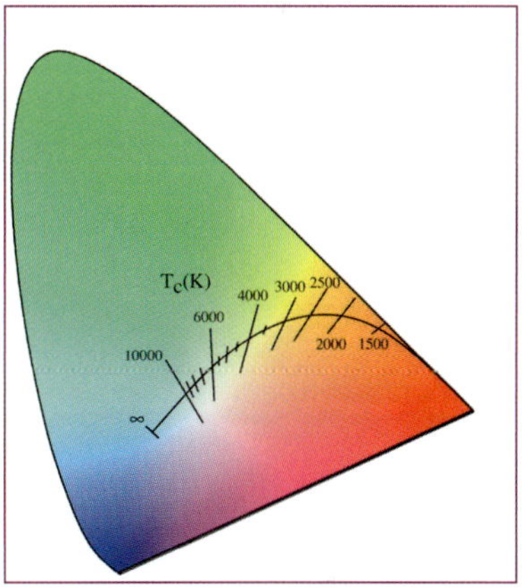

▶ Les températures de couleur en Kelvin (K).

Les appareils numériques sont équipés d'un système appelé **balance des blancs automatique** qui permet de corriger l'équilibre couleur de telle manière qu'un objet blanc soit bien reproduit blanc dans l'image quel que soit le moment de la journée. Le système a corrigé la dominante couleur (l'excès d'une couleur dans la lumière). C'est le capteur 2 016 pixels situé dans le viseur qui est chargé de capturer l'image qui sera analysée par le calculateur qui déterminera la bonne balance des blancs. La couleur de la lumière est mesurée en Kelvin (K), c'est la **température de couleur**.

La température de couleur que l'on peut rencontrer dans la vie courante varie de 2 200 K pour la lumière artificielle très « chaude » (rouge orangée), à 8 000 K à l'ombre par ciel bleu au rendu « froid » (bleuté). La plage d'action de l'automatisme de correction de la balance des blancs des appareils numériques s'étend en général de 3 500 à 8 000 K (c'est le cas du D7200). L'éclairage incandescent (2 200 à 3 200 K environ) se trouve hors de cette plage, il n'est donc pas complètement corrigé. Cela ne pose pas de problème majeur car une ambiance chaude pour une photo d'intérieur est bien acceptée par notre cerveau. Inversement une température trop bien corrigée pour ce type d'ambiance ne satisfait pas forcément notre œil. En plus de cet automatisme le D7200 dispose de réglages fixes correspondant à des qualités précises d'éclairage : Incandescent, Fluorescent, Ensoleillé, Flash, Nuageux, Ombre, Mesurée (PRE) ou valeur en Kelvin (la plage de réglage s'étend alors de 2 500 à 10 000 K). On accède aux réglages de la balance des blancs directement par le bouton **WB** et les molettes de l'appareil, ou par le menu Prise de vue.

▶ Menu Balance des blancs.

Balance des blancs Automatique

C'est le réglage par défaut de l'appareil. Cet automatisme donne des résultats de très bonne qualité mais il ne peut être parfait ; en effet par son principe même, ce qu'il mesure c'est la couleur de la lumière réfléchie par les objets composant la scène alors que dans l'idéal c'est la couleur de la lumière qui les éclaire qu'il faudrait mesurer. Cet automatisme est adapté à un usage courant de l'appareil, particulièrement en extérieur, mais dans le cas de la présence massive d'une couleur dans la scène il est fort difficile pour l'appareil de savoir si c'est l'objet cadré qui est rouge par exemple (donc à ne pas corriger), ou si c'est une lumière à dominante rouge qui éclaire un objet blanc (donc à corriger). Une erreur de mesure aura un impact peu important si le sujet est d'une couleur assez saturée (sa modification ne changera pas fondamentalement son aspect global), en revanche s'il est d'une couleur plus subtile (comme la teinte chair par exemple) il sera plus visiblement altéré. Les progrès en résolution du capteur 2 016 pixels et la montée en puissance des calculateurs embarqués permettent une plus grande finesse d'analyse et donc un résultat plus fiable. Le D7200 propose deux types de balance automatique : **Auto1** et **Auto2**. Auto2 conserve une teinte générale chaude aux images qui en contiennent, c'est la balance qui était présente sur les appareils de la gamme précédente. C'est une question de goût personnel mais il est certain qu'Auto1 est plus neutre. Dans le cas où un flash est activé, interne ou accessoire monté sur la griffe, un réglage spécifique sera utilisé automatiquement par l'appareil (5 400 K).

Il est aussi possible de modifier directement le rendu général de cet automatisme et de l'adapter à ses goûts en utilisant la molette avant et le bouton **WB** (*white balance*) : plus froid (B = bleu) en tournant vers la droite, plus chaud (A = ambre) en tournant vers la gauche. Ce réglage simple ne permet de modifications que sur l'axe ambre-bleu. Un réglage plus fin sur deux axes (ambre-bleu A-B et vert-magenta G-M) peut être réalisé en passant par le menu **Balance des blancs**. On peut ainsi appliquer une correction à toutes les autres balances préréglées, y compris sur les balances Auto. Soyez très modéré dans ces réglages car ils ont un impact important sur le rendu des images.

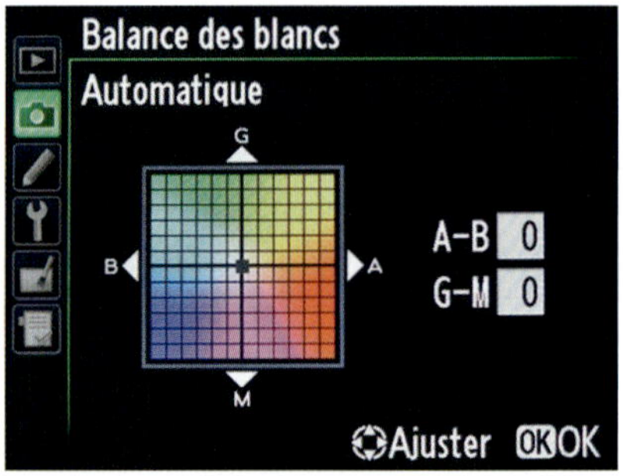

▲ Réglage fin de la balance des blancs.

Balance des blancs Tungstène (3 000 K)

C'est la teinte de la lumière produite par les lampes à incandescence. Ce mode corrige davantage ce type de lumière que l'automatisme. Mais, sauf cas particulier, il n'est pas forcément indiqué de corriger parfaitement les lumières artificielles.

Balance des blancs Fluorescent

C'est la lumière produite par les tubes fluorescents. Il existe une multitude de types de tubes fluo qui ont des températures de couleurs différentes. On peut adapter le réglage à 7 de ces types de tubes et lampes dans le menu Prise de vue, en sélectionnant le menu Balance des blancs Fluorescent et en cliquant sur le côté droit du PAD. (Voir dans la section **5.4** des précisions sur ce type d'éclairage en prise de vue à vitesse élevée.)

Balance des blancs Ensoleillé (5 200 K)

C'est celle du Soleil. Il peut être judicieux, en extérieur par beau temps, de sélectionner le mode fixe Ensoleillé plutôt que le mode automatique car on bénéficiera alors d'une très bonne régularité de couleurs dans une série d'images, et de plus elles transcriront les différentes ambiances de la journée au lieu de les neutraliser, la lumière de fin de journée étant plus chaude que celle de midi. Mais l'utilisation de cette méthode est question d'appréciation personnelle.

Balance des blancs Flash (5 400 K)

Ce réglage correspond à la température de couleur des flashes Nikon. Il peut être utilisé lorsque le flash est la source de lumière dominante. Dans les autres cas on pourra éventuellement choisir d'utiliser des filtres pour modifier la couleur de la lumière émise par le flash (voir section **5.1**).

Balance des blancs Nuageux (6 000 K)

Par ce type de temps la lumière chaude du Soleil est filtrée par les nuages qui en absorbent partiellement le jaune, il en résulte une lumière plus froide. Ce type de réglage fixe est souvent décevant car il existe une multitude de cas d'épaisseurs de la couche nuageuse aboutissant à des filtrages variables du jaune et donc à des températures de couleur très différentes. Le mode Auto sera bien plus performant dans ces cas.

Balance des blancs Ombre (8 000 K)

Par très beau temps, mais lorsque le sujet se trouve à l'ombre, il n'est plus éclairé par la chaude couleur du soleil mais par la lumière très froide diffusée par le ciel bleu (8 000 K). Ce mode corrige ce type de lumière. Ce réglage est sans doute moins pertinent car son effet est par trop simpliste. En effet la variation de l'amplitude de la dominante froide possible dans ces conditions est telle qu'un réglage fixe unique a peu de chances de correspondre aux conditions réellement rencontrées. Donc les modes Auto ou PRE (mesurée) seront plus fiables.

Balance des blancs K (2 500 à 10 000 K)

Ce mode permet le choix direct de la température de couleur. C'est vous qui pilotez.

Balance des blancs PRE globale

C'est la balance des blancs mesurée. Pour l'utiliser, préparez une charte gris neutre ou une feuille blanche et disposez-la dans un endroit éclairé par la même lumière que celle qui illumine le sujet, réglez le mode AF en manuel, et l'exposition en mode programme (P) qui assurera une exposition correcte à coup sûr puis, après avoir sélectionné le mode de balance des blancs PRE avec le bouton WB et la molette arrière, relâchez puis réappuyez de nouveau sur le bouton WB jusqu'à ce que PRE clignote. Vous disposerez alors de 6 secondes pour viser la feuille blanche, en prenant soin de ne cadrer qu'elle, et déclencher. L'appareil indiquera alors « Good » si tout s'est bien passé (sinon l'afficheur indiquera « No good » et vous devrez modifier un des paramètres d'exposition et refaire la mesure). Le D7200 a enregistré les caractéristiques de la lumière et les conservera dans sa mémoire notée **d1**. Vous disposez de 4 mémoires pour stocker d'autres réglages de balances mesurées. Si vous les avez toutes utilisées, la prochaine mesure effacera et remplacera automatiquement la première. Vous pouvez éditer, renommer et protéger une balance mesurée par le menu Balance des blancs en sélectionnant la mémoire concernée et en appuyant sur la touche ISO. Sélectionnez alors l'action désirée et validez par OK.

Balance des blancs PRE ponctuelle

Contrairement au mode précédent on peut réaliser la mesure sur une petite zone de la scène, ce qui permet d'utiliser par exemple des cartes de référence gris neutre de petites dimensions et faciles à transporter. Pour cela activez le mode Lv et sélectionnez le mode PRE du réglage de balance des blancs à l'aide de la touche WB et de la molette arrière. Puis, toujours avec la touche WB mais avec la molette avant, choisissez la mémoire à utiliser. Relâchez ensuite, puis réappuyez sur WB jusqu'au clignotement de l'indication PRE sur l'écran arrière de l'appareil. Vous disposez de 6 secondes pour placer le carré délimitant le point AF à l'écran sur la cible choisie comme zone de mesure (qui doit être de couleur neutre, grise ou blanche). Lancez la mesure en appuyant à fond sur le déclencheur. La mesure est alors enregistrée ainsi que l'image qui a servi à la mesure et dans laquelle le point de mesure est indiqué.

Astuce

Vous pouvez copier la balance des blancs d'une image présente dans la carte SD et qui vous donne satisfaction dans des conditions données afin de la mémoriser dans une des mémoires PRE. Pour cela passez par le menu Balance des blancs et entrez dans l'option PRE. Sélectionnez une des quatre mémoires disponibles comme destination de la mesure et validez votre choix en appuyant sur la touche ISO puis **Sélectionner l'image**. Choisissez l'image source désirée et validez par OK.

Balance des blancs en intérieur et haute sensibilité

Comme nous l'avons vu il n'est pas forcément utile de corriger complètement la balance des blancs en lumière artificielle. En effet, dans cette situation on est confronté à une double difficulté. L'éclairage artificiel de type tungstène est très pauvre dans sa composante bleue et la correction de la balance des blancs consiste principalement justement à amplifier la couche bleue de l'image afin de rétablir un équilibre couleur correct.

L'amplification d'une couche couleur faiblement exposée a toujours comme effet l'augmentation de la visibilité du bruit. L'ennui c'est qu'étant déjà en haute sensibilité, le signal a déjà subi une amplification globale ; au final le bruit se trouve donc amplifié de manière excessive et apparaît plus fortement dans l'image, particulièrement dans les zones un peu sombres. C'est la raison pour laquelle les constructeurs conservent un peu de la dominante chaude de ce type d'image pour éviter de trop modifier la couche bleue, la moins riche. De plus dans la pratique il se trouve que l'on accepte mieux une image aux teintes chaudes lorsqu'elle a été prise en intérieur éclairé artificiellement plutôt qu'une image trop neutre qui apparaît finalement moins réaliste dans ces conditions. Autant en profiter pour ne pas trop martyriser cette pauvre couche bleue dans nos traitements !

Remarque Un cas particulier est celui des lampes basse consommation qui sont de plus en plus utilisées en raison de leurs performances économiques. Ces lampes (particulièrement les modèles bas de gamme) ont des spectres couleur extrêmement pauvres. Alors que la lumière tungstène a un spectre continu du rouge au bleu (même s'il est plus déséquilibré dans cette dernière couleur), le spectre de la lumière produite par les lampes basse consommation est discontinu, c'est-à-dire qu'il est constitué de pics de certaines couleurs et de manques complets dans d'autres. Il est donc quasi impossible de corriger complètement ce type de déséquilibre par un réglage de balance. Heureusement on commence à voir apparaître des lampes dites à spectre complet qui, sans être parfaites, sont bien plus équilibrées, mais elles sont nettement plus onéreuses.

Bracketing de la balance des blancs

Dans le cas d'une scène à l'éclairage mixte ou délicat, comme pour l'exposition on peut effectuer une série d'images avec un décalage du réglage de balance des blancs. Ce décalage se fera vers le bleu et vers l'ambre par rapport à la balance automatique ou la balance fixe choisie. Sélectionnez le type de bracketing dans le menu **e6** et procédez au réglage lui-même à l'aide de la touche BKT à l'avant de l'appareil et de la molette arrière pour le nombre d'images.

▲ Bracketing de la balance des blancs.

Mired

C'est une valeur d'adaptation des corrections apportées aux réglages en Kelvin. En effet une même correction en Kelvin a un impact plus important sur une balance à 3 000 K que sur une balance à 5 000 K.

Attention ! Le bracketing de la balance des blancs ne fonctionne qu'en mode JPEG. D'autre part, à l'inverse du bracketing d'exposition, une seule image sera prise mais, à partir de cette image, l'appareil en créera plusieurs, selon la programmation, avec des balances différentes.

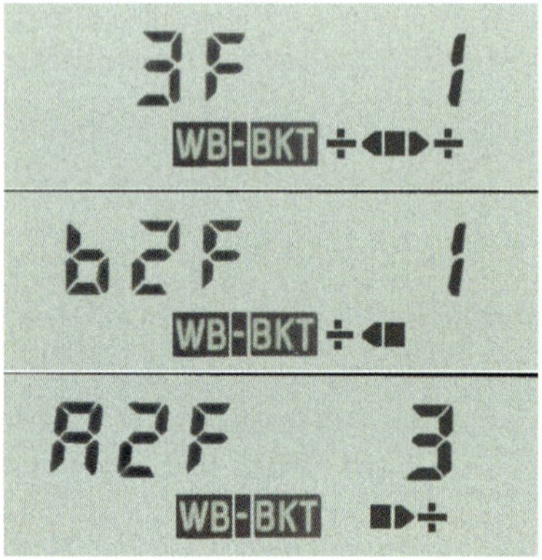

▶ Affichages du réglage de la balance des blancs. En haut, 3 images dont 1 à 0, 1 décalée de 1 Mired vers le bleu et 1 décalée de 1 Mired vers l'ambre. Au centre, 2 images avec 1 décalée vers le bleu. En bas, 2 images avec 1 décalée de 3 Mired vers l'ambre.

Espaces couleur

La perception des couleurs et leur reproduction sont des domaines complexes mais basés sur les couleurs primaires rouge, vert et bleu (RVB ou en anglais RGB). Un mélange en proportions variables de ces trois couleurs permet de recréer toutes les autres.

Les différents supports ont des capacités plus ou moins grandes pour reproduire toutes les teintes particulièrement les plus saturées. Un papier photo ou un écran d'ordinateur ont des performances limitées en ce domaine mais supérieures au papier et type d'impression de ce livre par exemple. Chacun de ces supports possède son **espace couleur** qui définit ses limites de reproduction. Le D7200 propose deux espaces couleur : **sRVB** et **Adobe RVB**.

L'espace Adobe RVB est plus large, sa palette de couleurs est donc plus riche. Mais toutes les machines de tirage ou écrans d'ordinateur ne sont pas capables d'afficher autant de couleurs, il est donc surtout utile pour les images destinées à être post-traitées, car les modifications qu'on leur apportera se feront sur la base la plus riche possible. En fin de traitement, on convertira l'image dans le mode sRVB, qui est un peu plus limité mais largement reconnu et compatible avec les écrans courants et qui sera donc correctement reproduit.

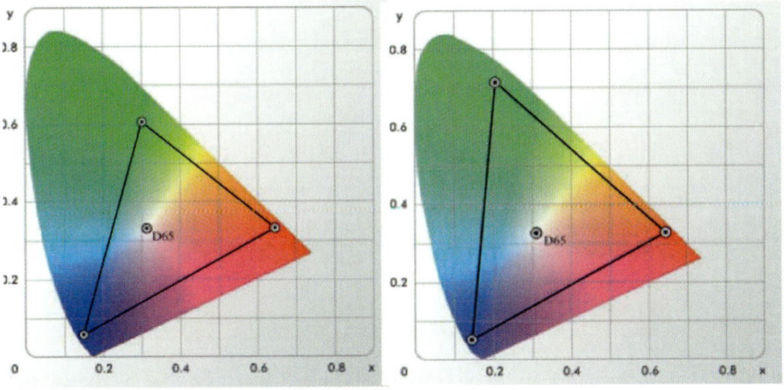

▲ Représentation des espaces couleur proposés par le D7200 : à gauche sRVB et à droite Adobe RVB.

Pour ces mêmes raisons, une image en Adobe RVB envoyée sur Internet paraîtra très fade et pâle. Elle devra être convertie en sRVB pour apparaître vive et saturée. En résumé, utilisez Adobe RVB uniquement si vous post-traitez vos images ou si vous imprimez vos images sur une imprimante (et un papier) de haute qualité, sinon sRVB.

Astuce On peut reconnaître l'espace couleur d'un fichier image Nikon par son nom : DSC_ pour une image enregistrée en sRVB et _DSC pour une image en Adobe RVB.

4.3 PICTURE CONTROL (PC)

Il s'agit d'un menu rassemblant les divers réglages permettant d'équilibrer les images à son goût. Ils sont accessibles directement par le menu Prise de vue du D7200 dans **Régler le Picture Control** ou par l'intermédiaire de la touche *i* puis **info**. Ce paramétrage est très important, surtout si on ne désire pas post-traiter, car cela permettra d'obtenir des images bien équilibrées en contraste, couleurs et netteté, donc adaptées à un tirage direct. On dispose de sept (six) types d'optimisations préréglés (le D7100 ne dispose pas du menu Uniforme).

Modes préréglés

Les modes préréglés correspondent à des paramétrages différents des réglages Luminosité, Contraste, Saturation et Netteté. On pourra les utiliser selon le type d'image réalisé.

■ Mode Standard

Comme son nom l'indique, c'est le mode par défaut de l'appareil, il convient à tous types d'images courantes, particulièrement celles enregistrées en JPEG non destinées au post-traitement. Les réglages sont équilibrés.

■ Mode Neutre

Dans ce cas, les paramétrages sont minimaux. C'est un mode particulièrement intéressant en images destinées à passer en post-traitement car il vaut mieux partir d'une image très douce afin d'appliquer seulement les traitements nécessaires. C'est le mode de base de ceux qui veulent utiliser les plus fines méthodes de traitement d'images. Bien que souvent perçu comme donnant des images trop plates, c'est ce réglage qui exploitera toute la dynamique du capteur. Ce réglage convient particulièrement bien aux portraits. Mais comme nous sommes habitués aux images claquantes en contraste et en couleurs, vous trouverez peut-être le mode Neutre un peu triste. On peut le rendre plus agréable en augmentant d'un cran la saturation.

En revanche si ce PC peut convenir pour la visualisation écran il manquera de vigueur pour le tirage papier qui absorbe une partie de la lumière, diminue le contraste de l'image et enterre les basses lumières. Il ne peut en aucun cas convenir à des prises de vue de type paysage par temps gris destinées à un usage direct sans post-traitement.

■ Mode Saturé

Ici, à l'inverse, les divers réglages sont très accentués en contraste et saturation de couleurs et peuvent convenir pour des images de paysages, selon les goûts de chacun.

■ Mode Monochrome

L'appareil numérique, c'est l'une de ses particularités et avantages, rassemble dans ses divers réglages, l'équivalent des rendus des nombreuses pellicules parmi lesquelles on devait choisir auparavant et, cerise sur le gâteau, ils sont modifiables à chaque image ! Changer de pellicule en cours de prise de vues selon l'humeur ou le sujet relevait du fantasme du photographe argentique lorsqu'il rêvait, et de la catastrophe lorsqu'il s'y essayait ! La couleur bien sûr, avec ses possibilités d'interventions quant à l'étendue de la palette de couleurs disponibles, à leur saturation, leur teinte générale avec la balance des blancs. Mais aussi le noir et blanc qui convient si bien à certains portraits, nus ou scènes de rues par exemple. Et cela pourra aussi réconcilier avec lui les photographes qui appréciaient peu le travail de laboratoire et ses contraintes d'usage (manipulations de produits chimiques, nécessité du noir) qui les obligeait à passer par l'intermédiaire d'un laboratoire pas toujours performant ou simplement difficile à accorder à leurs goûts de tirage.

▲ Le noir et blanc convient bien au portrait.

Dans le menu Prise de vue > **Optimisation d'image**, on sélectionne **Monochrome**. À partir de là on peut même, éventuellement, appliquer des filtres, qui auront l'effet des filtres optiques utilisés en argentique avec un film noir et blanc. Par exemple un **filtre jaune** assombrira les bleus et augmentera donc le contraste des nuages sur fond de ciel. Un **filtre orange** aura le même effet mais plus accentué et un **filtre rouge** aura un effet semblable mais encore plus fort, se rapprochant plus d'un effet spécial. Un **filtre vert** éclaircit les feuillages et peut aussi être utilisé pour atténuer les imperfections de peau dans les portraits.

Il est aussi possible d'appliquer à l'image des effets couleur de type sépia par exemple. La possibilité existe aussi en post-traitement dans NX-D ou dans un autre logiciel tiers, de convertir en N&B une image couleur en appliquant des réglages sélectifs aux divers canaux couleurs. Cela est similaire à l'utilisation des filtres dans l'appareil évoquée précédemment mais avec plus de possibilités et de précision.

Mode Portrait

Il permet de conserver la douceur des tons chair en évitant l'excès de saturation qui pourrait durcir les traits et mettre en valeur les défauts de peau.

Mode Paysage

Dans ce cas le contraste et la saturation ainsi que l'accentuation sont à un niveau élevé car on attend souvent de ce type d'image un aspect « claquant ».

Mode Uniforme (uniquement D7200)

Ce mode produit une image extrêmement plate où tous les réglages sont à 0. Cela permet de disposer de la plus grande finesse de tons afin d'exploiter au mieux les images en post-traitement.

Conseil Le mode Standard, activé par défaut, est particulièrement bien dosé et conviendra en général pour tous types d'images JPEG sauf peut-être les portraits des personnes d'âge mur. Son utilisation est donc particulièrement conseillée. Néanmoins, si vous le souhaitez, vous pourrez agir sur ses paramètres (accentuation, contraste, luminosité, saturation, teinte) afin d'obtenir un rendu à votre goût. Vous pourrez aussi créer une courbe de contraste pour réellement personnaliser un PC ou plus simplement en charger une toute prête (voir section **6.5**).

Paramètres Picture Control

Chaque mode Picture Control est constitué de 6 (5) paramètres réglables. Le réglage rapide, comme son nom l'indique, permet d'agir simultanément sur tous les paramètres en plus ou en moins. Ce n'est donc pas le plus subtil mais il peut être utile dans le cas où, ponctuellement, on a affaire à une scène par temps gris où le mode Standard manquerait de contraste et les couleurs, de saturation. Mais attention à ne pas oublier de réinitialiser ce réglage ensuite, surtout si vous travaillez en JPEG ! Le D7100 ne possède pas de réglage Clarté.

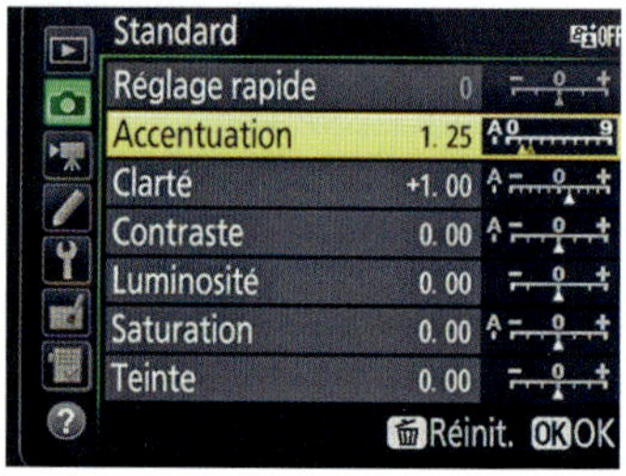

■ Accentuation (netteté)

En numérique il est indispensable d'utiliser l'accentuation de netteté en raison de la présence du filtre passe-bas placé devant le capteur qui limite l'apparition du phénomène de moiré dans certaines circonstances et adoucit l'effet de crénelage dans les lignes obliques de l'image. On accentue donc la netteté avec un traitement interne ou externe à l'appareil au moment du « développement » de l'image.

Avec le D7200, qui n'a plus de filtre passe-bas, ce réglage reste utile pour donner un peu de vigueur à l'image. Nikon l'a réglé de manière très modérée afin de profiter de la finesse de détails procurée par l'absence de filtre.

Cette accentuation consiste à augmenter la visibilité des détails par la netteté des transitions de tons dans l'image en appliquant un liseré de contraste clair/sombre sur ces transitions. La largeur de ce liseré et son intensité doivent être adaptées à la taille du tirage final pour qu'il ne soit pas visible. De manière générale plus le tirage papier est grand plus il faut être qualitatif dans ce réglage. Donc, il vaut mieux rester modéré, car si on peut toujours accentuer la netteté en post-traitement, il est impossible de supprimer un excès sans dégradation importante.

En travaillant en RAW il sera beaucoup plus efficace d'annuler l'accentuation du boîtier et d'utiliser NX-D par exemple pour appliquer une accentuation de qualité et adaptée à l'usage que l'on prévoit pour les images. Nous indiquerons le principe de ce réglage dans la section **8.3**.

Remarque Les logiciels tiers ne reprenant pas, en RAW, les réglages PC de l'appareil, ils appliquent un paramétrage qui leur est propre.

■ Clarté (uniquement D7200)

Ce nouveau réglage permet un effet proche de celui du contraste mais plus marqué vers les tons moyens. On doit être très modéré avec cette commande car l'image devient vite « charbonneuse » et peu naturelle.

■ Contraste

Encore un réglage avec lequel il vaut mieux rester modéré pour la même raison que précédemment. Il est très délicat de revenir en arrière si l'on a trop poussé les manettes...

■ Luminosité

Mêmes remarques. Ce réglage peut être utile pour adapter les images à son goût mais il faut agir aussi modérément. De plus ne pas oublier qu'une action sur la luminosité a un effet inverse sur le contraste et la saturation perçus.

■ Saturation

C'est, comme son nom l'indique, l'intensité de la saturation des couleurs. Plus ce réglage est élevé plus les couleurs sont présentes et vives, et inversement. Ce réglage est, comme les précédents, paramétrable sur 7 valeurs. Le mode Standard correspond au meilleur équilibre, mais 1 point de plus ou de moins est uniquement question de goût.

Conseil Attention à ne pas confondre manque de saturation et manque de contraste, car l'observation d'une image terne est quelquefois trompeuse. Dans ce cas il vaut mieux d'abord agir sur le contraste et n'intervenir sur la saturation que si le premier réglage fait, les couleurs manquent encore de « pêche ».

Teinte

C'est la teinte générale de l'image, le rendu couleur global. Plus chaud ou plus froid selon les goûts. Cette commande est assez peu utilisable par le nombre très limité de possibilités. Il sera plus simple d'agir sur ce type de paramètre par le réglage fin de la balance des blancs (voir section **4.2**).

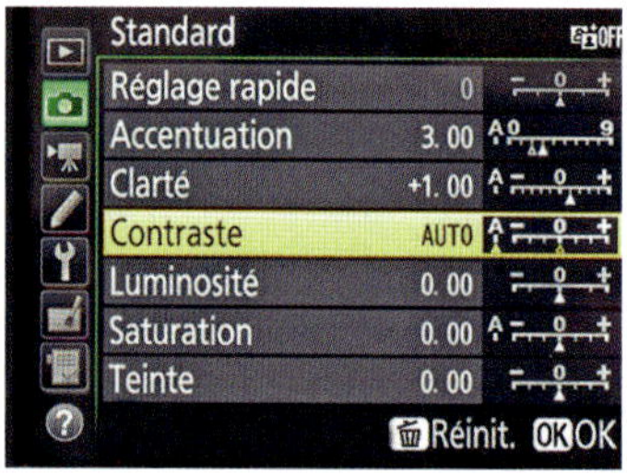

▶ Mode automatique des paramètres Picture Control.

Il peut être intéressant de paramétrer les réglages de contraste et de saturation en mode automatique ; il suffit pour cela d'amener les curseurs des réglages complètement à gauche au niveau du A (le A passe au vert dans le D7100). Dans ce cas l'appareil sélectionnera au coup par coup les réglages les plus adaptés en fonction de la scène (contraste et saturation).

Certes, si vous travaillez en RAW, vous pouvez considérer cet automatisme comme superflu mais ce n'est pas mon avis : en effet il vaut mieux disposer de suite de l'image la plus équilibrée possible car on peut juger avec plus de facilité si elle est correcte en netteté et rendu général même sur l'écran de l'appareil. Si l'on travaille en JPEG et avec peu ou pas de post-traitement, ce réglage auto est alors indispensable. En revanche je conseille d'éviter l'accentuation auto en JPEG car cela peut générer des liserés un peu trop visibles en visualisation 100 % à l'écran.

Création de PC personnalisés

En modifiant un Picture Control existant on peut créer des PC personnalisés que l'on nommera et que l'on pourra ajouter à la liste. Pour cela, par le menu **Gérer le Picture Control** puis **Éditer**, sélectionnez un PC existant le plus proche en résultat de celui que vous souhaitez puis modifiez chaque paramètre dans le sens voulu. Il ne restera plus qu'à l'enregistrer dans l'une des neuf mémoires disponibles et qu'à le renommer.

▶ Enregistrement d'un Picture Control personnalisé.

Conseil Je dois dire que, compte tenu de la variété des modes déjà proposés et de la possibilité de les modifier à son goût, il me paraît quelque peu illusoire de penser que l'on va pouvoir gérer autant d'options dans la pratique. D'autant que si l'on travaille en RAW c'est sans doute encore moins important.

En revanche le mode Standard n'étant pas très vif, comme souvent chez Nikon, c'est assez ennuyeux si l'on fait des JPEG qui sont souvent destinés à un usage sans post-traitement. Il peut alors être intéressant de créer sa propre courbe de contraste personnelle qui pourra, éventuellement, devenir sa courbe permanente. Nous en reparlons au chapitre 6 (section **6.5**).

4.4 D-LIGHTING ACTIF

Dans une scène à fort contraste (grande dynamique), avec un couple diaphragme-vitesse qui donne une seule valeur d'exposition, enregistrer sur la même image de très hautes et de très basses lumières comportant toutes des détails est un challenge difficile, quelquefois impossible, tant l'écart peut être important. Le système de mesure de l'appareil fait de son mieux en appliquant le meilleur compromis possible, mais en cas d'excès de contraste il y aura forcément surexposition des hautes lumières ou sous-exposition des basses lumières ou même les deux.

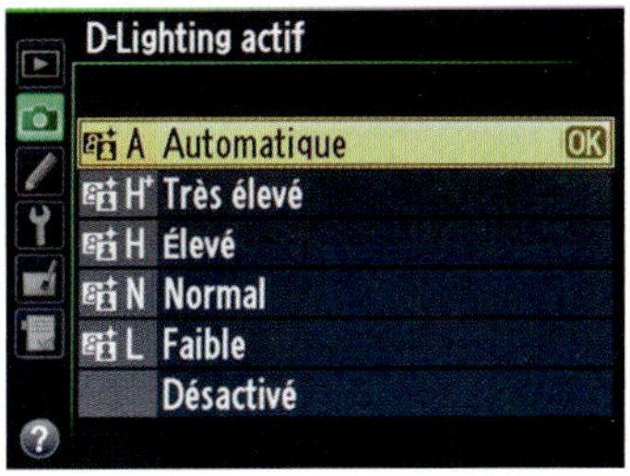

▲ D-Lighting actif Automatique.

Nikon a équipé le D7200 d'un système qui permet d'éclaircir les zones d'ombre, c'est le **D-Lighting**. Il est dit actif car il peut aussi agir finement sur les paramètres de prise de vue, le système d'exposition se cale alors un peu plus sur les hautes lumières afin d'éviter de les brûler. Néanmoins ses interventions dans l'exposition restent très limitées, le plus souvent ±0,3 à 0,5 IL maximum. Le D-Lighting actif est paramétrable sur 5 niveaux d'intervention : Automatique, Très élevé, Élevé, Normal, Faible et Désactivé. Le niveau **Faible** se contente d'éclaircir très légèrement les ombres. Les suivants peuvent éventuellement agir sur l'exposition et appliquent un traitement des basses lumières plus énergique. Le D-Lighting actif **Automatique** permet de laisser le calculateur de l'appareil choisir le niveau d'intervention de ce système selon le contraste de la scène photographiée. Il est donc intéressant d'activer cette fonction, aussi bien en RAW qu'en JPEG. L'éclaircissement des basses lumières est aussi accompagné d'une action sur le contraste des valeurs moyennes qui permet de conserver un aspect agréable à l'image.

Conseil Le D-Lighting Automatique est indispensable pour obtenir des images équilibrées en toutes circonstances. Je vous conseille de le laisser toujours activé (sauf en cas de prise de vue en haute sensibilité au-dessus de 400 ISO).

Le D-Lighting **Élevé** ou **Très élevé** est très puissant mais il peut produire des effets de halo autour des zones sombres sur fond de ciel uni par exemple, amenant à des aspects peu naturels. Il vaut mieux rester dans le mode Automatique.

4.5 SENSIBILITÉ

Voilà aussi un autre gros avantage du numérique. La sensibilité n'est plus liée à une pellicule que l'on est obligé de terminer une fois commencée. Avec le numérique, à tout moment on peut faire une série d'images en haute sensibilité puis revenir à la sensibilité de base sans problème !

L'utilisation des hautes sensibilités en photo argentique était toujours un pis-aller tant la qualité des films couleur se dégradait dès 800 ISO. Au-delà, la prise de vue tenait plus du sauvetage que d'autre chose. Autant une image noir et blanc, même avec beaucoup de grain, peut avoir un cachet intéressant et esthétique, autant une image couleur se dégrade par la désaturation des couleurs et par l'appauvrissement rapide de la palette de tons disponible.

Dès les débuts de la photo numérique on a eu accès à des sensibilités assez élevées mais avec à peu près les mêmes inconvénients qualitatifs qu'en argentique. Mais en quelques années les progrès en capteurs et traitement du signal ont été considérables Aujourd'hui, avec un D7100, 800 ISO peut être considéré comme une sensibilité couramment utilisable sans inconvénient même en grand format de tirage. 1 600 ISO permettent des images de grande qualité directement sans avoir à post-traiter. 3 200 et même 6 400 ISO sont facilement atteignables et susceptibles de donner de très bons résultats même en grand format avec un peu de post-traitement.

Il existe deux manières d'augmenter la sensibilité apparente du capteur. Amplifier le signal dès sa lecture en sortie du photosite, à ce stade il s'agit d'une valeur analogique, analogue au signal mesuré (la lumière), c'est-à-dire que comme elle, elle peut prendre une infinité de valeurs, elle est donc d'une grande précision. C'est la méthode la plus qualitative, elle concerne les sensibilités de 100 à 25 600 ISO (100 à 6 400 ISO). De 51 200 à 102 400 ISO (12 800 à 25 600 ISO) et, au-dessous de 100 ISO, on agit sur le signal déjà numérisé, c'est-à-dire composé d'un nombre de valeurs limitées. L'opération est moins précise et donc moins qualitative.

Remarque À partir de 51 200 ISO l'image sera uniquement en noir et blanc dans le D7200 car la dégradation des couleurs devient trop importante. Il s'agit plus alors d'obtenir un document qu'une image qualitative.

Réglage de sensibilité

Il se réalise par la touche ISO et la molette arrière. La plage de sensibilité normale s'étend de 100 à 25 600 ISO (100 à 6 400 ISO). Chaque pas de sensibilité a une valeur double du précédent, et chaque pas peut être divisé en 1/2 ou 1/3 de valeur par une option du menu **b1**. 25 600 ISO (D7200) est déjà une sensibilité peu courante, mais on peut encore l'augmenter jusqu'à 102 400 ISO ! Dans ce cas l'affichage ne se fait plus en clair mais sous la forme H 0.3, H 0.7, H 1.0 jusqu'à H 2.0 (H pour *high*, 2.0 pour 2 pas au-dessus de 25 600 ISO, soit 102 400 ISO). Cette différence de présentation pour bien montrer que l'on sort du domaine de fonctionnement nominal du D7200, et que la qualité ne sera plus la même.

On retrouve le même principe d'affichage dans le bas des sensibilités : L 0.2 à L 1.0 (L pour *low* et 1.0 pour 1 pas au-dessous de 100 ISO soit 50 ISO). Cette sensibilité basse n'a pas d'intérêt car elle limite fortement la dynamique.

Conseil Si l'on a besoin d'une plus faible sensibilité que 100 ISO, par exemple en utilisation studio au flash, il sera plus qualitatif d'utiliser un filtre gris neutre.

Sensibilité automatique (ISO Auto)

Cet automatisme permet d'adapter la sensibilité aux conditions de prise de vue, dès lors que le niveau de luminosité dépasse les possibilités d'exposition correcte compte tenu du paramétrage de l'appareil. On l'active avec la touche ISO + molette avant Il est possible de configurer finement cette fonction que nous étudions en détail dans la section **5.4**.

4.6 BRUIT

Comme nous l'avons vu précédemment, le capteur image et l'électronique des appareils numériques obéissent aux mêmes règles que les systèmes audio, ils produisent un signal parasite faible, un « bruit » donc, qui vient s'ajouter à l'information utile générée par les photons venant de l'objectif. Tant que la lumière est abondante la proportion entre les deux est largement en faveur du signal utile, et le bruit n'est pas perceptible. Si la lumière devient trop faible, on est obligé d'amplifier la faible charge qu'elle produit dans le photosite. C'est ce que l'on fait en augmentant la sensibilité, on met en route un circuit électronique qui amplifie le signal, et aussi le bruit ! Et celui-ci devient alors perceptible. Il se traduit dans l'image par un moutonnement coloré et une granulation.

Il y a seulement deux ans, la simple logique amenait à conclure que plus les photosites sont petits plus les performances en haute sensibilité se dégradent. Cela reste vrai dans l'absolu bien sûr, mais avec quelques nuances importantes. En effet on s'est aperçu à la lumière des faits qu'avec des photosites plus petits la taille des « grains » de bruit diminue d'autant, ils sont alors moins visibles, le bruit est moins grossier, et cela d'autant plus si l'on compare les images à taille de tirage égale avec des capteurs à photosites plus gros. Donc effectivement, les grands photosites permettent des performances absolues meilleures en très haute sensibilité, mais les choses ne sont pas aussi simples que ce que l'on croyait. En plus, les progrès en technologies de capteurs font que les performances dans ce domaine s'améliorent, et même si elles peuvent bénéficier aux deux types de capteurs, il n'empêche que les performances augmentant, 3 200 ISO et même 6 400 ISO et haute résolution sont aujourd'hui conciliables, ce qui permet de satisfaire un nombre croissant d'utilisateurs. Car même si tout le monde ne peut que se féliciter de disposer de 12 800 ISO très propres, l'usage de ce niveau de sensibilité ne concerne pas la majorité des photographes.

Formulé autrement, en basse sensibilité avec le D7200 on peut considérer que la très haute résolution de son capteur permet d'obtenir une qualité en netteté égale au D7000 mais sur des tirages plus grands, et qu'à taille de tirage égale la qualité comparée à 1 600 ou 3 200 ISO est même légèrement supérieure au D7000. On dispose donc en fait d'un appareil dont les possibilités dans le domaine des performances en qualité sont une sorte de synthèse heureuse.

Tout comme il existe deux types de bruits, il existe deux systèmes d'atténuation du bruit. Dans le menu Prise de vue on pourra trouver les deux options.

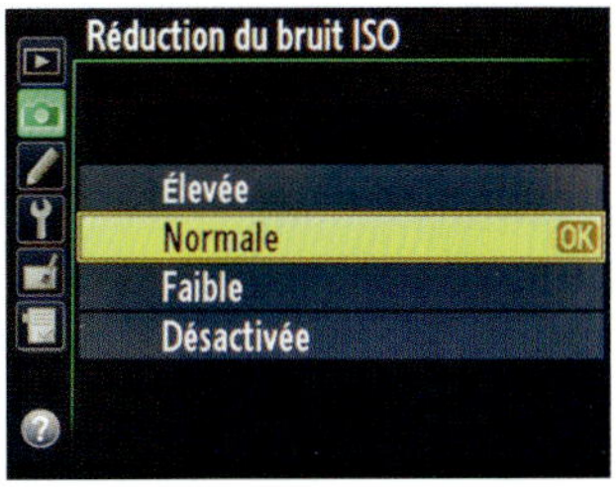

▲ Menu Réduction du bruit ISO.

Réduction du bruit ISO

Comme son nom l'indique elle concerne le bruit provoqué par l'augmentation de la sensibilité. On peut choisir 4 options pour ce réglage : Élevée, Normale, Faible, Désactivée. Le choix du niveau d'application de la réduction du bruit est important lorsqu'on travaille en JPEG car il sera définitif (en mode RAW il est désactivable ou modifiable dans NX-D). Si la réduction du bruit est réglée sur Désactivée elle sera tout de même appliquée à partir de 2 500 ISO mais avec une valeur inférieure à Faible et toujours complètement désactivable dans NX-D. Pour ma part je préfère utiliser une réduction du bruit Normale qui est très bien dosée, mais le choix du paramétrage est question de goût et du type de prise de vue.

D'autre part la visibilité du bruit est très variable selon les conditions de prise de vue. Si l'on augmente la sensibilité en conditions de bonne luminosité dans le but de simplement maintenir une vitesse d'obturation élevée par exemple, la scène étant globalement claire le bruit sera très peu visible même à très haute sensibilité. En revanche, en ambiance sombre il sera beaucoup plus présent dans l'image. Autre paramètre à prendre en compte, la taille du tirage envisagée. La réduction de bruit entraînant une perte de fins détails, ceci sera plus préjudiciable à un fort agrandissement que pour un tirage 20 × 30 cm. Néanmoins il faut savoir que les valeurs d'atténuation proposées par Nikon dans le D7200 sont très raisonnables et qualitatives. Cette réduction de bruit pourra être utilisée avec grand bénéfice en mode Normal jusqu'en tirage 30 × 45. Comme évoqué plus haut, en mode RAW et donc en post-traitement, on pourra toujours désactiver cette fonction ou la modifier finement. Enfin, autre élément à prendre en compte, il est important de modérer l'accentuation de netteté en cas de prise de vue en haute sensibilité pour éviter d'accentuer aussi la visibilité du bruit.

Conseil Pour bénéficier du niveau de bruit le plus faible possible, veillez toujours à soigner l'exposition. Une image sous-exposée (même légèrement) verra son niveau de bruit augmenter sensiblement par l'obligation du post-traitement destiné à l'éclaircir.

Réducteur de bruit

Il concerne le bruit provoqué par les poses longues. Les photosites n'étant pas rigoureusement égaux en sensibilité et niveau de bruit, l'augmentation du temps de pose amplifie ces différences principalement à cause de l'échauffement du capteur. Certains pixels apparaîtront alors plus lumineux et colorés que d'autres. Le fonctionnement de cette réduction de bruit est un peu particulier. Après l'exécution de la pose, l'appareil refait automatiquement une autre pose de la même durée, mais obturateur fermé. Il crée donc un fichier comportant uniquement le même bruit que la première mais sans image. Le logiciel interne va ensuite soustraire de la première image le bruit enregistré dans la seconde. Et ainsi l'image sera « nettoyée » très efficacement. Pendant la durée de la seconde prise de vue l'appareil est donc indisponible et l'afficheur supérieur indique « JOB ».

Remarque On pourrait se demander pourquoi ne pas appliquer ce dernier principe au bruit ISO. En fait, le bruit de pose longue concerne toujours les mêmes pixels, qui deviennent de plus en plus lumineux plus la pose est longue, et de manière parfaitement semblable d'une image à une autre prise dans les mêmes conditions. Le principe de soustraction est alors possible entre deux images successives de même durée. Dans le cas du bruit ISO, comme il s'agit d'un bruit complètement aléatoire, toujours différent d'une image à l'autre, cette méthode ne peut pas s'appliquer.

Il existe une autre méthode pour diminuer le bruit d'une image prise en haute sensibilité, c'est celle employée par ceux qui pratiquent la photo astronomique. Elle consiste à réaliser plusieurs images de la même scène (appareil sur pied et sujets fixes bien sûr) puis de les « empiler » en tant que calques dans un logiciel de retouche en donnant à chacune une valeur de visibilité (par exemple) deux fois inférieure à la précédente (100 %, 50 %, 25 %, 12 %...). Comme le bruit ISO est différent d'une image à l'autre, cet assemblage « lissera » le bruit mais ne modifiera pas les sujets toujours identiques dans les images. Mais cette technique n'est utilisable que pour les sujets fixes.

4.7 RETOUCHE DES IMAGES DANS L'APPAREIL

Si vous n'avez pas le temps ou la possibilité de post-traiter vos images dans un ordinateur et que vous devez les faire tirer ou les transmettre rapidement, le D7200 vous donne la possibilité de les préparer à l'aide du menu Retouche, qui propose plusieurs choix de modifications.

Nous ne parlons ici que des réglages qui sont réalisables correctement dans l'appareil. Il faudra donc éviter les réglages ayant une influence sur la teinte, la luminosité, le contraste ou la saturation, car l'écran de l'appareil ne permet pas d'apprécier ce type de modification avec sûreté.

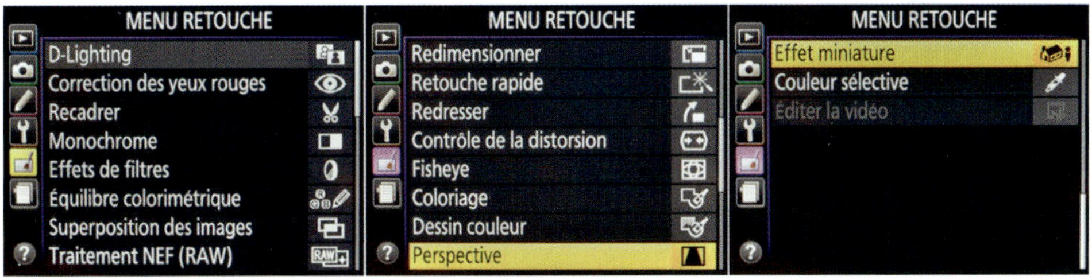

▲ Menu Retouche.

> **Remarque** Dans tous les cas de retouches via le menu dédié, le logiciel enregistre les modifications en créant une copie de l'image traitée afin de toujours conserver l'original intact.

D-Lighting

Si l'on n'a pas activé cette fonction avant la prise de vue il est possible de l'appliquer en post-traitement dans l'appareil. Mais il s'agit bien du D-Lighting simple (non actif) qui n'influe pas sur l'exposition et agit seulement sur les basses lumières.

Correction des yeux rouges

Après avoir sélectionné l'image à traiter, si l'appareil détecte les yeux rouges dans l'image choisie, il les corrige. Cette fonction marche bien à condition qu'il n'y ait pas dans l'image des points rouges autres que les yeux qui pourraient alors être aussi éliminés...

Recadrer

Avec la molette arrière choisissez le type de format à utiliser, 3:2 ou 4:3 ou 5:4, 1:1 et 16:9, modifiez la taille du rectangle de recadrage par les touches +/–, modifiez sa position dans l'image avec le PAD, puis validez avec le bouton OK.

Traitement NEF

Si l'on a enregistré ses images en RAW on peut vouloir donner une image à un ami ou la faire tirer telle quelle. Dans ce cas le menu Traitement NEF permet de réaliser une image JPEG d'après l'image RAW enregistrée dans la carte SD. Vous pouvez éventuellement modifier certains réglages (avec modération car l'écran de l'appareil ne permet pas une appréciation fidèle des couleurs et du contraste).

Correction de la distorsion, Redresser, Perspective

Attention, ces trois fonctions sont efficaces mais impliquent un rognage assez important de l'image. Vous devez en tenir compte en cas de besoin de corrections importantes en cadrant large lors de la prise de vue.

▲ Exemple de correction de la perspective.

Monochrome

On dispose dans ce menu de trois options : Noir et blanc, Sépia et Tons froids.

▲ Transformation en noir et blanc ou sépia.

Coloriage

Cette fonction amusante permet de transformer une photo en dessin. Le logiciel sélectionne les contours des sujets de l'image. La qualité du résultat est variable, mais selon les sujets on peut obtenir des choses intéressantes. Par exemple créer un cahier de coloriage avec pour sujets les objets ou l'animal de la maison, ce qui rencontrera certainement un vif succès auprès des jeunes enfants !

Dessin couleur

Ou comment transformer une photographie en dessin couleur. C'est une fonction très sympa qui donne un effet bande dessinée très réaliste. Ne vous fiez pas au rendu de l'image à l'écran en taille normale, vous aurez une meilleure idée du rendu du résultat en zoomant un peu dans l'image. Notez que la qualité du rendu dépend fortement du sujet.

▲ Exemple de traitement avec la fonction Dessin couleur.

Couleur sélective

Pour transformer une image couleur en noir et blanc mais en conservant de 1 à 3 couleurs seulement. Après avoir choisi l'image à traiter on dispose de trois possibilités de couleur à prélever successivement dans le sujet afin de les conserver. Les petits carrés au-dessus de l'image correspondent aux trois couleurs éventuellement prélevées. Pour chacune d'elles il est possible de choisir entre une seule couleur ou plusieurs approchantes, les opérations se font à l'aide du PAD et de la molette arrière et on peut utiliser la loupe pour être plus précis lors de la sélection des couleurs dans l'image avec la pipette.

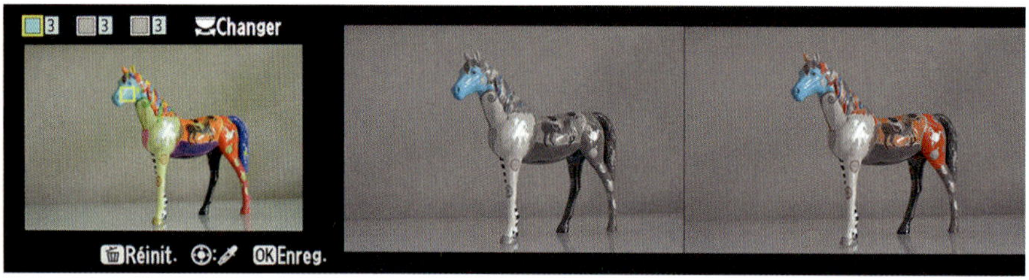

◄ Exemple de traitement avec la fonction Couleur sélective.

Effet miniature

Cette option permet de placer un cadre dans l'image dont le contenu restera net tandis que le reste de l'image sera plus flou Comme lorsque l'on photographie une maquette de près seule un seul plan est net. Si le sujet est bien choisi et vu de dessus et peu latéralement, il donnera l'impression d'une maquette photographiée. L'effet peut être assez impressionnant.

4.8 *FIRMWARE* (MICROPROGRAMME)

Une option du menu Configuration permet de vérifier la version des deux *firmwares* présents dans l'appareil et, si besoin, de mettre à jour ces petits mais importants programmes internes qui comprennent les diverses fonctions de l'appareil (ses menus) et les instructions informatiques qui les commandent. Lorsque Nikon crée un nouveau *firmware* pour corriger des anomalies constatées, ou plus rarement pour ajouter une fonction, on peut le télécharger sur son site. Ensuite, la procédure consiste à transférer, grâce à un lecteur de carte relié à l'ordinateur, le ou les fichiers sur une carte CompactFlash (préalablement formatée dans le D7200) puis la replacer dans l'appareil et, par activation de ce menu, d'accepter la mise à jour. Ce qui demande, en général, moins d'une minute. La condition expresse pour que l'appareil accepte de faire cette mise à jour est que la batterie soit pleinement chargée. Si Nikon a prévu deux fichiers distincts, cette mise à jour doit normalement se faire en deux temps, séparément avec chaque fichier.

▲ Menu Version du *firmware*.

Vous pouvez vérifier la disponibilité d'une mise à jour des divers logiciels Nikon et les télécharger en visitant le site de Nikon France **www.nikon.fr** sous la rubrique **Support technique**. Vous devrez vous enregistrer ainsi que votre matériel afin d'ouvrir un compte (gratuit) et d'accéder ainsi aux divers chargements et informations.

5

CAS PRATIQUES

Pour approfondir certaines fonctions du D7200 nous allons les détailler dans le cadre d'utilisations pratiques : photo au flash, paysage, panoramique, reportage et sport.

5.1 PHOTO AU FLASH

Nikon a toujours été un leader en systèmes flash depuis le SB-24 qui a été le premier modèle innovant par la qualité de sa mesure. Couplée à la matricielle d'ambiance elle permettait un équilibre particulièrement bien dosé. Après un petit flottement au début du numérique lié aux difficultés d'adaptation de la mesure directe de l'éclair sur le capteur, le système flash Nikon a établi sa renommée auprès des utilisateurs. L'adoption d'un capteur de mesure 2 016 pixels dans le viseur du D7200 contre 1 005 pixels précédemment fait encore progresser la précision de l'ensemble.

Quelques principes à propos des flashes

Un flash électronique est constitué d'un générateur de haute tension alimenté par un jeu de piles ou d'accus qui charge un condensateur de forte capacité à une tension d'environ 300 V. Le condensateur est relié à la lampe flash. Lorsque le condensateur est chargé le témoin de disponibilité du flash s'allume.

Remarque Le témoin de disponibilité est en général réglé pour s'allumer alors que le condensateur n'est pas tout à fait plein ; aussi, pour un sujet se trouvant proche de la limite de portée du flash ou lors de l'utilisation en indirect, il est prudent d'attendre quelques secondes de plus avant de déclencher.

Au moment du déclenchement, une impulsion de très haute tension est appliquée par un circuit annexe sur le tube flash rempli d'un gaz (xénon) qui s'ionise (il devient conducteur) et permet alors le vidage dans le tube flash de la charge électrique accumulée dans le condensateur en une fraction de seconde, provoquant l'émission d'un éclair de lumière très bref et très puissant. Ce qui détermine la puissance d'un flash c'est principalement la capacité de son condensateur. La puissance du générateur de tension doit être adaptée à cette capacité afin de le charger dans un temps très bref (environ 5 à 6 secondes avec des piles neuves). Au fur et à mesure que la capacité des piles diminue, le temps de recyclage du flash augmente progressivement pour arriver à plus de 30 secondes en fin de capacité. Les accus NiMH ont un comportement assez différent, ils conservent des temps de recyclage plus constants et plus courts mais chutent plus brutalement que les piles en fin de décharge.

Pour les utilisateurs intensifs de flashes, les accus sont plus intéressants que les piles par cette caractéristique et aussi en coût d'utilisation. Ils ont l'inconvénient de nécessiter un entretien plus important que les piles à cause de leur décharge lente en stockage (auto-décharge), contrairement aux piles qui gardent leur capacité pendant des années. Mais cet inconvénient peut être limité en stockant les accus chargés au froid (0 à 10°). Ainsi l'auto-décharge sera limitée au minimum car à ces températures les réactions chimiques qui font perdre leur charge aux accumulateurs sont presque complètement bloquées. On disposera donc à tout moment d'accus pleins. Cela aura aussi l'avantage de limiter le nombre de cycles de charge inutiles qui limitent la vie des accus. Mais un photographe prudent aura toujours dans son sac un ou deux jeux de piles en dépannage ! Pour les mêmes raisons l'utilisation des piles ou accus en conditions très froides ralentit aussi les réactions chimiques et diminue d'autant leurs performances. Pour un usage par températures très basses les piles au lithium au format AA sont plus performantes mais nettement plus chères.

La puissance d'un flash cobra est donnée par son **nombre guide** (NG), cela permet de déterminer facilement le diaphragme à utiliser en fonction de la **distance du sujet** lorsque l'on travaille en manuel :

diaphragme à utiliser = NG/distance (en m)

Soit par exemple pour un flash de NG 24 et un sujet situé à 3 m : 24/3 = 8 donc f/8.

Remarque Le NG est « normalement » indiqué pour une sensibilité de 100 ISO et un angle d'éclairage correspondant à l'angle de champ d'un objectif 35 mm en 24 × 36. C'est la norme utilisée par Nikon pour les reflex depuis toujours, mais actuellement par très peu de fabricants ! Très souvent le NG est donné pour une sensibilité supérieure et plus souvent encore pour un angle de champ d'objectif 50 mm quand ce n'est pas pour la focale maximum permise par le réflecteur du flash (soit 80 à 105 mm !), ce qui fausse le jugement des acheteurs alléchés par des NG apparemment plus élevés pour un prix plus faible. Le plus souvent il faut chercher au fin fond des caractéristiques pour trouver la mention de la sensibilité et de la focale utilisée pour le nombre guide affiché en publicité.

Le réflecteur dans lequel se trouve le tube flash conditionne l'angle d'éclairage. Pour disposer d'un éclairage uniforme sur l'ensemble du cadrage on doit utiliser un objectif dont l'angle de champ est identique ou plus faible. Les flashes modernes sont équipés d'une tête zoom électrique qui permet l'asservissement automatique à la focale montée sur l'appareil. Plus on demande un angle d'éclairage large plus le NG diminue ; en effet l'éclair est alors réparti sur une plus grande surface, et inversement. Lorsqu'on utilise un téléobjectif, ce principe permet d'augmenter le NG et donc la portée de l'éclair du flash.

Remarque La mesure du NG d'un flash est basée sur une norme précise qui concerne les dimensions de la pièce de test ainsi que le pouvoir réfléchissant des murs et plafond. Si l'on utilise ce même flash en extérieur de nuit on ne bénéficie plus de la lumière récupérée par la réflexion de l'éclair sur les murs et plafond et le NG est alors plus faible. Si l'on travaille en mode automatique, la cellule corrigera l'exposition en augmentant légèrement la puissance de l'éclair en conséquence, mais la portée maximale sera forcément réduite.

Nombre guide et sensibilité

Plus on augmente la sensibilité plus le nombre guide augmente, mais il n'est pas directement proportionnel.

Formule pour connaître le NG d'un flash de NG 30 si on augmente la sensibilité

En passant de 100 à 200 ISO : NG à 100 ISO $\times \sqrt{200/100} = 30 \times \sqrt{2} = 42$
En résumé à chaque doublement de la sensibilité on multiplie le nombre guide (et donc la portée) par $\sqrt{2}$ soit 1,414.

Formule pour déterminer le NG total de deux flashes utilisés simultanément

Si l'on utilise deux flashes A et B ensemble leurs nombres guides ne s'additionnent pas directement :

$$NG_{total} = \sqrt{\left(NG_A^2\right) + \left(NG_B^2\right)}$$

Soit pour deux flashes de NG 30 et 20 : $\sqrt{30^2 + 20^2} = \sqrt{1\,300} = 36$

Options du flash

On y accède par l'intermédiaire du bouton Flash et de la molette arrière, et les modifications apparaissent dans l'afficheur supérieur de l'appareil. Ces options ont le même effet sur le flash intégré ou sur les flashes montés sur la griffe porte-accessoires.

Atténuateur d'yeux rouges

La position du flash intégré sur l'appareil, par sa proximité avec l'axe de l'objectif, peut poser un problème en portrait en intérieur, surtout si l'on est assez loin du sujet photographié. En effet, cela facilite l'apparition du phénomène des yeux rouges, car le trajet aller-retour de la lumière flash-sujet-objectif se fait alors quasiment dans le même axe, et le fond des yeux des sujets photographiés (la rétine) renvoie comme un miroir la lumière, colorée par sa propre teinte et amplifiée par l'effet loupe du cristallin. L'utilisation d'un flash cobra limite fortement ce souci car le réflecteur est bien surélevé. Ce phénomène disgracieux n'apparaît gênant qu'en ambiance sombre, car l'iris des yeux se dilate alors au maximum et augmente ainsi le diamètre de la zone rouge.

Il existe dans les options de réglage du flash, un mode « anti-yeux rouges » symbolisé par un œil, qui allume la lampe d'aide à la mise au point en façade de l'appareil pendant 2 secondes, afin de faire diminuer l'ouverture de l'iris des yeux du modèle juste avant le déclenchement, et ainsi de minimiser la visibilité du problème. Si ce système est efficace dans la limite de sa portée (2 à 3 m) et de son angle utile (plus efficace pour le ou les sujets au centre du cadrage), on ne peut pas dire qu'il soit discret ! La meilleure méthode en intérieur est, lorsque c'est possible, d'allumer le maximum de lampes dans la pièce qui auront le même effet sur la fermeture de l'iris des yeux des sujets.

Remarque Si vous avez activé cette fonction ne soyez donc pas étonné si, après avoir appuyé sur le déclencheur, il ne se passe rien. Votre appareil n'est pas en panne ! Simplement c'est l'allumage de la lampe anti-yeux rouges qui fait son travail pendant 2 secondes avant de libérer le déclencheur.

Synchronisation lente (*slow*) SLOW SLOW

La vitesse normale de synchronisation du flash est fixée par défaut au 1/60 s, ce qui permet d'éviter un flou de bougé car trop rapide pour enregistrer la lumière ambiante en intérieur, mais justement implique que l'on obtiendra une image ayant peu de rapport avec l'ambiance perçue à l'œil car seule la lumière du flash sera perceptible, l'arrière-plan restant complètement noir. L'option Slow libère la vitesse d'obturation qui va alors pouvoir s'adapter exactement à la luminosité ambiante et fournir une exposition correcte de la partie de la scène hors de portée du flash. Une autre option propose la même possibilité couplée avec l'anti-yeux rouges.

> **Attention !**
>
> Si la luminosité ambiante est très faible, la vitesse sélectionnée par l'appareil peut alors être très lente ; il est important de pouvoir se stabiliser éventuellement par l'usage d'un trépied, d'un monopied ou d'un support quelconque. Le sujet situé dans le rayon d'action du flash sera pour sa part figé par la brièveté de l'éclair. Mais plusieurs possibilités existent en mode ISO Auto de mieux contrôler les paramètres d'exposition, voir plus loin dans ce chapitre (réglage du dosage flash/ambiance).

Déclenchement deuxième rideau (*rear*) 

Dans ce mode, le déclenchement du flash se fera juste avant la fermeture de l'obturateur et non juste après son ouverture. Cela permet, en pose longue de nuit, de faire apparaître les traînées liées au mouvement à l'arrière des sujets, à condition que ce mouvement soit effectué dans le même sens, ou des filés de voitures ayant leur traînée lumineuse derrière elles et non l'inverse, le sujet lui-même étant figé par la brièveté de l'éclair du flash. Dans ce mode, la vitesse d'obturation est aussi liée à la lumière ambiante (voir la remarque précédente). C'est une utilisation vraiment très spécifique.

Correction du flash

Avec le bouton Flash et la molette avant, on peut modifier la puissance de l'éclair et donc sa participation dans l'éclairage global. Cela permet, en mode débouchage de contre-jours, de rendre le flash le plus discret possible. La correction est affichée par 1/3 ou 1/2 IL, selon l'option **b2**. Cette correction a un effet aussi bien sur le flash interne que sur le flash monté sur la prise accessoire.

> **Attention !**
>
> Le bouton de correction d'exposition situé à côté du déclencheur concerne à la fois la lumière ambiante et le flash, ce qui complique le réglage lorsqu'on désire modifier le rapport flash/ambiance. Si l'on veut dissocier les deux, il faudra paramétrer le menu **e4** pour qu'il n'agisse que sur la lumière d'ambiance (arrière-plan).

Flash intégré

C'est un accessoire de faible puissance mais qui peut s'avérer utile dans bien des situations, et la performance du système de commande et d'interactivité des flashes Nikon (CLS, système d'éclairage créatif) augmente encore ses possibilités lorsqu'on le couple avec des flashes externes.

Dans les modes Auto et Scène, le flash est automatiquement déployé et activé en cas de manque de lumière ou de contre-jour marqué. Dans les autres modes, un témoin clignotant rouge apparaissant dans les mêmes cas, indique que l'usage du flash serait utile.

Sa mise en route se fait simplement en pressant le bouton situé à l'extrémité gauche de son logement qui provoque son extraction, mais peut se faire automatiquement en cas de lumière insuffisante si l'on choisit le mode Auto d'exposition. Cette action suffit à paramétrer l'appareil pour ce mode de fonctionnement. La vitesse utilisable en mode Flash est limitée à **1/250 s** (1/320 s en option dans le menu Synchro flash de l'appareil, mais avec une portée réduite) et la portée utile de son éclair est conditionnée par sa puissance (NG 12).

Il y a plusieurs manières d'utiliser le flash. **À l'intérieur**, il aura une fonction d'éclairage principal en cas d'ambiance lumineuse insuffisante. Mais sa puissance limite sa portée, et la taille réduite de son diffuseur procure une lumière assez dure en comparaison des flashes accessoires aux diffuseurs plus larges. Sa position insuffisamment surélevée par rapport à l'appareil fait que lors de l'utilisation d'un objectif long équipé d'un parasoleil, il faudra enlever ce dernier qui pourrait masquer une partie du flux lumineux du flash, ceci se traduisant par une ombre dans le bas de l'image.

À l'extérieur en plein jour, il permettra d'atténuer les ombres disgracieuses provoquées par un éclairage du soleil un peu oblique sur les visages des personnes photographiées ou de « déboucher » un contre-jour marqué sur un premier plan à l'ombre.

En mode de mesure matricielle, l'appareil se charge d'équilibrer le fond et la partie éclairée par le flash, mais le dosage de la participation du flash à l'éclairage de la scène peut être encore modifié par l'intermédiaire du bouton Flash et de la molette avant.

Remarque En cas de scène fortement ensoleillée, l'efficacité du flash interne en débouchage sera assez limitée. En effet, la luminosité étant extrêmement élevée, même à f/11 la vitesse nécessaire à une bonne exposition peut être supérieure à 1/250 s, limite du flash interne ; de plus à ce diaphragme la portée du flash est limitée à 1 m. Mais même un peu faible, l'éclair sera bénéfique dans ces cas jusqu'à 2 m. Cette limitation ne pourra être levée qu'avec un flash externe. Nous voyons cela plus loin.

Obturateur et synchro flash

L'obturateur de l'appareil est composé de lamelles métalliques formant un rideau chargé de masquer le capteur et ne s'ouvrant que pendant le temps d'exposition. Ce rideau est divisé en deux parties indépendantes (1er et 2e rideaux). À l'instant où l'on appuie sur le déclencheur, le premier rideau descend et découvre rapidement le capteur, ensuite le deuxième rideau suit le même chemin et masque de nouveau le capteur interrompant ainsi l'exposition.

De 30 s à 1/250 s l'obturateur du D7200 passe par une phase où il est totalement ouvert, c'est la plage de vitesse synchro flash normale. Ceci est représenté par la suite d'images suivante, de haut en bas :

- En **1**, l'obturateur est fermé.
- En **2** et **3**, le déclencheur est pressé, le premier rideau s'ouvre et commence à dévoiler le capteur mais le sujet reste dans l'ombre ou dans le noir.
- En **4**, l'obturateur est entièrement ouvert et dévoile complètement le capteur. Le flash est alors déclenché à cet instant précis, et l'image du sujet éclairé par l'éclair du flash impressionne le capteur dans son ensemble.
- En **5** et **6**, le deuxième rideau vient masquer le capteur.

> **À retenir**
>
> La vitesse de déplacement des rideaux de l'obturateur est constante quel que soit le temps d'obturation réglé, de 30 s à 1/8 000 s. Le temps de translation est d'environ 4 à 6 ms (millisecondes).

Réglages synchro flash

Menu **e1** Vitesse de synchro flash

C'est la vitesse maximale que pourra utiliser l'appareil lorsque le flash (interne ou accessoire) sera activé. Elle peut être choisie de 1/60 s à 1/250 s. Le mode particulier **1/320 s Auto FP** pourra aussi être sélectionné avec le flash interne si l'on veut pouvoir utiliser le flash légèrement au-dessus du 1/250 s, mais avec une perte de puissance. Avec les flashes accessoires toutes les vitesses jusqu'au 1/8 000 s pourront être utilisées en mode Auto FP mais avec aussi des pertes de puissance proportionnelles (voir plus loin).

Menu **e2** Vitesse d'obturation flash

C'est la vitesse minimale que l'appareil pourra sélectionner lors de l'activation du flash. Par défaut elle est fixée à 1/60 s. En fonction des conditions et souhaits de rendu on pourra sélectionner une vitesse plus basse si l'on veut mettre en valeur les lumières ambiantes en intérieur.

Plus la vitesse utilisée est basse plus le risque que les parties de la scène hors de portée du flash soient floues est élevé (bougé des sujets ou du photographe). Mais, le plus souvent, le principal est que le sujet éclairé par le flash soit net, l'arrière-plan de l'image amenant seulement l'effet d'ambiance et évitant le « trou noir » classique du flash.

Mesure de la lumière du flash

Du temps de la photo argentique la cellule flash des Nikon se trouvait dans le bas de la chambre reflex. Elle était dirigée vers le film et mesurait donc la réflexion de l'éclair sur celui-ci. La mesure se faisait donc en temps réel ; le flash était déclenché au moment de l'ouverture de l'obturateur et la cellule flash enregistrait la quantité de lumière réfléchie par les sujets et coupait le flash dès que le niveau correct d'exposition était atteint. La mesure était facilitée par la teinte moyenne de la gélatine du film, assez proche du gris à 18 %, et par son aspect très mat.

Avec le numérique, le capteur muni de ses différents filtres sombres prenant la place du film, le principe de mesure utilisé précédemment ne pouvait plus fonctionner correctement. Après quelques tâtonnements, Nikon a mis au point un tout nouveau système flash appelé **iTTL**. La mesure se fait maintenant uniquement par l'émission de pré-éclairs qui vont être émis une fraction de seconde avant le relevage du miroir et donc avant l'ouverture de l'obturateur. Ainsi ces pré-éclairs réfléchis par les sujets de la scène photographiée sont reçus par la cellule flash/ambiance de 2 016 pixels se

▲ La brièveté de l'éclair du flash peut figer les mouvements.

trouvant dans le système de visée qui analyse en même temps la lumière ambiante et les éclairs de mesure et en déduit la puissance d'éclair nécessaire pour une bonne exposition.

Par la même occasion ce nouveau système flash s'enrichit d'un mode de contrôle et de déclenchement sans câble de flashes déportés très évolué que nous aurons le loisir de détailler plus avant.

À noter La durée de l'éclair d'un flash est, généralement, extrêmement brève. Le réglage de la puissance de l'éclair (manuellement ou automatiquement) se fait en réduisant sa durée. À pleine puissance (le condensateur se vide complètement dans le tube flash), l'éclair du SB-910 dure alors environ 1/880 s. Au minimum de puissance cette durée peut être réduite à 1/38 000 s ! C'est la raison pour laquelle, à condition qu'il constitue l'éclairage majoritaire, il permet de figer les mouvements des sujets mobiles (à condition qu'ils soient uniquement éclairés par le flash) même si la vitesse de l'obturateur est réglée au 1/60 s.

Flashes accessoires

Les flashes pouvant se monter sur le D7200 et exploitant totalement ses fonctions, sont le SB-700, le SB-910 (ainsi que les SB-600, 800 et 900 actuellement discontinués) et le système flash macro Nikon. D'autres flashes peuvent être utilisés mais ne permettent pas tous les modes de fonctionnement.

Le **SB-400** est un peu plus puissant que le flash intégré mais il n'a aucune fonction de commande ou d'esclave. Il n'a d'autre avantage sur le flash intégré que la possibilité d'orienter le réflecteur au plafond. Le **SB-600** (discontinué) est nettement plus puissant que le flash intégré, mais ses fonctionnalités et performances sont plus limitées que ses grands frères SB-800 et surtout 900/910, et son ergonomie est plus déroutante ; d'autre part il ne peut être utilisé qu'en mode esclave et non maître. Il est néanmoins bien moins cher en occasion et son utilisation en esclave du flash intégré peut rendre de grands services. Les SB-700/800/900/910 peuvent être utilisés comme flashes maîtres lorsqu'ils sont montés sur la griffe porte-accessoires, ou esclaves en flashes déportés.

▲ La gamme de flashes Nikon.

Le **SB-910** est le complément le plus complet. Il apporte une puissance confortable, une couverture angulaire très large, un écran de réglage très informatif et des possibilités étendues. Le SB-910 est le remplaçant du SB-900 lui-même remplaçant du SB-800, mais on peut aussi trouver ces derniers en occasion, ils sont parfaitement compatibles avec le D7200. Nous ne parlerons ici que du plus actuel. Ses performances sont, on va le voir, de très haut niveau. Son NG est de 45 à 35 mm et 100 ISO monté sur le D7200 (DX). Sa tête d'éclairage motorisée s'adapte automatiquement à l'angle de couverture de l'objectif monté, et couvre une plage de focales de 17 à 200 mm sans accessoires, et à partir de 8 mm avec le diffuseur fourni. L'aide au système AF de l'appareil est constitué d'une triple mire permettant le fonctionnement correct de l'AF dans le noir complet pour des focales de 20 à 105 mm. Son temps de recyclage maximum avec des piles neuves (entre deux éclairs à pleine puissance), est inférieur à 5 secondes.

Un raffinement dans la maîtrise de la balance de couleur permet au flash SB-910 de communiquer à l'appareil la température de couleur de son éclair (variable selon la charge en tension de son condensateur, de la durée de l'éclair). Ainsi l'appareil peut ajuster son réglage de balance de couleur afin de maintenir une meilleure régularité entre les prises de vue. Une option intéressante dans la gamme flash est la possibilité, avec les SB-700/900/910, de mettre à jour leur *firmware* (microprogramme interne) afin de bénéficier des améliorations éventuellement réalisées par Nikon tout au long de la vie du flash. Cette mise à jour se réalise de la même manière que pour l'appareil lui-même (voir section **4.8**).

Un jeu de **filtres de correction couleur** est livré avec le flash. Les modes de fonctionnement généraux sont les mêmes que ceux pour le flash intégré (TTL, Manuel, voir ci-après), mais on trouve aussi le mode **A** qui est un mode de fonctionnement autonome. Dans ce cas c'est la cellule intégrée au flash qui dose l'éclair en fonction du retour de lumière du sujet. L'appareil n'intervient donc pas dans cette mesure, et elle ne tient pas compte de l'objectif utilisé ni de son angle de prise de vue. C'est en fait le premier mode automatique qui a existé sur les flashes avant l'arrivée de la TTL.

▲ Jeu de filtres colorés et adaptateur pour SB-910.

Pour les utilisateurs intensifs l'**alimentation SD-9** permet un recyclage très rapide des flashes SB-900 ou 910 (1,5 s minimum) et une autonomie très importante. Elle peut se fixer sous l'appareil (écrou de pied) ou à la ceinture. Cet accessoire contient un générateur qui fournit directement la haute tension au flash. Dans ces conditions le générateur du flash ne fonctionne plus (mais nécessite tout de même des piles pour son fonctionnement général), ce qui limite l'élévation de température interne et repousse le risque de coupure de sécurité du flash. Elle fonctionne avec les piles AA ou des accus NiMH au même format.

▲ Alimentation rapide SD-9.

Modes avancés du flash

Par l'intermédiaire du menu **e3**, vous pouvez choisir entre différents modes.

TTL

C'est le mode normal du flash.

Manuel

Dans ce mode, on sélectionne une puissance fixe du flash, depuis la puissance maximale jusqu'au 1/128e de cette valeur.

Flash stroboscopique

Pendant la durée de l'exposition, le flash émet une série d'éclairs de très courte durée. Ce menu présente trois options à régler : **Intensité de l'éclair** (exprimée en fraction de la puissance maximale), **Nombre d'éclairs pendant la séquence** (de 2 à 35 selon la puissance demandée) et **Fréquence de l'émission des éclairs** (le nombre d'éclairs par seconde exprimé en Hz).

Par exemple, je désire décomposer un mouvement rapide afin de l'étudier, ou pour un effet esthétique. Je dois d'abord estimer la durée totale du mouvement afin de choisir une vitesse d'obturation qui permette de l'enregistrer entièrement, disons 1 s. Je paramètre donc mon appareil en mode d'exposition Manuel et je sélectionne 1 s d'exposition. Ensuite je choisis un nombre d'éclairs suffisant pour bien décomposer le mouvement sur sa durée, par exemple 4 éclairs pendant la durée d'exposition de 1 s, ce qui fait 4 Hz, valeur que j'affiche dans la case **Fréquence**. Dès lors, lorsque je vais déclencher l'appareil, il va effectuer une pose de 1 s pendant laquelle le flash va émettre 4 éclairs successifs régulièrement répartis sur la durée d'exposition.

Conseil La puissance de chaque éclair étant fortement réduite, leur portée l'est aussi. L'usage du flash intégré dans ce mode d'utilisation est donc limité aux sujets très proches (0,5 à 1,5 m). De plus on n'est pas informé sur la distance au sujet à utiliser en fonction des paramètres de fréquence et de puissance sélectionnés. Il conviendra donc d'utiliser un flash accessoire plus puissant (SB-800 ou SB-900/910 qui possèdent les mêmes options) et/ou augmenter la sensibilité, mais il sera de toute manière assez difficile de dépasser 3 m. D'autre part, il est impératif que le fond soit noir et éloigné du sujet (et si possible d'opérer dans le noir), sinon la lumière ambiante limitera considérablement la visibilité de chaque phase décomposée car il y aura surimpression avec la scène d'ambiance. Le diaphragme sera évidemment adapté à la distance du sujet compte tenu des puissance et sensibilité choisies et le flash (accessoire) indique la valeur à adopter en fonction de la puissance choisie et de la distance du sujet. C'est donc une fonction complexe aux nombreuses limitations pratiques.

La solution la plus simple est de procéder de nuit dans la nature, dans un lieu où tout éclairage est absent, et vide de tout élément proche dans l'axe du sujet pouvant être éclairé même faiblement par le flash. Ainsi le sujet seul sera éclairé et la décomposition du mouvement sera alors très lisible sur fond complètement noir.

Synchro haute vitesse FP

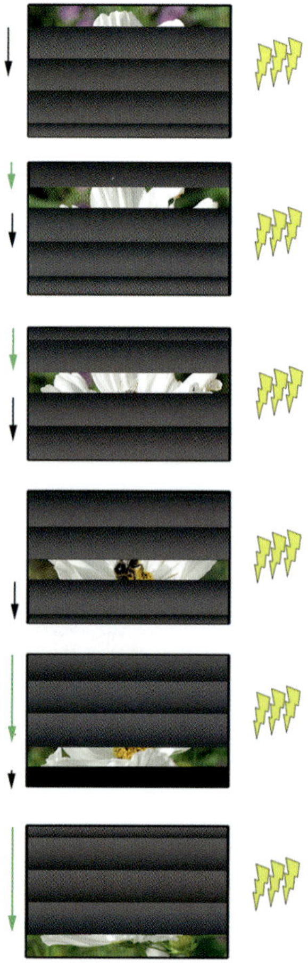

En dehors d'une possibilité très limitée d'usage avec le flash interne (Auto FP au 1/320 s) cette fonction est réservée aux flashes accessoires.

La vitesse de défilement des lamelles de l'obturateur étant constante, au-dessus du 1/250 s et pour pouvoir exposer moins longtemps, le second rideau démarre sa descente avant que le premier ait découvert complètement le capteur comme illustré ci-contre. C'est donc le passage d'une fente délimitée par les deux rideaux se déplaçant simultanément qui expose le capteur. Plus la fente est étroite plus le temps d'exposition de chaque partie du capteur balayée par la fente est de courte durée.

Mais l'éclair du flash est très bref, beaucoup plus que le temps de translation des rideaux ! Et donc, au-delà du 1/250 s, le flash n'illuminerait le capteur que pendant un instant de la course de la fente de l'obturateur. Pour contourner ce problème, au lieu de délivrer son éclair en une seule émission très brève, le flash va le répartir sur la durée totale de la translation de la fente de l'obturateur afin de pouvoir illuminer l'ensemble de la surface du capteur. Pour cela un circuit spécial divise l'éclair en une rafale de type stroboscopique, allongeant ainsi la durée effective de l'éclair. L'inconvénient du système c'est qu'alors qu'en mode Normal toute la surface du capteur reçoit la totalité de l'éclair, dans le mode Auto FP la même quantité de lumière étant répartie sur une durée plus longue, l'intensité de lumière perçue par chaque point du capteur balayée par la fente de l'obturateur est donc bien plus faible. Cette fonction est très utile en extérieur lorsque l'on veut utiliser le flash pour « déboucher » les ombres, par exemple un personnage en contre-jour devant une scène très lumineuse. Dans le mode Normal, en plein jour, si l'on met le flash sous tension, la vitesse maximale utilisable par l'appareil est de 1/250 s. C'est une vitesse élevée, mais pas suffisante si l'arrière-plan est en plein soleil, d'autant plus si l'on veut conserver un diaphragme plutôt ouvert. Le flash interne de l'appareil peut être configuré dans le mode 1/320 s Auto FP, ce qui fait gagner 20 % vitesse en cas de besoin, mais c'est un gain très faible, qui de plus limite la portée utile déjà modeste de ce flash.

En revanche cette fonction prend tout son intérêt avec les flashes SB-700/800/900/910. Avec ces modèles, en paramétrant l'appareil en **synchro haute vitesse automatique** toutes les vitesses d'obturation sont alors accessibles. Comme on vient de le voir, plus la vitesse d'obturation affichée augmente, plus l'efficacité du flash diminue, mais compte tenu de la puissance du SB 910 par exemple, cela permet tout de même, de réaliser des images là où il aurait fallu un assistant et un réflecteur. On accède à cette fonction par le menu **e1** de l'appareil, en sélectionnant **1/250 s Auto FP**. Le flash confirme l'activation de la fonction par l'affichage FP. Ainsi, en cours de prise de vue, lorsque les conditions de lumière l'imposeront, les automatismes (en mode **A** ou **P**) pourront augmenter la vitesse au-dessus de la limite normale de 1/250 s. La puissance de l'éclair diminuant avec l'augmentation de la vitesse d'obturation demandée, ce mode sera bien sûr limité aux courtes et moyennes distances, mais pour les portraits par exemple, cela ne posera pas de problème. Avec l'usage de focales plus longues, la tête zoom du flash concentrera la lumière, et le sujet étant relativement proche, il sera même possible d'utiliser de faibles ouvertures de diaphragme pour profiter d'une faible profondeur de champ et la vitesse pourra alors aisément monter à 1/1 000 s ou plus.

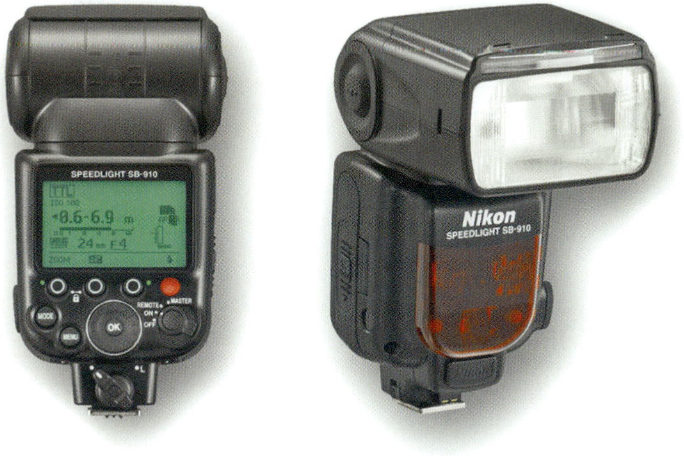

▲ Flash SB-910.

> **Astuce**
>
> On pourra de même optimiser la portée de l'éclair en imposant une focalisation plus étroite de la tête du flash en mode Manuel si le sujet n'occupe qu'une partie réduite du cadrage ; dans ce cas, si le sujet est décentré, on pourra aussi diriger la tête du flash dans sa direction. En bref, même si la portée du flash est limitée dans ces conditions, il existe plusieurs possibilités de contourner cette difficulté.

Principe et utilisation du système iTTL sans câble

Dans ce mode, le SB-600 (discontinué) ne peut être que flash esclave alors que les SB-700, 800 ou 900/910 peuvent être indifféremment maîtres ou esclaves. Le flash interne peut être maître, ou désactivé si un flash est monté sur la griffe porte-accessoires du D7200. On accède à cette fonction par le menu **e3**.

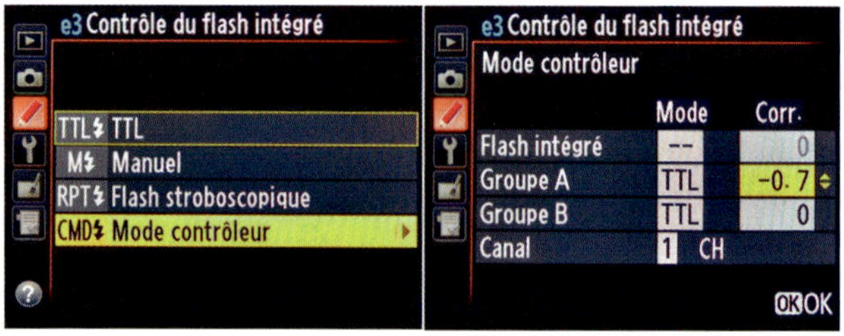

▲ Le menu Contrôle du flash intégré permet de commander les réglages des flashes externes à distance.

Dans le tableau de commande de l'appareil (ou du flash maître monté sur la griffe porte-accessoires de l'appareil), apparaissent les trois groupes de flashes dont le flash principal. Les deux groupes externes peuvent contenir eux-mêmes plusieurs flashes mais tous les flashes du même groupe auront alors le même réglage. On peut attribuer un canal d'émission aux éclairs qui vont piloter les flashes. C'est utile dans le cas où plusieurs photographes utilisent cette fonction à proximité afin d'éviter les interférences. On configure chaque flash externe en mode esclave (*remote*) et on indique éventuellement le groupe auquel il appartient, et le canal d'émission sélectionné sur le flash maître si on l'a modifié :

- **TTL** : donc asservi à la mesure de l'appareil, et on peut corriger aussi sa participation quantitative à l'éclairage global dans le menu de l'appareil.
- **A** : c'est la cellule interne du flash concerné qui dose son propre éclairage, il est donc indépendant une fois déclenché mais on peut aussi lui appliquer une correction d'exposition.
- **Manuel** : on paramètre alors une valeur de puissance fixe.

Quant au flash maître, le premier dans la liste du menu Contrôleur, c'est la même chose avec en plus la possibilité de l'empêcher de participer à l'éclairage en le réglant dans le mode (– –).

Principe de la commande iTTL sans câble

Lors de l'utilisation d'un ou plusieurs flashes déportés sans câbles, le principe de la mesure et de la commande est, en gros, le suivant : le flash maître (flash intégré ou sur griffe de l'appareil) émet et fait émettre par les flashes esclaves un ou plusieurs éclairs de mesure sur le sujet, le D7200 reçoit et mesure l'éclair en retour sur son capteur 2 016 pixels situé dans le viseur. Enfin, lors de l'ouverture de l'obturateur, le flash maître envoie l'ordre de départ des éclairs d'éclairage et leur contrôle par groupe. Cet ensemble d'opérations se réalise en une fraction de seconde. Lorsque la quantité de lumière nécessaire calculée par l'appareil a été émise, le flash maître envoie un éclair de commande afin d'arrêter tous les flashes esclaves.
Comme le dernier éclair de commande est émis alors que tous les flashes sont en période d'éclairage, il est plus difficile pour les cellules de réception des flashes de détecter cet éclair de commande, c'est la raison de la portée limitée du mode TTL sans câble. Si l'on veut augmenter la portée de déclenchement pour l'un ou plusieurs des flashes esclaves, on peut les configurer en mode **A** ou **Manuel**.

La touche **Modeling** du flash (SB-800/900/910), qui envoie un train d'éclairs quasi continu pour permettre la visualisation du rendu de l'éclairage produit par les flashes sur le sujet (ombres portées par exemple), peut être utilisée en iTTL sans câble pour déclencher la même fonction sur tous les flashes simultanément ; cela permet de vérifier la qualité de l'éclairage mis en place.

Remarque Lorsque le flash est activé, le bouton d'Aperçu commande aussi cette fonction (sauf s'il a été programmé pour une autre fonction).

L'utilisation de plusieurs flashes dans ce mode sans câble permet de réaliser des éclairages élaborés de qualité. En effet, une source ponctuelle constituée d'un seul flash fournit un éclairage dur et plat et ne permet pas de faire « tourner » les volumes c'est-à-dire de les mettre en valeur par des dégradés d'ombres. De nombreux effets peuvent être ainsi obtenus, encore plus qualitatifs si on utilise des réflecteurs (parapluies) ou des diffuseurs permettant d'adoucir la lumière éclairant le sujet. Les flashes SB-910 et SB-700 sont livrés avec un pied de table doté d'un pas de vis permettant de les fixer sur un pied photo, ou dédié aux éclairages. Il est ainsi plus facile de le placer dans la pièce aux bons endroits autour du sujet. On peut trouver ces accessoires dans les boutiques photo ou sur Internet.

Astuce

Comme nous l'avons vu précédemment, même si l'on a désactivé le flash maître pour qu'il ne participe pas à l'éclairage, en fin de cycle celui-ci envoie un petit éclair qui commande l'arrêt des flashes externes lorsque l'exposition est suffisante. Cet éclair participe donc à la phase d'éclairage, mais il est de très faible puissance et ne peut être légèrement visible dans l'image que sur un sujet très proche et à grande ouverture de diaphragme, ou comme un petit reflet dans les yeux d'un modèle. Si l'on travaille dans ces conditions particulières, on peut éviter ce phénomène en utilisant l'accessoire prévu par Nikon (SG-3IR). De même cela peut aussi éviter la gêne au moment de l'émission de l'éclair de mesure qui provoque la fermeture des yeux du sujet lors d'une prise de vue de portrait.

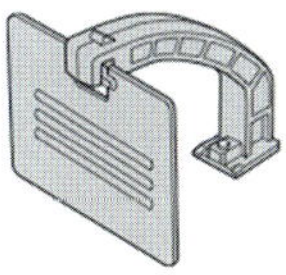

▲ Filtre infrarouge SG-3IR.

Commande à distance iTTL et synchro FP

Le flash interne n'est pas capable de fonctionner en synchro FP au-dessus du 1/320 s. Mais cela n'empêche nullement de continuer à l'utiliser pour déclencher les flashes distants dans ce mode à n'importe quelle vitesse synchro. Il suffit pour cela de le configurer dans le menu Contrôleur pour qu'il ne participe pas à l'éclairage (– –).

Balance des blancs et flash

En mode Balance des blancs Automatique, lorsque le flash, interne ou monté sur le sabot, est activé, la balance des blancs Flash est appliquée par l'appareil. Ce réglage convient à partir du moment où l'éclairage du flash est prédominant. S'il y a mélange de plusieurs sources de lumière, flash + éclairage incandescent ou lumière du jour, on peut obtenir des résultats plus ou moins intéressants. C'est alors au photographe de choisir une balance des blancs qui offre le meilleur compromis.

Avec les flashes SB-800, SB-900, SB-910 et SB-700, il est possible d'adapter la lumière du flash à la lumière ambiante grâce aux filtres fournis. Par exemple, dans le cas d'un intérieur éclairé par une lumière artificielle de type incandescent, en plaçant le filtre correspondant devant le réflecteur du flash, la lumière émise par celui-ci sera semblable à la lumière d'ambiance. Il conviendra alors de régler l'appareil sur la balance Incandescent (sauf avec les SB-900/910 qui détectent automatiquement la présence du filtre et en informent l'appareil). Ainsi les deux sources de lumière étant semblables il sera quasiment impossible de les distinguer, et l'image semblera avoir été prise sans flash. Prenons un exemple.

Dans la première prise de vue, la balance auto se cale sur le flash, considéré comme source principale. Résultat, le fond est sous-exposé et éclairé majoritairement par l'éclairage ambiant, il présente une dominante rouge due à l'éclairage tungstène.

▶ Balance auto, 100 ISO, flash activé, 1/60 s, f/4.

Pour la deuxième prise de vue, même chose que précédemment mais l'augmentation de la sensibilité avec les mêmes paramètres vitesse-diaphragme a permis une meilleure exposition du fond et a diminué automatiquement la participation du flash. Résultat, l'équilibre en lumière est meilleur mais il y a toujours une différence de couleur entre le premier plan éclairé davantage par le flash et le fond.

▶ Balance auto, 1 250 ISO, flash activé, 1/60 s, f/4.

Pour la troisième prise de vue, même chose que précédemment sauf que le flash a été équipé du filtre Incandescent, ce qui a équilibré en couleur la lumière du flash et la lumière ambiante et a permis de passer en balance Incandescent. Résultat, la balance globale est corrigée, l'équilibre entre la partie éclairée par le flash et le fond éclairé majoritairement par l'éclairage ambiant est parfait. Le flash est quasiment indiscernable tout en ayant apporté son appoint en lumière.

▶ Balance Incandescent, 1 250 ISO, flash activé, 1/60 s, f/4.

Remarque Dans notre exemple nous avons utilisé une sensibilité élevée pour conserver les mêmes valeurs de vitesse. Nous aurions pu soit utiliser une vitesse plus lente en n'augmentant pas ou peu la sensibilité, et obtenir le même résultat, soit utiliser 100 ISO et accepter un fond sous-exposé mais toujours de la même teinte que la partie éclairée par le flash.

On peut évidemment faire de même avec l'éclairage d'ambiance de type fluorescent et le filtre correspondant. Cependant, cette option est plus délicate à uniformiser car il existe un grand nombre de types de tubes fluorescents, chacun possédant une couleur de lumière différente. Le menu Balance des blancs de l'appareil fournit un grand nombre d'options permettant de choisir parmi les différents modèles de tubes, mais on ne dispose que d'un seul filtre de type fluo pour le flash. L'éclair du flash sera alors souvent un peu différent en teinte et donc un peu plus perceptible dans l'image.

▲ Filtre Incandescent.

Dans le cas où l'on utilise un ou des flashes en manuel et non reliés à la griffe porte-accessoires de l'appareil (en utilisant des télécommandes radio par exemple) l'appareil n'est pas informé de la participation du flash dans la prise de vue ; en mode Balance auto il va donc appliquer un réglage de balance des blancs qui correspondra à la lumière ambiante, on obtiendra alors un rendu assez froid et en tout cas avec un risque important de variation de teinte entre les images. Dans ce cas il est donc important d'afficher la balance fixe Flash si on utilise des flashes Nikon ou de procéder à une balance mesurée sur une surface blanche avec départ du flash avec des flashes de studio. Pour effectuer cette mesure il faudra adapter le diaphragme de manière à avoir une exposition correcte ; l'affichage « Good » ou « No Good » l'indiquera.

Avec des flashes studio la possibilité d'utiliser la sensibilité native de 100 ISO facilitera les réglages car avec les appareils précédents la sensibilité minimale de 200 ISO pouvait poser des problèmes pratiques avec les flashes très puissants. En cas d'utilisation d'un diaphragme très ouvert, l'utilisation d'un filtre gris peut être nécessaire si l'on ne peut réduire suffisamment la puissance des flashes. Dans ce type d'utilisation, et sans filtre gris, plus on utilise les grandes ouvertures plus on peut voir apparaître une dominante chaude à ses images. Cela est dû aux lampes pilotes des flashes qui prennent alors de l'importance dans l'exposition de l'image. Dans ces conditions il faut veiller à travailler en exposition manuelle et utiliser la vitesse synchro 1/250 s pour limiter l'impact des lampes pilotes dans l'image. (Inversement on peut utiliser volontairement une vitesse plus basse afin d'obtenir une image aux teintes plus chaudes.)

Réglage du dosage flash/ambiance

Le processeur se chargera de doser l'éclair du flash pour obtenir le meilleur équilibre entre ambiance et flash en extérieur. Mais en intérieur et lumière ambiante faible ceci ne sera possible que si la vitesse de synchro flash minimale sélectionnée par le menu **e2** le permet. Il y a plusieurs méthodes pour arriver à ajuster les réglages pour les adapter aux conditions rencontrées et à ses choix de rendu.

En mode d'exposition manuel

Après avoir sélectionné une vitesse minimale acceptable et un diaphragme raisonnablement ouvert compatible avec l'ambiance, on agira sur le paramètre sensibilité en observant l'indicateur d'exposition du viseur qui indique uniquement l'exposition de la lumière ambiante, pour obtenir le rapport flash/ambiance souhaité. Si l'on choisit de laisser l'ambiance légèrement sous-exposée, c'est le flash qui sera donc prépondérant alors que si l'on affiche un réglage l'indicateur d'exposition à 0, le flash ne jouera plus qu'un rôle d'homogénéisation de l'éclairage global.

Il est évident que si l'ambiance est vraiment très sombre, il sera impossible d'exposer correctement le fond sans arriver à des sensibilités extrêmes.

En mode d'exposition A

Il faut d'abord sélectionner la vitesse synchro flash minimale acceptable dans le menu **e2** et le mode **Afficher ISO simplifié** dans le menu **d3**. Après quoi, flash activé, il ne restera plus qu'à choisir un diaphragme de travail et de doser l'équilibre flash ambiance par la molette arrière qui modifiera alors la sensibilité. Tant que l'indicateur d'exposition du viseur est présent il signale la valeur de sous-exposition de l'ambiance ; à partir de sa disparition il y aura équilibre entre le flash et l'ambiance (à condition que le sujet soit dans la limite de portée du flash bien sûr). Au-delà de ce point si l'on continue à augmenter la sensibilité, le dosage flash/ambiance restera équilibré mais la vitesse d'obturation augmentera ce qui peut être utile si les sujets sont mobiles.

Lorsque c'est possible, un bon équilibre consiste à laisser l'ambiance légèrement sous-exposée, de 0,5 IL par exemple.

En mode d'exposition S

Après avoir sélectionné le mode **Afficher ISO simplifié** dans le menu **d3**, sélectionnez la vitesse de travail minimale acceptable avec la molette arrière puis, flash activé, modifiez la sensibilité à l'aide de la molette avant. Tant que l'indicateur d'exposition du viseur est présent il signale la valeur de sous-exposition de l'arrière-plan, sa disparition indiquera l'équilibre entre la lumière ambiante et le flash (à condition que le sujet soit à portée du flash).

Astuce

En intérieur et en mode A ou S, si vous souhaitez que le flash soit plus discret encore affichez une correction d'exposition sélective par le bouton Flash de l'appareil ou directement sur le flash accessoire (l'un ou l'autre car les deux se cumulent). Si vous fixez le filtre Incandescent (ou Fluo selon l'ambiance) sur le flash, l'équilibre sera parfait à la fois en dosage lumière et en couleur.

Flash et ISO Auto Voir section **5.4** page 134.

Mémorisation FV

Lorsqu'un flash (interne ou accessoire) est actif, une pression sur un bouton de l'appareil éventuellement programmé pour cet usage (voir section **1.5**) fait émettre au flash un petit éclair de mesure sur la scène cadrée. Cette mesure est mémorisée, et la puissance du flash sera constante pour toutes les images que l'on prendra par la suite, jusqu'à ce que l'on appuie à nouveau sur la même touche pour annuler la mémorisation. Cela peut avoir au moins deux usages. Garder une exposition parfaitement constante d'un même sujet cadré différemment (à condition, bien sûr, de conserver la même distance appareil-sujet). Ou encore lors de prises de vue type portrait où les pré-éclairs de mesure émis par le flash avant la prise de vue peuvent amener le sujet photographié à fermer les yeux, la mémorisation de la mesure avec la fonction FV annulera les pré-éclairs et résoudra le problème.

Conseil En mode mémorisation FV, la zone de mesure du flash est de 6 mm au centre du cadre de visée lorsque le seul flash utilisé est celui monté sur la griffe accessoire ou le flash incorporé ; elle est donc sélective sur le sujet visé pour la mesure, et sur l'ensemble du cadre de visée dans le cas de multiflashes iTTL. D'autre part, une fois cette mesure mémorisée, on peut changer la valeur du diaphragme ou la sensibilité, l'appareil recalculera automatiquement son éclair en fonction des nouveaux paramètres. Seule la distance au sujet ne doit pas changer.

Un petit ensemble d'éclairage de studio amateur

Un SB-910 (ou SB-800) monté sur un pied de flash muni d'un parapluie, plus un autre flash (SB-700/600 par exemple) monté aussi sur un pied de flash, et un réflecteur pliable type Lastolite peuvent constituer un équipement suffisant pour réaliser un éclairage tout à fait correct pour débuter dans la prise de vue de type portrait en studio. Dans une configuration classique, l'éclairage principal est constitué par le SB-800 monté dans le réflecteur parapluie dirigé presque face au sujet et donc très près de l'appareil ; le réflecteur placé de l'autre côté du sujet débouche son côté le moins éclairé, et le SB-700 placé en hauteur, légèrement sur le côté et derrière le sujet, crée un éclairage de contre-jour qui donne du relief à l'ensemble.

Notez que l'éclairage par réflexion sur le parapluie fait perdre énormément de puissance par rapport à l'éclairage direct, la portée sera donc réduite et l'utilisation d'un diaphragme assez ouvert et/ou d'une sensibilité un peu plus élevée nécessaire. Mais pour profiter de la douceur de ce type d'éclairage il sera de toute manière important de placer le parapluie le plus près possible du sujet et de se limiter au portrait en buste.

▲ Réflecteur parapluie pour flash cobra.

▲ Portrait au flash avec parapluie.

Les deux flashes peuvent être commandés en iTTL par le flash intégré. L'avantage du contrôle par le flash interne est qu'il est très facile d'intervenir sur les réglages des flashes sans se déplacer. Ils seront alors en mode Manuel et on interviendra sur le dosage des éclairs depuis le menu Contrôleur du D7200 par l'intermédiaire du diviseur de puissance. Dans la configuration studio, le mode Automatique n'est pas très intéressant car, selon les cadrages, il induit des variations de puissance inutiles et difficiles à prévoir entre les flashes. Bien sûr l'introduction d'un troisième flash permettra encore plus de possibilités.

Système de flashes macro Nikon

Profitant de son principe de commande sans câble très élaboré, Nikon a créé un ensemble macro très modulaire, et donc évolutif et adaptable. Il est constitué d'un ensemble de base composé d'un disque support se fixant sur l'objectif et de deux petits flashes « satellites » facilement positionnables tout autour du disque par clip. Les deux satellites seront pilotés par le flash interne du D7200 ou par un des flashes compatibles monté sur la griffe porte-flash. Ces trois flashes fonctionnent de la même manière qu'indiqué au paragraphe sur le mode iTTL sans câble.

Le **SU-900** donne la possibilité de contrôler un groupe de flashes supplémentaire par rapport au flash interne et a aussi une portée nettement supérieure sans l'inconvénient de la gêne possible du pré-éclair de mesure car avec ce module la commande est infrarouge.

▲ Ici avec le contrôleur externe infrarouge SU-900.

On peut ajouter autant de satellites que souhaité afin de compléter l'éclairage, par fixation sur le disque, créant ainsi un véritable éclairage macro, ou en plaçant ces satellites sur des supports (fournis) à distance de l'appareil. D'autres flashes SB-800, SB-900/910 ou SB-600 peuvent aussi être inclus dans l'éclairage. Le **kit flash macro R1** comprend, outre le disque de fixation, deux flashes satellites SBR-200, des accessoires comme un flexible permettant de fixer et maintenir un large diffuseur devant un des flashes SBR-200, des bagues d'adaptation de différents diamètres pour objectif. Pour les prises de vue extrêmement rapprochées de l'objectif, un système de diffuseur vient coiffer les flashes et procure un éclairage doux et sans ombre.

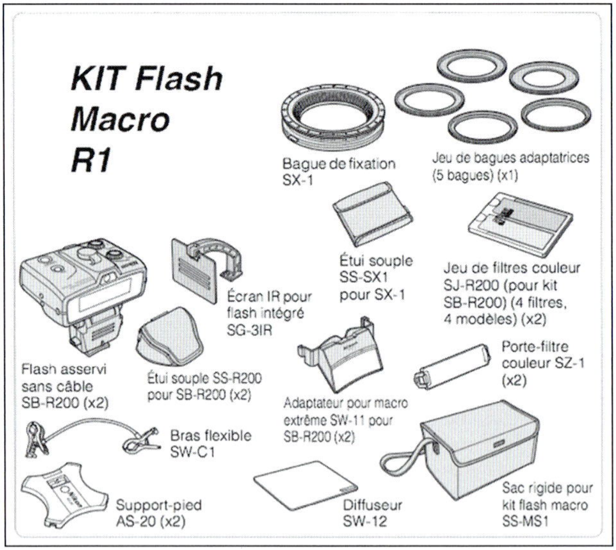

▲ Contenu du kit flash macro R1.

Éclairages créatifs et ludiques

Avec le système de commande iTTL sans câble, doser l'équilibre entre les flashes pour composer un éclairage élaboré est un jeu d'enfant. Même chose dans la photo d'objets. Mais là, on pourra éventuellement commencer avec un seul flash et obtenir des effets intéressants. Certes il faudra se donner un peu plus de mal qu'en disposant de 2 ou 3 flashes esclaves, mais cela permettra de commencer à explorer le domaine. Pour cela, comme les sujets sont fixes et l'appareil sur trépied, on peut remplacer les flashes manquants par la méthode de la **surimpression**. Tout d'abord il faut déterminer le nombre d'expositions (de flashes à simuler). Dans l'exemple présenté nous avons besoin d'un éclairage principal et de deux sources pour créer deux taches de lumière colorées. Il y aura donc trois expositions. Dans le menu **e3** validez le SB-910 comme esclave TTL et annulez la participation du flash interne à l'éclairage (– –). Dans le menu Prise de vue activez l'option Surimpression et demandez 3 images. Par défaut l'équilibrage des images en exposition est automatique (réglage automatique de gain activé). Réglez l'appareil en mode manuel et affichez le 1/250 s. Le diaphragme est fonction du sujet et de la profondeur de champ souhaitée.

Par défaut le temps dont vous disposez pour réaliser les trois images est de 30 secondes. Cela peut être un peu court. Dans ce cas il suffit, dans le menu **c2**, d'allonger le temps de visualisation des images à 1 minute ou plus. Ensuite, en ambiance de lumière atténuée, on réalise les trois expositions à la suite en plaçant le flash externe aux différents endroits souhaités en utilisant éventuellement un diffuseur (papier-calque) ou un réflecteur (carton blanc). Pour déclencher et positionner le flash facilement on utilisera le retardateur de l'appareil.

Dans l'exemple suivant, en plus de l'exposition principale faite avec le SB-900 avec diffuseur (papier-calque) interposé et situé au-dessus du sujet, deux expositions supplémentaires ont été nécessaires avec le même SB-900 surmonté d'un filtre couleur (un simple protège-cahier en plastique translucide) rouge et bleu, éclairant par le dessous la plaque de verre opalin servant de support à l'objet. Cet exemple simple montre combien il est facile d'utiliser ces éclairages. Il ne reste plus qu'à faire preuve d'imagination pour trouver des sujets et adapter cette méthode à ses désirs.

▶ Résultat des expositions multiples en surimpression au flash.

Après exploration des possibilités, vous pourrez étoffer votre équipement avec des réflecteurs et des diffuseurs plus efficaces et pratiques, et bien sûr un ou deux flashes supplémentaires et éventuellement des pochettes de filtres colorés à adapter aux flashes.

5.2 PAYSAGE

Ce type de prise de vue inclut bien sûr paysages urbains et monuments.

Comme dans tout type de photographie la composition est le point important pour l'intérêt de l'image. Prendre en photo les paysages tels qu'ils sont lorsqu'on les découvre en sortant de sa voiture ou au détour d'un chemin n'est certainement pas la meilleure façon d'aborder la photographie ! Le photographe doit impérativement prendre un minimum de temps pour avoir d'abord une vue générale de la scène afin d'en déceler les points forts. Partant de ces constatations il se déplacera pour pouvoir inclure dans son cadrage les éléments de la scène qu'il considère comme importants. Cela implique donc un peu de réflexion avant d'appuyer sur le déclencheur. Même si dans certaines conditions de voyage on dispose de peu de temps, il est toujours possible de s'éloigner un peu pour trouver un angle intéressant. Une fois trouvé un point de vue qui convient, il sera important d'**inclure dans son cadrage un premier plan qui donnera à l'image de la profondeur et du relief**. Ce premier plan pourra être situé de côté dans l'image et plus ou moins flou s'il est suffisamment proche, du moment qu'on discerne bien sa forme générale. Mais il pourra aussi être bien net si l'image est prise au grand-angle et en utilisant un diaphragme suffisamment fermé.

De manière générale dans ce type d'image on utilisera une focale grand-angle et le réglage de l'appareil pour du paysage sera le mode Priorité ouverture (A) et un diaphragme assez fermé de l'ordre de f/8 à f/16 afin de disposer d'une profondeur de champ importante, ou le mode P en décalant éventuellement le programme par action sur la molette sous le pouce pour obtenir ce diaphragme affiché dans le viseur.

▲ Un premier plan donne du relief à l'image.

Maîtriser la profondeur de champ

Nous avons vu précédemment l'effet du diaphragme sur la profondeur de champ. Comme pendant la visée optique le diaphragme reste ouvert au maximum on ne peut visualiser la profondeur de champ qui existera réellement une fois le diaphragme fermé à la valeur programmée. La commande d'aperçu située à l'avant et en haut de l'appareil permet ce contrôle. En l'actionnant, le diaphragme se ferme à la valeur réglée. On peut alors juger de la zone de netteté dans le viseur. Dans le même temps la visée s'assombrit, logiquement puisque le diaphragme fermé limite le passage de la lumière, mais cela permet tout de même de vérifier le rendu global de l'image. Même si, dans certaines conditions, il permet de lever un doute, ce test de profondeur de champ est plus utile au débutant pour bien prendre conscience de l'impact du diaphragme sur la profondeur de champ, qu'au photographe confirmé. En effet, avec l'expérience, on sait bien que très diaphragmé la zone de netteté est importante, et que diaphragme très ouvert elle est faible. Par exemple, pour réaliser un **portrait**, j'utilise un petit téléobjectif (85 mm f/1,8 par exemple). Je souhaite peu de profondeur de champ pour bien détacher le sujet du fond, mais je désire tout de même une bonne netteté du sujet. Dans ce cas, il faut ouvrir le diaphragme pour avoir peu de profondeur de champ, mais pas à pleine ouverture pour éviter la qualité réduite de l'optique dans ces conditions. Le choix se situera donc entre les valeurs 2,8 et 5,6. Mais dans le cas où je souhaiterais que le visage du sujet soit entièrement net (les deux yeux, si le modèle est en biais par exemple), mon choix sera encore plus réduit, 5,6 ou 6,3. De même avec une longue focale, la profondeur de champ sera toujours plus faible qu'avec un grand-angle, quelle que soit l'ouverture.

En grand-angle, on a toujours beaucoup de profondeur de champ, et en général on la souhaite (paysage, architecture, photo d'intérieur). Donc pas de dilemme et pas grand intérêt de vérifier, car de toute manière, à f/11 on ne verrait plus grand-chose dans le viseur ! On diaphragmera donc le plus possible, sans aller jusqu'à la limite de perte de qualité optique (diffraction), en général f/11 maximum avec le D7200. Dans ce cas, l'utilisation de l'hyperfocale sera plus utile pour obtenir la plus grande profondeur de champ utile possible.

Remarque Pour un photographe plus expérimenté ce test de profondeur de champ servira en fait uniquement à vérifier l'aspect esthétique ou non de l'arrière-plan en fonction du diaphragme sélectionné. Dans le cas d'un arrière-plan inesthétique on pourra choisir de le flouter le plus possible en ouvrant un peu plus le diaphragme ou en éloignant le sujet du fond.

Il faut garder en mémoire que la profondeur de champ n'existe pas en réalité (voir section **3.3**). La netteté parfaite n'existe qu'à la distance exacte à laquelle on a fait la mise au point. Mais la résolution de l'œil humain n'étant pas infinie, selon la distance à laquelle on observe une image il sera possible de discerner des détails plus ou moins fins. C'est à la suite de cette constatation qu'a été définie une norme tacite permettant d'estimer la taille du **cercle de confusion**, c'est-à-dire la taille du plus petit détail théoriquement visible par un œil humain moyen en respectant une distance d'observation égale à la diagonale du tirage :

diamètre du cercle de confusion = diagonale du film/1 730

Dans le cas de l'APS-C : 28,2/1 730 = 0,016 mm. Sur cette base ont été définis les calculs permettant d'estimer la profondeur de champ et l'hyperfocale pour la photo argentique.

Hyperfocale

Dans sa définition « académique », l'hyperfocale à un certain diaphragme est la distance la plus proche encore nette lorsque la mise au point est réglée sur l'infini. Dans le cas de reportage on part plutôt d'une mise au point à distance moyenne en recherchant une profondeur de champ très importante, la netteté à l'infini étant secondaire. Dans le cas de photo de paysage on pourrait se baser sur le principe de base car c'est à l'infini que les sujets sont les plus petits et nécessitent donc d'utiliser la résolution maximale de l'objectif pour être bien reproduits. Dans la pratique et en grand-angle, il est pourtant facile de constater que le meilleur compromis entre qualité en netteté de l'infini et du premier plan net est obtenu en utilisant la mise au point à la distance hyperfocale.

Remarque La précision des indications de l'échelle de distance des objectifs grand-angle étant très insuffisante pour afficher la valeur hyperfocale, il sera plus efficace de faire une mise au point en AF sur un point situé à cette distance estimée et la mémoriser.

Voici deux tableaux de profondeur de champ et les valeurs hyperfocales à f/11 et f/8. À f/8 on conserve l'intégralité de la résolution des optiques, à f/11 on gagne en profondeur de champ mais on commence à rogner très légèrement sur la résolution globale du fait de la diffraction. Les valeurs de ces tableaux sont adaptées à la netteté perçue sur un tirage papier ou en visualisant l'image entière à l'écran. En revanche elles ne correspondent pas à l'observation des images à 100 % à l'écran.

En mode hyperfocale avec le D7200 (en zone DX) on peut mémoriser : à f/11		
Focale de l'objectif	**Distance de mise au point**	**Zone de netteté**
50 mm	8 m	de 4 m à l'infini
30 mm	3 m	de 1,5 m à l'infini
24 mm	1,8 m	de 0,9 m à l'infini
18 mm	1 m	de 0,5 m à l'infini
10 mm	0,3 m	de 0,2 m à l'infini
En mode hyperfocale avec le D7200 (en zone DX) on peut mémoriser : à f/8		
Focale de l'objectif	**Distance de mise au point**	**Zone de netteté**
50 mm	11 m	de 5 m à l'infini
30 mm	4 m	de 2 m à l'infini
24 mm	2,4 m	de 1,2 m à l'infini
18 mm	1,4 m	de 0,7 m à l'infini
10 mm	0,5 m	de 0,4 m à l'infini

Astuce Pour adapter précisément ces valeurs à un objectif et un diaphragme et même estimer la profondeur de champ pour n'importe quelle distance de mise au point vous pouvez télécharger un fichier Excel de calcul automatique sur mon site : http://b-rome.com/scripts_photoshop.html

Cas particulier du D7200

La densité plus importante en photosites du capteur du D7200 lui donne une performance en résolution très élevée. Mais comme nous le verrons dans la section **6.6**, un phénomène appelé **diffraction** vient réduire la résolution des objectifs aux fortes fermetures du diaphragme. Obtenir une très grande profondeur de champ devient alors plus délicat. Avec le D7200 si l'on veut conserver les meilleures performances du capteur et des optiques il ne faudrait pas dépasser f/11. Il devient alors difficile de ménager à la fois haute résolution et profondeur de champ extrême souvent recherchées en paysage et que l'on pouvait obtenir à f/16 sans difficulté avec un capteur moins dense, même si la baisse de résolution par la diffraction existait aussi, mais elle était moins visible.

En paysage avec un très-grand-angle de 10 à 18 mm le cas ne sera pas complexe à gérer. En effet il sera plus efficace de rester à f/8 et de réaliser la mise au point à l'hyperfocale, ce qui procurera à la fois une bonne profondeur de champ et une résolution maximale. Le cas sera plus délicat avec les focales de 30 mm à 50 mm et nécessitera d'être très précis dans la mise au point à la distance hyperfocale afin de réaliser le meilleur compromis possible profondeur de champ et netteté des lointains. Donc chacun sélectionnera son diaphragme entre f/8 et f/13 par exemple en fonction de ses souhaits : piqué maximal et un peu moins de profondeur de champ, ou profondeur de champ maximale et un peu moins de piqué général.

Il existe un moyen logiciel d'obtenir une très grande profondeur de champ **et** la meilleure qualité des objectifs. Cela nécessite plusieurs prises de vue du sujet et un logiciel spécialisé.

Augmenter la profondeur de champ

Comme nous l'avons vu précédemment, l'augmentation de la profondeur de champ s'obtient par la fermeture du diaphragme mais, au-delà de f/8, la diffraction commence à dégrader la résolution des optiques. On bute donc là sur un dilemme, semble-t-il, insurmontable...

Solution simple

Pour éviter l'usage d'un diaphragme trop fermé et dégrader la netteté générale par la diffraction tout en bénéficiant néanmoins d'une bonne profondeur de champ, il est possible dans certains cas de réaliser 2 images avec 2 mises au point différentes, l'une à courte distance, 1,8 m, et l'autre à distance moyenne, 5 m environ, si l'on travaille au 18 mm par exemple, puis en post-traitement d'assembler les deux images et travailler sur les calques pour fondre les deux. Cette technique est très facile lorsque le premier plan est bien isolé et, par exemple, entouré d'eau restant forcément floue quelle que soit la mise au point, comme dans l'image suivante, mais l'assemblage est beaucoup plus délicat lorsque le premier plan se découpe directement sur un fond plus lointain et détaillé (les tailles des objets proches diffèrent beaucoup selon la mise au point car la focale est modifiée par le tirage et l'assemblage devient alors très difficile sans faire intervenir des techniques logicielles).

▲ Utilisation de deux images avec mises au point différentes.

Solution logicielle

C'est une solution certes assez lourde à la prise de vue, qui consiste à réaliser plusieurs images de la même scène avec des mises au point différentes, puis en post-traitement utiliser le logiciel **Helicon Focus** (www.heliconsoft.com/heliconfocus.html) qui va permettre de créer automatiquement une image à la profondeur de champ quasiment infinie en prélevant la partie la plus nette de chacune des images. Cela implique bien sûr que l'on utilise un pied et que la scène soit parfaitement statique.

Avec un objectif très-grand-angle de 10 mm et au diaphragme de f/8 par exemple, on pourra placer les mises au point à 0,8 m, 1 m, 2,5 m et l'infini. Soit 4 images en tout. Cela permettra une continuité quasi parfaite de la netteté sur toute l'étendue de la profondeur de la scène de 0,7 m à l'infini. On pourra bien sûr utiliser moins d'images si on le souhaite, mais 4 images dans les conditions indiquées seront le minimum, sauf si le premier plan est moins proche. On adaptera le nombre de prises de vue à la focale et au diaphragme utilisés et à la distance nette la plus proche souhaitée. Plus la focale sera courte moins on aura besoin de prises de vue. De même, à f/11 on pourra aussi diminuer leur nombre mais on est déjà là dans la zone de diffraction légère. La grande différence avec les images réalisées avec une seule mise au point, c'est que dans ce cas la netteté parfaite n'est obtenue qu'autour de la zone où a été faite la mise au point, le reste est acceptable mais pas parfait ! La technique de mises au point multiples permet d'utiliser le meilleur diaphragme de l'optique (f/8 en général). Il peut se produire quelques artefacts lors de l'assemblage des images, cela arrive en général lorsque le premier plan se découpe sur un fond assez éloigné. Dans ce cas une petite frange non nette peut apparaître en bordure du premier plan. Mais ce défaut est très facile à corriger avec l'outil de correction du logiciel qui permet de cloner la partie nette d'une image dans le défaut constaté de l'image assemblée.

Il est aussi possible d'automatiser la séquence de prises de vue si on dispose d'un ordinateur portable ou d'une tablette sous OS Android 4 et compatible USB host. Dans ce cas, avec le logiciel **Remote Focus** du même fabricant on peut programmer le nombre de déclenchements et les écarts de mise au point. Le logiciel relié par prise USB à l'appareil se charge de l'exécution de la séquence, réglages de mise au point compris.

▶ Exemple de résultat obtenu avec le logiciel Helicon Focus.

▲ Détail premier plan, plan moyen et à l'infini.

Cette technique peut être encore plus spectaculaire en prise de vue macro. Mais dans ce cas les moyens à mettre en œuvre seront plus sophistiqués. En effet, il serait très délicat d'intervenir sur l'objectif avec la précision nécessaire pour réaliser les nombreuses modifications de mise au point, et ce type de prise de vue demande une grande régularité entre les pas de mise au point. Donc un accessoire indispensable sera le chariot motorisé commandé par un boîtier électronique dédié. Dans cette configuration on n'agira plus sur la bague de mise au point pour réaliser les différents réglages mais sur l'avancement micrométrique de l'appareil vers le sujet. Cet avancement pourra être programmé dans le boîtier de commande (nombre de pas d'avancement et valeur de chaque pas, en dixièmes de millimètre). Cela permettra d'obtenir des profondeurs de champ exceptionnelles à ce niveau de grandissement !

Fonction HDR

Pour des scènes à forte dynamique, dont l'exemple typique est la photo de paysage avec un ciel aux nuages bien lumineux sur fond de ciel bleu, ou des maisons blanches noyées de soleil sur fond de ciel bleu intense et de verdure sombre, l'exposition correcte du sol et du ciel est alors impossible dans une seule image. Nikon propose la fonction HDR (*High Dynamic Range*) qui consiste en l'assemblage logiciel de deux images exposées différemment. Le logiciel de traitement utilise les hautes lumières de l'image sous-exposée et les basses lumières de l'image exposée normalement et les assemble afin de créer une image présentant une exposition plus homogène.

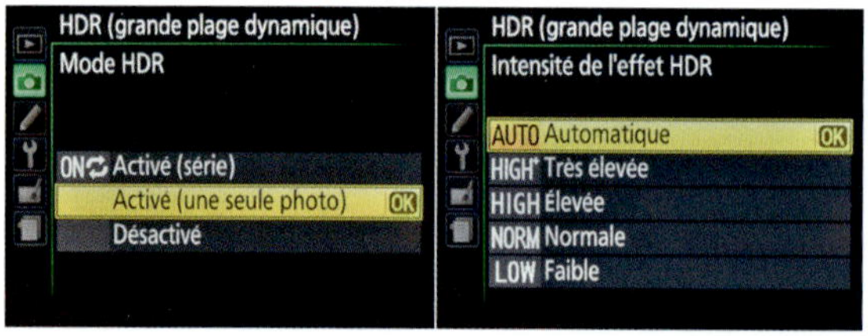

◀ Menus du mode HDR.

Conseil Comme le système HDR consiste à assembler deux images prises avec des paramètres d'exposition différents, il y a forcément un décalage temporel entre les deux prises de vue. Il est donc évident que vous ne pourrez pas utiliser cette fonction pour photographier une scène comprenant des sujets en mouvement. De même dans un paysage, en cas de présence de vent, il peut y avoir des problèmes de reproduction des feuillages ou branches. En dehors du problème de vent, l'usage d'un trépied ou un bon calage de l'appareil permettront d'annuler le risque de bougé du photographe au moment de l'exposition et de préserver ainsi la netteté de l'image finale.

Pour des résultats les meilleurs possibles dans ces conditions de prise de vue difficiles, on utilise normalement le mode RAW et le bracketing à la prise de vue, suivis en post-production de l'assemblage des images dans un logiciel spécialisé comme Photomatix par exemple.

Mais lorsque l'on travaille en JPEG et que l'on ne désire pas passer du temps en post-traitement, cette fonction est une solution qui permet d'obtenir simplement des images impossibles autrement. Le système fonctionne vraiment bien mais nécessite un bon choix des réglages. En effet, selon les sujets, des zones ombrées peuvent apparaître au niveau des transitions entre hautes et basses lumières. Le réglage de lissage permet de limiter la visibilité de ces zones, je conseille de sélectionner le mode Lissage normal. Le mode d'exposition conseillé est la mesure matricielle. La mise en œuvre de cette fonction est tellement simple (il suffit de déclencher) qu'il serait dommage de ne pas l'utiliser en cas de besoin.

◀ À gauche, prise de vue normale : il a été impossible d'avoir à la fois le ciel et le premier plan bien exposés. À droite, avec la fonction HDR activée avec 3 IL, lissage normal : on gagne du détail dans les parties dans l'ombre et beaucoup de détails dans le ciel.

Conseil En mode HDR on pourra laisser le D-Lighting Auto en fonction.

En conclusion, cette fonction peut rendre service si l'on travaille en JPEG direct, dans ce cas il ne faut pas hésiter à l'utiliser dans les cas de fort contraste.

Conseils de réglages

- À utiliser uniquement sur des sujets fixes.
- Appareil sur trépied de préférence, mais pas obligatoire.
- Mesure matricielle.
- Mode Auto dans le menu HDR.
- D-Lighting en mode Auto (ou désactivé en mode HDR 3 IL).
- Picture Control en mode Paysage pour des images contrastées et aux couleurs vives.

Filés de cours d'eau

Pour obtenir cet effet sur le courant de l'eau il suffit de poser suffisamment longtemps entre 1/10 s et 30 s environ selon la vitesse du courant et l'effet recherché, cela va du flou à l'effet de vapeur. Cela implique la plupart du temps l'usage d'un filtre gris 8× et d'un diaphragme assez fermé (nécessaire aussi pour la profondeur de champ). L'usage d'un **polarisant** en plus du filtre gris peut aussi être utile pour bien distinguer le fond de l'eau lorsqu'il reste des zones transparentes dans l'eau (là où le courant n'est pas perturbé par des obstacles).

La mise au point AF avec un filtre gris 8× monté reste possible, mais le mode le plus commode pour le cadrage et la mise au point est le mode **Live view**, car en modifiant provisoirement les paramètres de prise de vue (ouverture du diaphragme) pour la durée du cadrage, l'écran peut afficher une image parfaitement visible malgré le filtre gris, alors que c'est plus difficile par l'oculaire. N'oubliez pas de placer l'obturateur d'oculaire ensuite pendant la pose !

◀ En haut, l'aspect de l'eau est assez comparable à celui perçu dans la réalité (1/6 s).
En bas, l'aspect est moins réaliste mais découle d'un choix purement esthétique (1 s de pose).
Le choix de la vitesse est fortement dépendant de la rapidité du courant et de l'aspect final souhaité.
De manière générale il y a de très grandes différences de rendu entre 1/10 s et 1 s mais au-delà c'est nettement plus progressif pour arriver, à 30 s, à un aspect complètement vaporeux.

Monuments

Les monuments étant des sujets de grandes dimensions, on utilisera donc l'espace maximum disponible pour s'éloigner et cadrer le sujet sans avoir besoin d'utiliser la focale la plus courte. Malheureusement il est fréquent que l'on dispose de peu de recul. Dans ce cas la tenue de l'appareil va avoir une incidence forte sur la perspective de l'image ! Appareil dirigé vers le haut (contre-plongée), les lignes verticales parallèles du monument vont se transformer en fuyantes. Si cette déformation est trop importante il sera souvent sage d'abandonner cette prise de vue par trop inesthétique. De manière générale lorsqu'on utilise un grand-angle il est important d'essayer de cadrer en maintenant l'appareil dans une position où le centre du cadrage est proche de niveau de l'horizon, c'est-à-dire appareil le moins possible penché vers l'arrière (contre-plongée), quitte à cadrer au plus près du haut du monument pour limiter la déformation.

Cela étant, la présence de légères fuyantes n'est pas gênante tant qu'elle reste modérée. En effet lorsque nous observons un bâtiment d'en bas, les lignes fuyantes existent bien mais notre cerveau les considérant comme normales elles ne nous choquent pas. Donc de légères fuyantes sur la photo seront plutôt naturelles. Mais point trop n'en faut, au-delà d'une certaine limite on tombe vite dans la caricature. L'affichage de la grille de composition à l'écran ou dans l'afficheur arrière en mode Lv peut aider à respecter la verticalité des bâtiments et surtout la bonne horizontalité de la prise de vue en comparant avec la ligne d'horizon ou une verticale au centre de l'image (à cet endroit il n'y a pas de fuyante) avec les lignes de la grille. Mais le D7200 est doté d'une fonction bien plus performante, l'**horizon artificiel**. En mode Live view, son activation par pressions sur le bouton Info permet d'afficher à l'écran un indicateur circulaire et une barre horizontale qui indiquent la position actuelle de l'appareil ; il suffit donc d'amener la barre dans l'alignement horizontal (elle devient alors verte) pour que l'appareil soit parfaitement de niveau dans cet axe. Avec l'option **f2** on peut attribuer au bouton **Fn**, situé à l'avant sous l'objectif, la fonction d'affichage de l'horizon artificiel dans le viseur optique.

5.3 PHOTO PANORAMIQUE

Il arrive fréquemment lorsqu'on réalise des paysages, que ceux-ci « ne rentrent » pas dans le champ des optiques que l'on possède. Une solution élégante consiste à assembler une série d'images pour créer une vue panoramique. Cela nécessite quelques précautions à la prise de vue si l'on veut faciliter le travail d'assemblage et sa qualité.

Matériel

Il faut bien sûr un trépied photo, de préférence muni d'une tête « à boule » et d'une fixation rapide de type Arca Swiss. Normalement la fixation de l'appareil sur la tête se fait par le montage sous la semelle de l'appareil d'un plateau rapide type Arca qui vient se placer et se bloquer dans l'étau de la tête du trépied. Il existe des accessoires d'adaptation pour pieds photo qui permettent de monter l'appareil en vertical, de le placer correctement par rapport à l'axe de rotation du pied et de le faire tourner séquentiellement afin de prendre chaque vue avec un décalage maîtrisé et une verticalité parfaite (par exemple la **tête panoramique** Nodal Ninja).

Il existe des têtes panoramiques encore plus évoluées avec une base de rotation permettant un crantage pour chaque point d'arrêt afin de respecter un chevauchement des vues très régulier, mais ces accessoires très onéreux et lourds sont donc destinés aux utilisateurs fréquents de la prise de vue panoramique.

Mais il existe une solution moins encombrante et plus généraliste en utilisation. Elle est constituée d'une platine double en L que l'on laisse en permanence montée sur le boîtier (marque Sunwayfoto par exemple, plateau universel en L – photoaddict.fr). Cet accessoire est assez onéreux mais tellement commode qu'il devient difficile de s'en passer lorsqu'on utilise un trépied régulièrement, même en dehors de l'usage panoramique. En effet on peut passer du cadrage paysage à portrait sans dérégler la tête du pied, et les réglages de la tête restent aussi faciles dans les deux positions, ce qui n'est pas le cas autrement. Il existe même un modèle réglable qui permet de l'adapter au mieux à la plupart des appareils reflex, ainsi qu'un accessoire pour le panoramique, une **platine longue** (Benro MPB20) munie elle-même d'un **étau de fixation rapide** à l'arrière ; c'est sur cet étau que l'on fixera le boîtier en position verticale.

Tout d'abord il faut monter la platine en L et vérifier qu'elle soit parfaitement parallèle avec la base de l'appareil (se fier aux rainures dans le caoutchouc de la base de l'appareil) puis qu'une fois monté en mode vertical sur l'étau de la platine longue, l'axe de l'optique soit parfaitement aligné latéralement avec l'axe de la platine. Après cela, on pourra faire une marque au feutre blanc indélébile à l'arrière du plateau en L pour faciliter son repositionnement rapide dans l'axe. Procéder de la même manière pour l'appareil en position horizontale. Ensuite on devra avancer ou reculer l'ensemble appareil-platine longue sur la fixation du pied pour positionner la pupille d'entrée de l'objectif utilisé au-dessus de l'axe de rotation du pied.

▲ Tête panoramique Nodal Ninja (www.nodalninja.com).

▲ Ensemble pour panoramique Benro MPB20 (photoaddict.fr).

Réglage du positionnement de l'optique

La position exacte de cette pupille d'entrée est fonction de la construction de chaque objectif et différente pour chaque focale pour les zooms. Tant que l'on fera des panoramiques de sujets éloignés (paysage) la précision du réglage de la pupille d'entrée sera peu critique. En revanche si on exécute des panoramiques en intérieur ou des paysages/architecture, avec éléments proches au premier plan par exemple, la précision absolue est requise si l'on désire des raccords parfaits !

Pour faire ce réglage, on doit placer l'appareil, monté sur l'ensemble trépied-platine longue correctement centré et de niveau, à courte distance (environ moins de 1 m pour un grand-angle et de 1 m à 1,5 m pour une focale intermédiaire) d'un angle de mur ou tout autre élément vertical bien délimité, et avoir en vue lointaine (au moins 6 m pour un grand-angle mais au moins 10 m pour une focale moyenne), une autre référence verticale quelconque (arbre, piquet, autre angle de mur…). Pour plus de précision dans ce réglage, on montera l'appareil en position horizontale sur la platine. Mode Live view activé, on positionnera d'abord l'appareil et le trépied de manière à aligner parfaitement ces deux références sur le bord droit ou gauche de l'écran de l'appareil. Ensuite on fera tourner l'appareil sur son axe. Arrivé du côté opposé du viseur les deux références doivent toujours être parfaitement alignées. Si ce n'est pas le cas il faudra avancer ou reculer l'ensemble appareil-platine sur la fixation du pied et recommencer le test jusqu'à ce que la rotation de l'appareil ne modifie plus du tout l'alignement des références. Si on dispose de plusieurs focales ou d'un zoom on pourra régler la position pour chaque focale utilisée et faire des repères au feutre blanc indélébile sur le plateau comme on peut le deviner dans l'image, qui permettront une mise en place rapide par alignement avec le repère de l'étau du trépied.

En ce qui concerne la prise de vue, il est bien sûr nécessaire de d'abord positionner son trépied parfaitement vertical à l'aide du niveau à bulle dont il est équipé. Malheureusement ces niveaux ne sont pas toujours parfaitement montés, donc pas toujours fiables. Il conviendra donc d'abord de le vérifier en démontant la tête et en posant un niveau de maçon par exemple sur le plateau de base du pied (ne pas se fier aux différents niveaux à bulle vendus pour montage sur reflex, ils ne sont pas toujours fiables, et si on veut les utiliser il faudra d'abord les valider en les comparant avec un niveau de maçon ou avec l'horizon artificiel de l'appareil posé sur le plateau de base du trépied). Si le niveau du trépied ne correspond pas, il conviendra de faire une marque au feutre indélébile sur la position de la bulle du niveau du pied correctement calé. On aura ainsi une référence de réglage fiable.

Conseil Contrairement à ce que l'on pourrait penser au premier abord, la mise de niveau de l'appareil lui-même monté sur le trépied est complètement insuffisante, car ce réglage n'est valable que dans une seule position ; dès qu'on le fera tourner sur l'axe du trépied pour réaliser le panoramique, si ce dernier n'est pas lui-même de niveau, tout sera déréglé ! Il faut donc, impérativement **et en premier lieu**, être sûr du réglage du trépied lui-même. C'est le niveau à bulle situé sur la base du trépied qui compte, pas celui fixé sur la tête mobile !

Mais il existe aussi un type d'accessoire permettant de se passer du réglage du trépied. Il s'agit d'une **base de niveau** qui s'intercale entre la tête et le trépied lui-même. Ainsi quelle que soit la position du trépied, la tête qui permet la rotation sera toujours parfaitement de niveau. Et il est bien plus facile et rapide de régler cette platine que d'agir successivement et à de nombreuses reprises sur les éléments du trépied !

Après avoir réglé la verticalité du trépied il conviendra de faire de même avec la platine longue montée, là c'est très rapide. On s'aidera pour cela de l'horizon artificiel de l'appareil mis en fonction par un appui sur la touche Info (en mode Lv). On vérifiera que tout est correct en faisant tourner l'ensemble. L'horizon artificiel de l'appareil (ou le niveau à bulle de la platine longue) ne doit pas être perturbé sur la course prévue du panoramique.

▶ Base de niveau simplifiant la mise à niveau de l'ensemble pour panoramique.

Le meilleur moment pour la prise de vue

Il est bien sûr fonction de la lumière. À midi et en milieu d'après-midi le soleil est proche du zénith et donne un éclairage peu intéressant. Les moments les plus adaptés pour de belles images sont le matin juste après le lever du soleil et en fin d'après-midi lorsque l'inclinaison des rayons du soleil augmente les reliefs, et la couleur chaude de la lumière adoucit les images.

Pour les photos de nuit il faut privilégier le moment très bref que l'on nomme l'heure bleue où le soleil vient juste de se coucher mais ses rayons illuminent encore le ciel (et où les éclairages urbains sont déjà allumés). On évite ainsi les trop forts contrastes de la nuit complète et on bénéficie à la fois d'un peu de lumière douce résiduelle, des éclairages artificiels et d'un ciel lumineux et coloré. Ce moment étant de durée très limitée il faut avoir préparé son matériel un peu en avance afin de pouvoir réaliser plusieurs prises aux meilleurs moments.

▲ La magie de l'heure bleue.

5.4 REPORTAGE OU SPORT

Bien que ce ne soit pas vraiment la vocation première du D7200 on peut tout de même parfaitement l'utiliser dans ce type d'usage. Nous allons évoquer les caractéristiques importantes dans cette activité et indiquer quelques conseils de base pour l'utilisation du D7200 dans ces conditions.

Réactivité

Dans ce domaine il y a au moins deux critères principaux :

Cadence et longueur de rafale

La cadence maximale de 6 ou 7 im/s est bien adaptée à la prise de vue de type sport. Mais le point limitant est la capacité de la mémoire tampon *(buffer)* de l'appareil. Cette mémoire permet de stocker provisoirement les images réalisées afin de réaliser le post-traitement d'une part, et d'adapter le vidage vers la carte mémoire à sa rapidité d'écriture d'autre part. Dans le D7100 Nikon a un peu sous-dimensionné la taille de cette mémoire. En revanche le temps de traitement des images étant extrêmement rapide dans ce *buffer* il est possible d'exploiter cette performance en utilisant les cartes les plus rapides en écriture qui vont libérer très rapidement la mémoire tampon et, en appliquant quelques réglages, permettront d'obtenir les performances maximales en reportage de type sport où l'on fait grand usage de la rafale. Avec le D7200 Nikon a considérablement amélioré la capacité du *buffer*, on pourra le voir dans le tableau suivant.

Vitesse et nombre d'images possibles en rafale avant ralentissement* (D7100)	
RAW 12 bits compressé sans perte, 6 im/s	25 (7)
RAW 14 bits compressé sans perte, 6 im/s (5 im/s)	15 (6)
RAW 14 bits compressé sans perte, zone d'image 1,3×, 7 im/s	25 (8)

* Avec une carte Sandisk 95 Mo/s, la seule capable à la date d'écriture de ces lignes de réaliser cette performance, et correction de distorsion auto désactivée. Le nombre exact d'images possibles sans ralentissement est lié aussi à la complexité des images. Plus il y a de détails dans l'image plus le poids des fichiers est lourd. C'est pour cela que l'on ne peut donner que des valeurs approximatives. Évidemment la vitesse de rafale indiquée ne peut être atteinte que si la vitesse d'obturation est suffisante.

Comme dans ce type d'utilisation il n'est pas toujours indispensable de faire des rafales très longues mais surtout de pouvoir réaliser des rafales brèves (5 images par exemple) mais très rapprochées (environ 1 seconde de latence entre chaque rafale) on pourra optimiser les capacités du D7100 en le réglant en mode 12 bits et en mode d'enregistrement compressé.

Rafales courtes de 5 images espacées de 1 seconde	**Nombre de rafales**
RAW 12 bits compressé, 6 im/s	Sans limite
RAW 12 bits compressé, zone d'image 1,3×, 7 im/s	Sans limite

Rapidité et sensibilité de l'autofocus

Là, il n'y a aucune limitation. On peut même dire que l'appareil donnera toute satisfaction. La sensibilité est de –3 IL (D7100 : –2 IL) , c'est-à-dire à un niveau où l'image dans le viseur commence à devenir bien sombre ! Utiliser une partie des capteurs AF avec des objectifs montés avec un multiplicateur amenant à des ouvertures de f/8 est aussi une possibilité innovante qui est particulièrement importante dans ce type d'activité.

Adaptabilité

C'est aussi un critère important. Le D7200 donne la possibilité de sélectionner deux formats de cadrage. Cela permet une adaptation très souple aux besoins en focale lorsque les sujets sont lointains, cas fréquent en photographie de sport, et que l'on ne dispose pas d'objectifs adaptés. Avec le D7200 le même appareil pourra augmenter la focale apparente des objectifs en sélectionnant la zone d'image 18 × 12 (1,3×), ce qui procurera une focale apparente de 1,8× la focale utilisée.

Remarque En mode 1,3×, compte tenu du coefficient multiplicateur par le format plus réduit de l'image, il conviendra d'utiliser des objectifs de qualité et des vitesses suffisantes si l'on veut conserver une excellente qualité d'image.

Sensibilité

Le D7200 permet une utilisation en milieu peu lumineux tout en conservant des vitesses d'exposition raisonnables grâce à sa gamme de sensibilités s'étendant de 100 à 25 600 ISO (100 à 6 400 ISO) (les sensibilités étendues étant des solutions de sauvetage de dernière extrémité).

Étant donné le nombre de photosites présents sur le capteur du D7100 et donc leur taille plus réduite que ceux des appareils précédents moins denses en pixels, il est évident que le bruit au niveau du pixel est un peu plus important, mais cela est à relativiser pour deux raisons :

- Le nombre élevé de photosites fait que le bruit est moins visible car plus fin qu'avec un capteur moins dense car les pixels seront plus petits dans l'image à taille de tirage égal. Cela est un fait établi depuis longtemps.
- Le temps ayant passé et le capteur ayant fait l'objet d'évolutions techniques, le bruit au niveau du photosite a été amélioré même s'il ne peut tout de même pas rivaliser avec un autre deux fois plus grand.

Donc pour ces raisons, et jusqu'à 3 200 ISO, le D7200 tire très bien son épingle du jeu dans cette activité. En effet le but en sport ou en reportage n'étant pas le tirage en A0, le résultat en bruit sera semblable au D7000 à 1 600 ISO **à taille de tirage égale**.

Sensibilité automatique

Cette fonction est accessible dans le menu Prise de vue > Réglage de la sensibilité > **Contrôle sensibilité auto**.

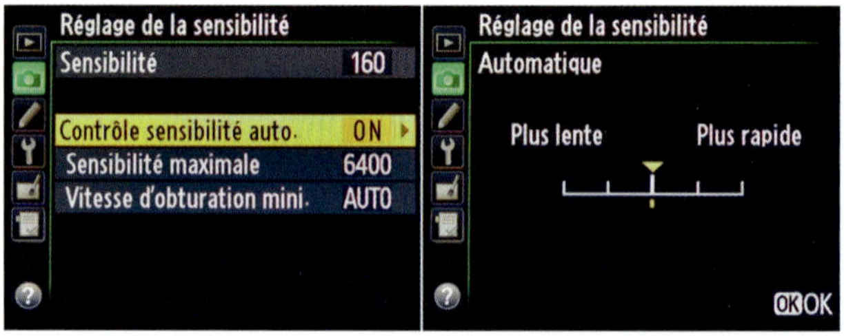

Cet automatisme permet d'adapter la sensibilité aux conditions de prise de vue, dès lors que le niveau de luminosité dépasse les possibilités d'exposition correctes compte tenu du paramétrage de l'appareil. Cette fonction est particulièrement utile dans les conditions de type reportage ou sports. Si on l'active, le menu dédié propose quatre options de réglages, le choix d'une sensibilité minimale, d'une sensibilité maximale, et une vitesse minimale qui, lorsqu'elle sera atteinte, provoquera l'augmentation de sensibilité. Une nouvelle option permet de sélectionner l'adaptation de la vitesse à la focale utilisée. En mode Automatique cette vitesse correspond à la norme habituelle (vitesse de sécurité = inverse de la focale utilisée).

De plus l'appareil tient compte de la focale apparente due à la taille du capteur et à l'activation éventuelle du mode 1,3×. Donc par exemple dans le cas de l'utilisation d'un objectif de 50 mm de focale réelle montée sur le D7200, l'angle réel de prise de vue est égal en fait à celui d'un 75 mm, l'automatisme affichera 1/80 s. Et si l'on active le mode 1,3× il appliquera 1/100 s. Mais cette vitesse de sécurité peut être décalée dans un sens ou dans l'autre en fonction de ses performances personnelles en stabilité tout en restant automatique. Il suffit pour cela d'entrer dans le menu Automatique et de le corriger vers Plus rapide ou Plus lente. En mode Manuel on indique simplement une vitesse plancher.

La performance du D7200 en matière de sensibilité et de faible bruit permet d'envisager l'utilisation très facile de cette possibilité en de multiples occasions. Nous allons détailler plusieurs exemples d'utilisation de la fonction ISO Auto selon les conditions de prise de vue.

Sensibilité auto en mode exposition manuelle (M)

Prise de vue de type spectacle (sans flash) :

- Par le menu **b4** sélectionnez le mode de mesure pondérée centrale, option 8 mm.
- Choisissez la sensibilité de base correspondant à l'ambiance lumineuse la plus forte qui sera disponible pendant le spectacle (entre 100 et 800 ISO par exemple).
- Affichez un couple vitesse diaphragme compatible avec ces conditions d'éclairage maximal (en visant un sujet et en amenant l'indicateur d'exposition à 0).
- Par le menu **f4** attribuez au bouton AE-L/AF-L la mémorisation temporisée de la mesure de lumière.
- Dans le menu Sensibilité auto indiquez la sensibilité maximale à utiliser en fonction de l'éclairage le plus faible prévisible (par exemple 6 400 ISO). Ainsi l'automatisme de sensibilité aura une marge de variation correspondant aux variations d'intensité des éclairages durant le spectacle.

▶ La mesure spot ou pondérée centrale est nécessaire lors d'éclairages ponctuels.

Ce type de réglages convient bien aux photos de scène de sujets peu mobiles.

Dans cette configuration, bien que les paramètres vitesse et diaphragme soient fixes l'exposition est automatique car c'est la sensibilité qui s'adapte en fonction de l'éclairage de la scène. Tant que l'éclairage restera dans les limites de variation possible de la plage de sensibilité, l'indicateur d'exposition dans le viseur restera sur 0 En cas de modification de l'éclairage dépassant les possibilités de réglage de la sensibilité de l'appareil, l'indicateur d'exposition indiquera la sous ou surexposition et il sera facile d'adapter la vitesse d'un coup de pouce. Si la sensibilité maximale est atteinte et que l'exposition est encore insuffisante, l'indicateur d'exposition clignotera dans le viseur.

Mode d'emploi pratique

Centrez le sujet et mémorisez la mesure par un appui bref sur la touche AE-L/AF/L. Ainsi vous pourrez recadrer à loisir tout en conservant la même mesure. Il vaut mieux garder la mémorisation AF par le déclencheur (donc mode AF-S) si l'on travaille en mode 1 seul capteur AF ou un groupe central. Sinon on peut utiliser AF-C mode 3D si le sujet est bien éclairé et le fond sombre.
Si les conditions d'éclairage changent, l'indicateur d'exposition affichera une sur ou sous-exposition. Au-delà de ±0,5 IL de variation il suffira d'annuler la mémorisation d'exposition par un nouvel appui bref sur la touche AE-L/AF-L et de refaire rapidement la mesure.

Sensibilité auto en mode exposition automatique

Prise de vue de type reportage en conditions variables (sans flash). Dans ce type de prise de vue, on peut passer très vite de l'intérieur à l'extérieur par exemple et faire face à des variations d'éclairage importantes.

- Choisissez le mode de mesure matricielle, qui convient très bien dans ce cas, et le mode Priorité ouverture (A).
- Dans le menu Réglage de la sensibilité, activez Automatique puis sélectionnez la sensibilité de base (100 ISO) et la sensibilité maximale souhaitée (par exemple 6 400 ISO).
- Sélectionnez l'option Vitesse minimale sur AUTO. Si vous utilisez un objectif stabilisé vous disposerez alors d'une très grande marge de sécurité, mais selon les conditions de prise de vue et la mobilité des sujets vous pouvez décaler ce réglage vers des vitesses plus ou moins élevées (entrez dans le menu auto et décalez d'un cran ou deux vers Plus rapide ou Plus lente).

Dans ces conditions, tant que le niveau de lumière sera important l'appareil restera à la sensibilité minimale et ajustera l'exposition en modifiant la vitesse ; si le niveau d'éclairage baisse, à partir de la vitesse minimale liée à la focale utilisée l'appareil augmentera progressivement la sensibilité et celle-ci clignotera dans le viseur. Pas d'indicateur de sous-exposition tant que la sensibilité maximale n'est pas atteinte. Vous pouvez bien sûr à tout moment intervenir sur le diaphragme à la volée sans changer le mode de fonctionnement. Contrat rempli, souplesse, sensibilité toujours la plus faible possible et variation fine par 1/3 de valeur... elle est pas belle la vie ?

Variante

Mêmes conditions que précédemment, mais on augmente encore la souplesse du système. Particulièrement intéressant si on utilise un objectif de qualité à grande ouverture :

- Sélectionnez le mode Programme (P).
- Mêmes paramètres que précédemment.

Résultat, à partir des conditions de luminosité minimale où l'appareil appliquera la pleine ouverture, la sensibilité maximale indiquée et la vitesse minimale en fonction de la focale, au fur et à mesure de l'augmentation des conditions d'éclairage l'appareil commencera par diminuer la sensibilité, puis à partir d'un certain seuil de lumière, augmentera la vitesse, puis le diaphragme. Ponctuellement en conditions de lumières très élevées on pourra aussi agir sur le décalage de programme (molette arrière) sans changer le mode de fonctionnement.

Les exemples d'utilisations présentés ici ne sont évidemment pas limitatifs. Vous pouvez très bien laisser une marge de manœuvre beaucoup plus faible à l'automatisme en lui indiquant par exemple une sensibilité maximale de 400 ou 800 ISO, ce qui permettra de rester dans une zone de haute qualité d'image tout en conservant des paramètres de prise de vue adaptés au sujet (vitesse par exemple pour une photo de mobile). Chacun trouvera les utilisations et paramétrages adaptés à ses besoins.

Sensibilité auto, flash activé

Dans ce cas il y a deux modes de fonctionnement :

- **Avec le flash interne** la sensibilité utilisée est liée uniquement à la lumière ambiante, elle peut alors rapidement monter à des niveaux très élevés en ambiance sombre, et cela n'apporte rien dans la plupart des cas sinon augmenter le bruit inutilement car c'est le flash qui se charge alors entièrement de l'exposition. Donc il convient d'être attentif lorsque l'on utilise le flash intégré en mode sensibilité auto et limiter le réglage de sensibilité maximale à une valeur raisonnable qui peut permettre d'augmenter un peu sa portée, par exemple 800 ISO.
- **Avec un flash accessoire** la sensibilité auto ne peut progresser que de deux valeurs au maximum par rapport à la sensibilité de base fixée. Ainsi pour une sensibilité de base de 100 ISO par exemple, l'automatisme ne pourra pas dépasser 400 ISO.

Le critère principal pour le photographe dans ces conditions est d'assurer un équilibre le meilleur possible entre le flash et l'ambiance. Tant que l'indicateur d'exposition n'apparaît pas dans le viseur c'est que la sensibilité affichée permet d'exposer correctement la lumière d'ambiance sans avoir besoin du flash ; il n'aura plus alors qu'une fonction d'uniformisation de la lumière et sa puissance sera réduite. Lorsque l'indicateur d'exposition apparaît c'est que l'ambiance commence à être sous-exposée par rapport au flash qui prend alors la prépondérance dans l'éclairage, plus ou moins marquée selon l'importance de la sous-exposition affichée. En mode A ou P et lumière d'ambiance élevée on pourra aussi agir sur le diaphragme selon l'équilibre ambiance/flash que l'on désire.

> **Astuce** Un réglage peut permettre d'adapter finement et de manière très rapide le dosage flash/ambiance en luminosité moyenne sans quitter le viseur de l'œil. Il consiste à activer par le menu **d3** la fonction **Afficher ISO simplifié**. On pourra alors modifier à la volée en cours de prise de vue la sensibilité de base à l'aide de la seule molette avant en modes S ou P, ou molette arrière en mode A. Lors d'un changement de sensibilité par la molette, l'affichage indique d'abord la modification de la sensibilité de base puis la sensibilité réelle appliquée par ISO Auto, au maximum jusqu'à deux valeurs ISO au-dessus avec un flash accessoire.

Option Afficher ISO simplifié

Attention cette option n'est pas compatible avec l'option **b3** (correction expo activée avec réinitialisation auto). Mais on pourra toujours créer des jeux réglages U1/U2 distincts pour ces deux types d'utilisations.

Sport

Ici, la particularité est que les sujets sont par principe très mobiles. Il est donc nécessaire d'utiliser une vitesse d'obturation capable de figer ce mouvement. Selon les sujets c'est très différent : un mobile arrivant vers le photographe ou s'en éloignant est assez facile à figer (à condition qu'il soit assez loin) ; en revanche un mobile passant devant le photographe sera beaucoup plus difficile à obtenir net. La vitesse à utiliser sera très différente dans les deux cas. L'utilisation d'un téléobjectif, souvent nécessaire dans ce type de prise de vue, aggrave le phénomène, il rend la tenue stable de l'appareil plus délicate pour le photographe et amplifie la vitesse de déplacement latéral du rugbyman dans le viseur !

Si l'utilisation d'une vitesse d'obturation rapide est la solution dans les cas généraux, il existe des solutions plus élégantes dans certains cas. Le système VR pour améliorer la stabilité du photographe et la technique du filé pour les mobiles rapides en déplacement latéral.

En effet si l'on maintient le mobile bien cadré dans le viseur de son appareil tout au long de son déplacement, sa vitesse apparente est annulée. C'est la **technique du filé** qui permet à la fois d'utiliser une vitesse d'obturation relativement peu élevée (ou même assez lente avec un peu d'entraînement) tout en figeant le mobile, et de rendre flou l'arrière-plan que l'on va balayer, ce qui accentuera l'impression de vitesse. Cette technique peut être appliquée à tout mouvement majoritairement latéral du sujet.

◀ Le sujet est bien net et le fond est filé, ce qui renforce l'impression de vitesse (1/125 s, 300 mm).

S'entraîner à la technique du filé

Pour maîtriser cette technique, il faut s'entraîner à capturer le mobile d'assez loin, le suivre en le maintenant aussi stable que possible dans le cadrage tout au long du suivi (ce qui garantit que l'on neutralise bien son mouvement), et déclencher au moment opportun, **sans arrêter le mouvement de suivi**. C'est le point crucial ! L'entraînement doit donc consister à simuler ce suivi, déclencher et continuer le suivi, sans à-coups, bien après le déclenchement, et combattre la tendance naturelle qui consiste à bloquer le mouvement au moment du déclenchement, ce qui, bien sûr, annulerait l'effet recherché ! Il est possible d'arriver, par une bonne maîtrise de cette technique, à utiliser des vitesses assez basses en photographiant des sujets très rapides. Cela a deux avantages : obtenir des filés très esthétiques amplifiant l'effet de vitesse, et aussi pouvoir continuer à travailler même en faible lumière avec des sujets rapides comme des voitures ou des motos. Les photographes entraînés arrivent à utiliser des vitesses de l'ordre du 1/60 s sur ce type de sujet avec de longues focales. Ne pas oublier aussi que le VR (en mode Normal !) aide à maîtriser le bougé du photographe dans sa composante verticale pour ce type de prise de vue.

▲ Il est nécessaire d'utiliser une vitesse plus lente que 1/250 s pour ne pas figer les hélices et garder la sensation de mouvement.

Le choix artistique du photographe consistera à utiliser une vitesse suffisante pour permettre la netteté du sujet, mais qui pourra éventuellement conserver certaines parties floues du sujet qui peuvent renforcer la sensation de mouvement et de vitesse, comme les bras ou les jambes d'un coureur par exemple ou les jantes de la moto dans l'image en page précédente. Un cas particulier que l'on peut évoquer et qui peut montrer les variantes de choix selon les sujets concerne la photo d'avions ou d'hélicoptères. Pour des avions à réaction la question ne se pose pas, une vitesse d'obturation rapide sera utilisée sans problème. Mais dans le cas d'avions à hélices ou d'hélicoptères il serait particulièrement peu réaliste et inesthétique de figer le mouvement des hélices ou des pales par l'utilisation d'une vitesse trop grande. Il est donc conseillé de ne pas dépasser 1/250 s et même 1/125 s avec un hélicoptère dont le mouvement des pales est plus lent. Cela permettra de voir une hélice floue donc conforme à la réalité. Cela rend évidemment la prise de vue plus délicate avec l'utilisation d'un téléobjectif, mais la stabilisation VR sera alors d'un grand secours.

Voici un autre exemple où les conditions sont plus délicates. Les sujets sont très mobiles et pas visibles en permanence, car en nage papillon ils sont immergés la moitié du temps. Il faut donc déclencher au moment où le nageur est « en l'air » dans une position de tête assez fixe. Cela ne marche pas à chaque coup mais quand ça marche c'est très gratifiant car les expressions sont très agressives et dynamiques. Une vitesse de 1/500 s est conseillée, ce qui nécessite donc un très bon éclairage de la piscine (si couverte) pour éviter de trop devoir monter en sensibilité. Cette même technique du choix d'un instant d'immobilité à l'intérieur d'un mouvement se retrouvera dans beaucoup de sports très rapides comme le basket ou le volley en salles plus ou moins bien éclairées. En bref, chaque sport a ses contraintes mais aussi ses moments favorables pour de bonnes images.

▲ Un cas difficile pour l'AF : en nage papillon le sujet est immergé la moitié du temps.

Particularités des éclairages des salles de sport

Ces lieux sont la plupart du temps éclairés par des lampes à décharge. Le principe de fonctionnement de ces tubes/lampes est basé sur la décharge d'un courant électrique à l'intérieur d'un gaz entraînant son ionisation et la production de lumière. Ces décharges ne sont pas continues, mais se répètent à la fréquence du secteur (50 Hz). De plus, la température de couleur de la lumière n'est pas régulière pendant la durée de chaque cycle d'allumage. Dans le cas où on réalise des images, dans une salle de sport éclairée de cette manière, si l'on utilise une vitesse égale ou supérieure à 1/250 s, on peut avoir de fortes irrégularités d'exposition et de couleur dans des séries d'images, car la vitesse élevée va sélectionner aléatoirement un instant seulement du cycle d'allumage des tubes. Dans tous ces cas, plus la vitesse d'obturation est élevée plus le phénomène est visible. On peut même enregistrer l'image à un moment du cycle où il y a extinction de la lampe. Dans ces conditions bien sûr, votre appareil n'est pour rien dans ces irrégularités de couleur ou d'exposition.

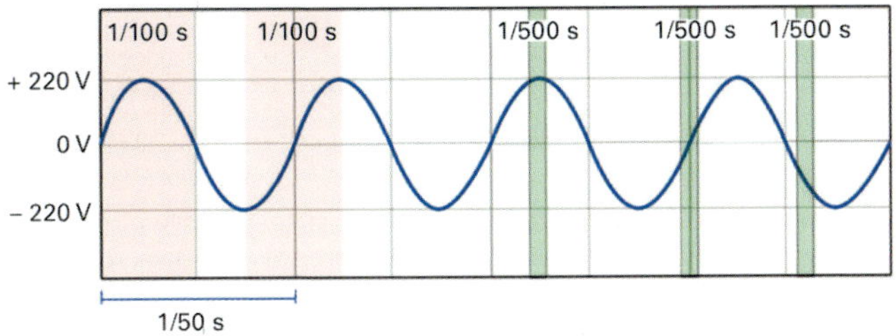

▲ On voit bien qu'à 1/100 s (et forcément au-dessous), quel que soit l'instant précis du déclenchement, le temps de pose englobe toujours des périodes d'allumage des lampes, alors qu'à 1/500 s, selon le moment du cycle du secteur, le temps d'exposition peut se trouver dans des périodes de plein éclairage (220 V) ou au contraire en complète extinction (0 V).

Remarque Même si cela existe depuis toujours, le phénomène était moins visible il y a quelques années car les appareils n'étaient pas aussi performants en haute sensibilité, et ne permettaient pas de réaliser des prises de vue au-delà de 1/250 s dans ces conditions d'éclairage faibles.

Sports et exposition

Lorsqu'on est à poste fixe et qu'on photographie des voitures par exemple, si l'on reste en mode d'exposition automatique, selon la teinte claire ou foncée des véhicules l'exposition va forcément varier, surtout avec un cadrage serré sur les autos. Une voiture noire va augmenter l'exposition et une sombre la diminuer. Cela va fausser le rendu et faire varier inutilement les paramètres vitesse ou diaphragme, selon le mode d'automatisme choisi. Dans ce cas il est préférable de prendre une mesure sur une charte de gris à 18 % en mode spot et de fixer cette valeur d'exposition en manuel (il existe des petites cartes de réglage facilement transportables). Une fois le réglage fait, il est assez facile, en visant le goudron de la piste (ou la paume de sa main bien exposée à la lumière), de noter la position de l'indicateur d'exposition dans le viseur, ce qui donnera un repère pour la suite. De temps en temps il suffira de refaire la même manœuvre pour vérifier que la position du bargraph ne change pas (la lumière peut évidemment changer en fonction des nuages présents). Dans le cas contraire on modifie un des paramètres pour retrouver le réglage d'origine. Il est en effet important de disposer tout au long de la course d'une exposition parfaitement régulière de ses images et indépendante de la couleur des sujets, cela diminuera d'autant le temps passé en post-traitement.

Autofocus et sport

Comme nous l'avons vu à la section **2.2**, il existe un grand choix de configurations pour les capteurs AF. En photo d'action il est capital d'être sûr de la capacité de l'appareil à suivre avec efficacité les changements de distance rapides du sujet. Il faudra donc sélectionner la configuration la plus adaptée. Pour un sujet isolé, bien différent en couleurs de l'arrière-plan et pris avec un téléobjectif puissant, il est parfaitement possible d'utiliser le mode 51 capteurs automatique 3D. L'appareil n'aura aucune difficulté à maintenir la mise au point même sur un sujet rapide et aux déplacements latéraux imprévisibles. Dans les cas moins favorables il faudra progressivement réduire le nombre de capteurs proportionnellement à la difficulté croissante. Dans les cas les plus courants les modes 9 à 21 capteurs donneront les meilleurs résultats. Bien sûr, si le sujet est animé d'un seul sens de mouvement, en approche par exemple, tous les modes pourront convenir, et le plus précis et fiable sera le mode 9 capteurs AF centraux.

Le mode AF utilisé en sport sera le plus souvent AF-C puisqu'il s'agira de photographier des sujets en mouvement. Le menu a1 propose la possibilité de choisir le mode priorité à la mise au point pour le mode AF-C. C'est une option qui peut être tentante particulièrement en rafale, mais elle est très pénalisante car elle met le calculateur dans une situation difficile, il lui faut gérer le suivi du sujet en continu et en même temps ne permettre la prise de vue que lorsque le sujet est parfaitement net, mais ceci provoque des ralentissements aléatoires. Bref, à éviter !

AF-ON

Dans certains cas il peut être intéressant d'attribuer cette fonction à un des boutons programmables (le bouton le plus adapté ergonomiquement parlant est AE-L/AF-L) menu **f4**. Dans ce cas le déclencheur perd la fonction de mise au point AF, et on la réalise en pressant le bouton **AE-L/AF-L**.

Exemple d'utilisation : on vise le sujet et on maintient le doigt en permanence sur AE-L/AF-L, comme on est en mode AF-C il y a donc suivi AF du sujet. Si celui-ci s'arrête on peut relâcher le bouton et continuer à déclencher même en décentrant le sujet, la mise au point est figée.

Remarque Quel que soit le mode de déclenchement sélectionné dans les menus **a1** et **a2**, l'appareil passe en mode Priorité au déclenchement lorsqu'on active la fonction AF-ON.

Lock-on

Voilà un système existant depuis quelques années dans les reflex Nikon, mais finalement assez peu connu et pourtant très efficace.

But

Il s'agit d'éviter une correction inutile de la mise au point AF qui pourrait être provoquée par l'interposition momentanée d'un obstacle entre le sujet suivi et le photographe, ou par un défaut de maintien du capteur AF sur le sujet pendant un bref instant, dû au photographe ou à des déplacements aléatoires du sujet. Ce mode peut être utilisé pendant le suivi du déplacement d'un mobile dans l'attente du moment idéal de déclenchement d'une image ou lors d'une rafale, mais dans tous les cas le contact AF sur le déclencheur doit être permanent, sinon le Lock-on perdrait toute efficacité.

Pour que le système fonctionne

- L'appareil doit être en mode AF-C.
- Il faut que l'obstacle s'interposant entre le sujet et le photographe se trouve à une distance bien différente de celle du sujet afin que le calculateur puisse les différencier et bloquer la correction de mise au point pendant un temps permettant le dégagement de l'obstacle. Avec un téléobjectif l'écart de distance entre l'obstacle et le sujet pourra être plus réduit car la profondeur de champ est faible donc le système aura plus de facilité pour les différencier.

On dispose donc de 5 niveaux de réglage consistant en des temps d'attente de l'AF (de 2/10 s à 1 s environ). Les temps d'interposition des obstacles (ou de perte du centrage du sujet) étant par nature imprévisibles, un réglage ne pourra être parfaitement adapté à tous les cas. Il faut donc faire un choix. Le temps moyen activé par défaut (environ 0,5 s d'attente **maximum**) peut convenir aux sujets courants.

Dans un cas typique

Le sujet se déplace vers le photographe et on réalise une rafale longue. Pendant la rafale, si le sujet change de direction et que l'on utilise un téléobjectif, il est difficile de maintenir le capteur AF toujours bien calé sur le sujet. Imaginons que le capteur AF ne se trouve plus sur le sujet pendant 2/10 s. Pendant ce temps court l'AF est bloqué par le Lock-on mais comme le sujet se sera assez peu rapproché du photographe, il sera faiblement défocalisé ; une fois le capteur replacé sur le sujet, le système Lock-on sera capable de le reconnaître comme le sujet précédemment mesuré, l'AF reprendra alors sa mesure instantanément **sans même attendre la fin de la temporisation**, et aura donc une faible correction à rattraper. La perte d'images dans la rafale sera minimale ou même nulle si on dispose d'une certaine profondeur de champ.

Dans un cas plus difficile

Mêmes conditions que précédemment, mais dans ce cas le sujet se déplace très rapidement. Pendant les 2/10 s de perte du cadrage, le sujet, très rapide, se sera rapproché beaucoup du photographe, il sera fortement défocalisé ; le système Lock-on sera alors peut-être incapable de le différencier facilement du fond une fois le cadrage retrouvé, il ne relancera donc la mise au point qu'au bout de la temporisation. Si on a choisi une temporisation longue (1 s), le système bloquera donc la mise au point pendant ce temps et le photographe aura l'impression que son AF est peu réactif car il ressentira le retard au redémarrage de la mesure AF. Le problème dans ce cas n'est pas lié au principe du Lock-on mais au temps de latence choisi par rapport à la rapidité du sujet. Donc, de manière générale : pour un sujet de rapidité moyenne, temps Lock-on moyen, pour un sujet très rapide, mode Lock-on court (en effet plus le sujet est rapide, plus son temps de masquage éventuel sera bref).

Que se serait-il passé si le mode Lock-on n'avait pas été activé ?

Dès que le capteur n'aurait plus été sur le sujet, l'AF aurait fait la mise au point sur le fond, peut-être à l'infini, pendant 2/10 s, provoquant un flou complet du sujet, puis serait revenu sur le sujet lorsque le capteur aurait été repositionné, en mettant aussi un certain temps pour se refocaliser… Au total le photographe aurait peut-être « l'impression » d'une grande réactivité de l'AF mais le résultat aurait été une forte proportion d'images totalement floues dans la rafale. Avec le Lock-on, même dans ce cas défavorable, la dégradation de la netteté aurait été progressive pendant le temps blocage de l'AF mais avec, au final, plus d'images acceptables. De plus avec un téléobjectif puissant et un sujet très rapide aux mouvements aléatoires, le risque est grand de perdre **définitivement** le sujet lorsque la mise au point part à l'infini !

En conclusion

Même si aucun réglage ne peut être universel, on peut considérer que pour un sujet à rapprochement ou éloignement rapide, une temporisation assez courte est plus adaptée. Pour un sujet moins rapide ou à déplacement latéral ou de biais, la temporisation moyenne conviendra, et pour un sujet peu mobile en distance mais difficile à maintenir bien cadré dans le capteur AF par ses déplacements latéraux au téléobjectif (affût par exemple), la temporisation longue pourra être plus adaptée.

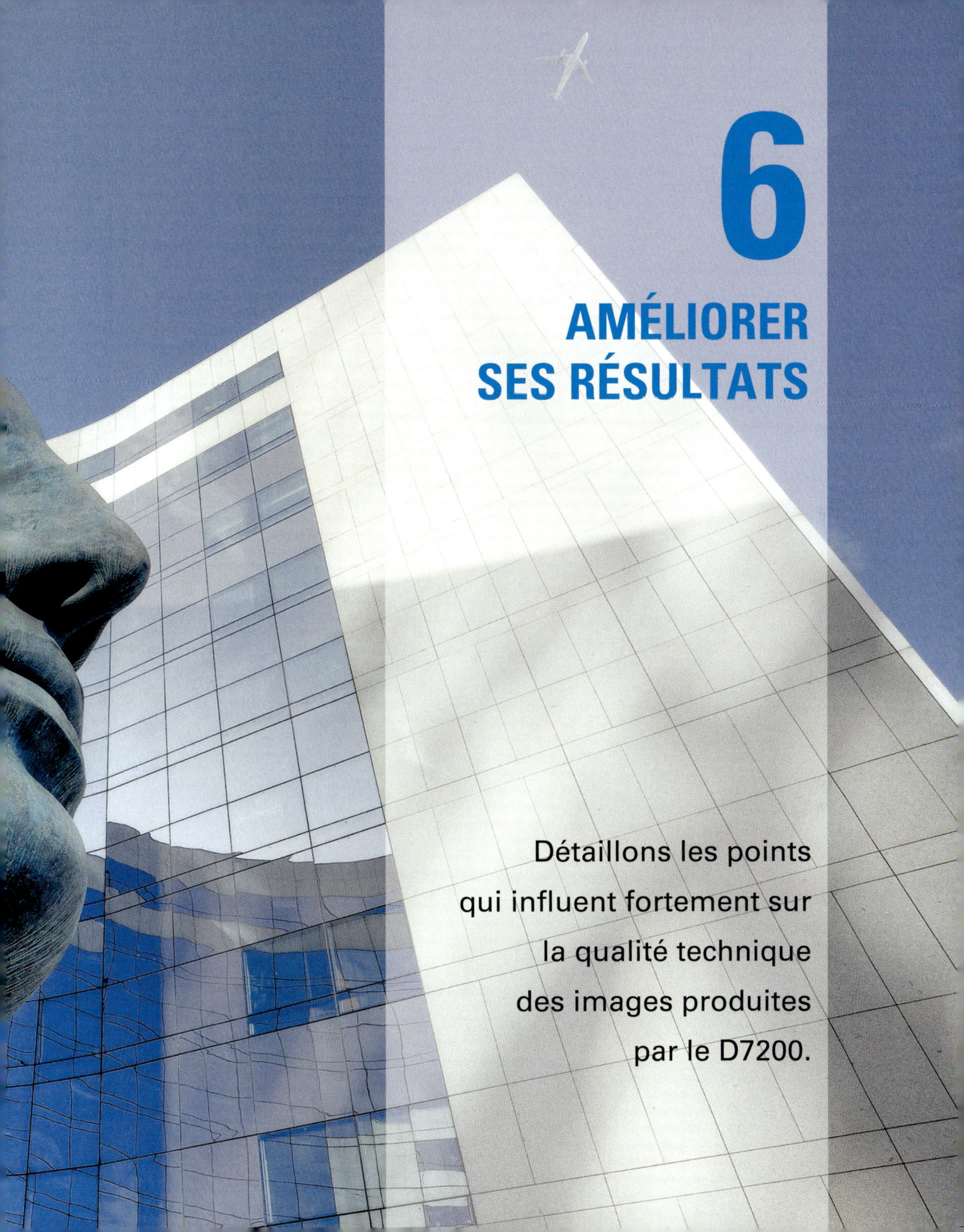

6

AMÉLIORER SES RÉSULTATS

Détaillons les points qui influent fortement sur la qualité technique des images produites par le D7200.

6.1 EXPOSER À DROITE

Dans un processus de numérisation d'une image il y a deux étapes : l'**échantillonnage** et la **quantification**. Dans un appareil numérique l'échantillonnage est réalisé par le capteur et sa matrice de photosites qui va prélever 24 millions d'échantillons dans l'image fournie par l'objectif.

Comme nous l'avons vu dans la section **3.5**, chaque photosite du capteur a accumulé une charge proportionnelle à l'énergie lumineuse qu'il a reçue pendant l'exposition. L'étape suivante consiste à quantifier ces valeurs, ce qui consiste à convertir la variation parfaitement continue de l'intensité de la lumière (donc nombre de valeurs infinies) en valeurs discrètes, c'est-à-dire en un nombre limité de valeurs afin qu'elles soient facilement manipulables par les calculateurs de l'appareil. On parle de quantification 8 bits, 12 bits, 14 bits ou plus en numérique ; il s'agit du nombre de tons (ou niveaux) différents disponibles dans chaque couleur RVB : 8 bits = 2^8 soit 256 valeurs de tons différents par couleurs, 12 bits = 2^{12} soit 4 096 valeurs différentes par couleur et 14 bits = 2^{14} soit 16 384 valeurs différentes. En mode RAW le D7100 peut enregistrer les données en 12 ou 14 bits. On comprend donc que plus le nombre de bits est important plus la finesse des tons (dégradés) reproductibles l'est aussi.

En résumé

- La **résolution spatiale** (liée à l'échantillonnage, donc à la densité en pixels) c'est le plus petit détail perceptible dans l'image.
- La **résolution tonale** (liée à la quantification) c'est le plus petit écart de ton discernable dans l'image, ce qui permet des dégradés fins.

Mais la sensibilité du capteur est linéaire, c'est-à-dire que chaque photosite délivre un signal proportionnel à la quantité de lumière qu'il reçoit. Ce n'est pas le cas de notre œil (ni de nos oreilles d'ailleurs, par exemple il faut multiplier par 6 ou 8 l'intensité réelle d'un son pour qu'on le perçoive comme seulement deux fois plus fort). Pour cette raison, si l'appareil nous présentait l'image telle qu'elle est enregistrée par le capteur, elle nous paraîtrait extrêmement sombre. Donc les ingénieurs appliquent une forte correction aux données enregistrées pour que l'image corresponde à notre perception (courbe gamma 2,2). Cela a un impact important sur la répartition des valeurs dans ces niveaux de luminosité, les 16 384 valeurs disponibles ne sont plus linéairement réparties.

Le premier bit qui concerne les très hautes lumières, utilise la moitié des valeurs disponibles, soit pour 14 bits : 16 384/2 = 8 192 valeurs de tons par couleur RVB, c'est la plage de luminosité la plus favorisée (bit de poids fort). La plage de luminance deux fois plus faible qui la suit (1 IL ou 1 diaphragme au-dessous donc) utilisera la moitié des valeurs restantes soit 8 192/2 = 4 096 valeurs de tons, et ainsi de suite jusqu'au dernier niveau (le bit de poids faible). Au final, les photosites pleins à moyennement pleins permettent une bonne finesse dans la reproduction des tons alors que les photosites moyennement à faiblement remplis sont beaucoup moins bien lotis pour reproduire les fins dégradés de tons.

▲ Résolution tonale (quantification).

Heureusement, dans la pratique une répartition sur 256 tons par couleur suffit à notre finesse de perception visuelle, c'est d'ailleurs celle des images JPEG, mais ce serait dramatiquement insuffisant en tant que base de quantification des images lors de leur numérisation à cause de la nécessité de l'application de la courbe gamma qui appauvrit considérablement en nombre de tons les zones sombres de l'image. Ceci serait encore accentué à la moindre sous-exposition de l'image qui impliquerait une correction en post-traitement. Une perte excessive en richesse de tons peut se traduire par ce que l'on nomme **postérisation**, lorsqu'il n'y a plus que quelques tons pour traduire les diverses zones sombres de l'image et que les transitions entre les tons deviennent visibles ; dans ce cas extrême il n'y a plus de dégradés possibles. Cela n'arrive que dans des cas de post-traitements inappropriés.

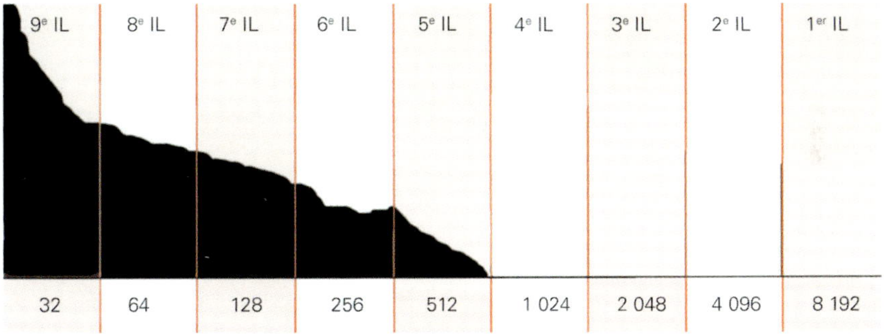

▲ Graphe d'une vue sous-exposée.

La conséquence de cette constatation c'est que si l'on a réalisé une prise de vue sous-exposée par erreur et que la courbe de l'histogramme s'arrête au milieu du graphe comme dans l'image ci-dessus, les plus hautes lumières ne disposeront que de 512 valeurs de tons comprises dans la plage 5 au lieu de 8 192 si l'exposition avait été correcte. Après correction en post-traitement les hautes lumières auront des transitions moins fines et les basses lumières déjà moins bien loties par principe seront encore plus dégradées.

▲ Exemple de postérisation extrême.

Dans l'exemple suivant à gauche, l'image est très fortement sous-exposée, les plus hautes lumières (les nuages), au lieu de se trouver à droite de l'histogramme se trouvent au centre, c'est-à-dire à la place que devraient occuper les valeurs moyennes de l'image. On va donc corriger l'image en amenant l'onglet du niveau 255 au début de la courbe réelle. On voit immédiatement l'effet sur l'image de droite.

▲ À gauche image fortement sous-exposée, à droite l'image corrigée.

Maintenant vérifions l'histogramme de l'image corrigée. On voit bien que les valeurs ont été étalées sur l'ensemble de l'histogramme de 0 à 255. Mais la conséquence de cet étalement a aussi été de créer des manques de valeurs mis en évidence par l'aspect en peigne de la courbe. La partie située à l'extrême gauche et encadrée de rouge présente même des trous importants dans la courbe, signe de postérisation forte de l'image dans les très basses lumières. Ces zones sont extrêmement pauvres en tons.

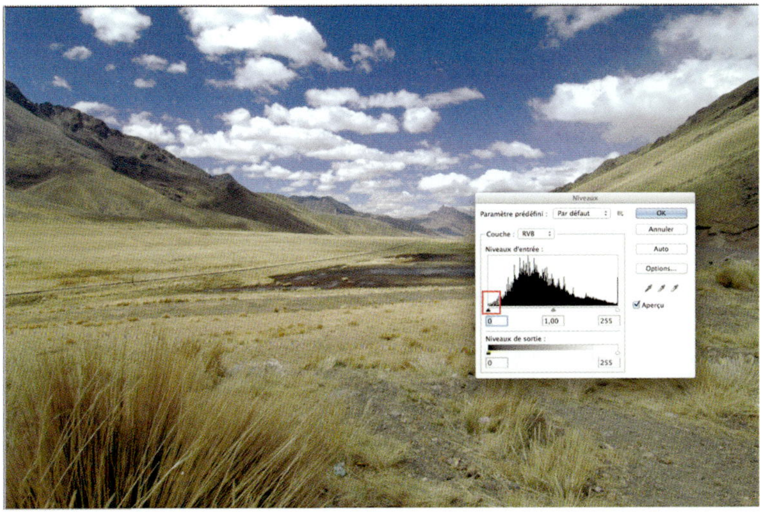

▲ La partie située à l'extrême gauche et encadrée de rouge présente des trous importants dans la courbe, signe de postérisation forte de l'image dans les très basses lumières.

C'est pour cela qu'il est souhaitable de favoriser un réglage d'exposition permettant de remplir au mieux les photosites recevant les hautes lumières de la scène de manière à utiliser les plages les plus riches en tons, et en même temps remplir le mieux possible les photosites se trouvant dans les zones sombres afin de maintenir le niveau de signal utile bien au-dessus de celui du bruit. En effet la dynamique utile du capteur est dépendante du bruit dans les basses lumières. Si les zones de basse lumière sont entachées d'un bruit élevé, elles ne seront pas exploitables et donc on amputera la dynamique finale de l'image. C'est ce que l'on appelle « **exposer à droite** » en faisant référence au placement de la courbe dans l'histogramme.

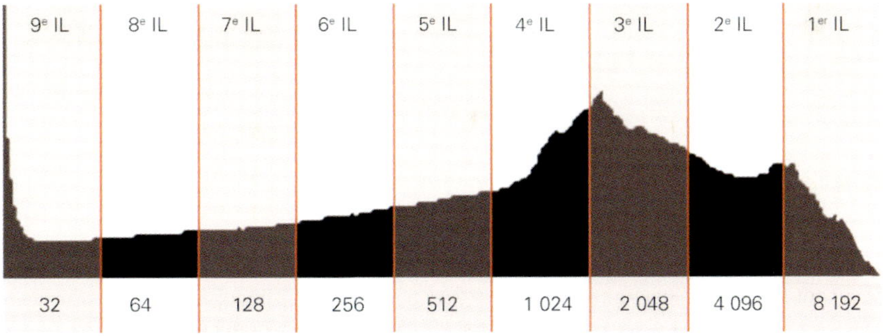

▲ Exposer à droite c'est appliquer des réglages d'exposition permettant d'obtenir une courbe d'histogramme dont la partie droite (les hautes lumières) arrive presque à l'extrémité droite, comme ci-dessus, de manière à discerner tout de même la fin de la courbe pour éviter de surexposer.

Remarque Cette technique doit être utilisée intelligemment. Il serait ridicule d'exposer à droite une scène ne comportant que des éléments sombres et pas de hautes lumières, car premièrement cela produirait une image grise qui ne correspondrait plus au sujet, et deuxièmement cela pourrait amener à des temps de pose longs incompatibles avec la prise de vue instantanée à la main. Donc on utilisera cette technique lorsque la scène comporte des hautes lumières qu'il est alors logique de placer à droite de l'histogramme.

6.2 ENREGISTREMENT RAW 12 BITS OU 14 BITS ?

Le menu Prise de vue offre la possibilité de choisir l'option d'enregistrement des images RAW en 12 bits ou en 14 bits (le D7200 est réglé par défaut en 14 bits).

Comme nous venons de le voir, 14 bits est un mode d'enregistrement plus qualitatif quant à la finesse des nuances de l'image, 12 bits c'est 4 096 niveaux d'informations et 14 bits 16 384 ! En revanche les fichiers images sont un peu plus lourds, 28,5 Mo au lieu de 22,7 Mo (en RAW compressé sans perte). Dans la théorie le gain amené par l'augmentation de la richesse de tons permise par la quantification sur 14 bits doit se retrouver principalement dans les basses lumières lorsque l'on doit fortement les éclaircir en post-traitement ou lors de l'utilisation du D-Lighting, ainsi que dans le modelé des très hautes lumières. Les marques ne communiquant pas ou très peu sur cette caractéristique, les quelques essais réalisés pour comparer les résultats n'étaient vraiment pas concluants. Et surtout avec les appareils comme le D800 au capteur 36 Mpix, la différence de poids des fichiers (40 Mpix au lieu de 30) m'avaient précédemment incité à conseiller de rester en 12 bits. Mais après un test plus poussé j'ai pu constater qu'il y avait bien une différence visible dans les images, mais seulement en cas de correction d'une très forte sous-exposition ou d'une très forte correction locale des basses lumières en post-traitement. Donc avec le D7100 la différence de poids des images entre les deux modes étant moins importante, on peut laisser l'appareil en mode 14 bits sans souci et éventuellement bénéficier d'un petit avantage dans les cas difficiles.

Attention !

Avec le **D7100** en revanche, en cas de prise de vues **en rafale** je conseille de sélectionner le mode **12 bits** afin d'optimiser le nombre d'images disponibles avant ralentissement. Voir aussi section **5.4**.

6.3 UTILISER LE D-LIGHTING AUTO

N'hésitez pas à utiliser cette fonction. Je parle bien du DL-A en mode automatique (D-Lighting actif Automatique), car c'est le seul mode qui est capable, couplé à la mesure matricielle, de fournir des images les plus équilibrées en toutes conditions de lumière et en sensibilité faible. C'est une évidence en JPEG puisque par principe la dynamique de ce format est réduite par rapport au mode RAW ; il est donc important de limiter dès le départ les surexpositions des hautes lumières et en même temps un relevage des basses lumières, c'est précisément ce que fait le DL-A ; de plus il applique une courbe de contraste qui conserve un aspect suffisamment tonique à l'image, mais il est toujours possible d'intervenir à son goût sur les paramètres Picture Control pour affiner.

Trop d'utilisateurs rejettent cette fonction par un mauvais choix du mode de fonctionnement. Il est capital d'éviter d'autres paramétrages de cette fonction que le mode automatique qui ne peuvent conduire qu'à des déceptions.

Le D7200 offre la possibilité de faire un bracketing du DL-A. En RAW, je n'y vois pas un grand intérêt sachant que l'on peut modifier cette fonction dans NX-D. En JPEG, si l'on veut assurer pourquoi pas... Cette fonction se sélectionne par le menu **e6** ; puis en appuyant sur la commande **BKT** la molette arrière permet de choisir le nombre d'images. Pour 2 images avec le DL désactivé vous obtiendrez 1 vue Désactivé et 1 vue en mode Automatique. Pour 3 images avec le DL désactivé vous aurez 1 vue Désactivé, 1 en mode Normal et 1 en mode Élevé.

Bracketing

Dans les cas difficiles on peut hésiter pour caler correctement une exposition. Le mode Bracketing propose alors de réaliser, par exemple, 3 images avec 3 expositions différentes, ce qui permet de choisir ensuite la meilleure.

On peut aussi se trouver devant une scène à la dynamique tellement forte qu'une seule exposition ne peut en enregistrer toute l'étendue. Dans ce cas il reste deux solutions (à utiliser appareil sur trépied de préférence) :

- Utiliser le mode **HDR** (voir section **5.2**), qui se chargera d'exécuter une rafale de 3 images RAW avec expositions décalées et les assemblera automatiquement en une seule image JPEG.
- Utiliser le mode **Bracketing** pour disposer d'une série d'images en expositions décalées qui permettront un assemblage avec un logiciel dédié comme Photomatix Pro par exemple ou manuellement dans Photoshop. Vous trouverez en section **8.9** les diverses possibilités d'assemblage des images réalisées de cette manière.

L'activation et le réglage du bracketing se font par l'intermédiaire de la touche **BKT** et des deux molettes. Avec la molette avant on choisit l'écart d'exposition de 0,3 à 3 IL ou de 0,5 à 3 IL selon le réglage du menu **b2**, et avec la molette arrière le nombre de vues. On n'oubliera pas de sélectionner la rafale rapide (CH) pour effectuer les vues en suivant, et on maintiendra le déclencheur ou la télécommande enfoncés à fond, l'appareil s'arrêtera automatiquement après avoir exposé le nombre d'images programmées. Le D7200 propose un grand nombre de possibilités de réglages. Jusqu'à 5 images avec des écarts d'exposition de 0,3 à 3 IL. Le mode Bracketing classique réalise les 3 vues centrées autour du 0 (–3/0/+3 par exemple).

Si l'on enregistre une scène dans laquelle le problème est posé par la présence d'un ciel très lumineux, il peut être judicieux de mémoriser la mesure en mode pondérée centrale sur le sol pour la première vue, et de consacrer les deux autres à la sous-exposition du ciel. Si l'on a pris la précaution d'attribuer au bouton AE-L/AF-L la mémorisation temporisée (**f4**) cette manœuvre sera facilitée. Si 3 images suffisent, on peut alors utiliser le mode **–3F** qui va réaliser 3 vues à 0, –1 et –2 IL (par exemple), si l'on a d'abord fait la mémorisation sur le sol, ou le mode **+3F**, donc 0, +1 et + 2 IL, si l'on a fait la mémorisation sur le ciel.

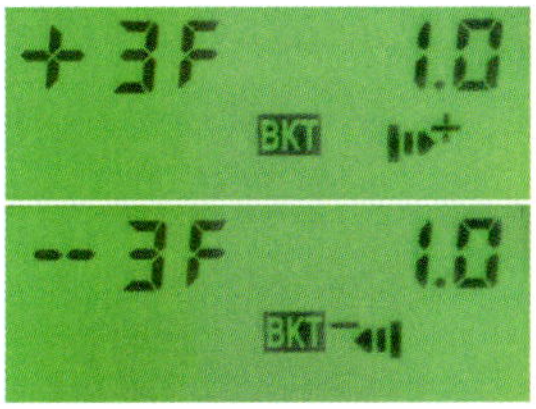

▶ Exemple d'affichage de ces réglages.

Remarque Une fois les prises de vue réalisées il peut arriver qu'on oublie de désactiver le mode bracketing, et lorsque l'on reprendra l'appareil plus tard pour des prises de vue normales on obtiendra bien sûr des vues successivement sous/sur et normalement exposées ! La présence de l'affichage BKT sur l'afficheur supérieur doit permettre de lever le doute.

6.4 RÉGLAGE PRÉCIS DE LA MESURE CELLULE

Cette fonction permet d'appliquer une correction permanente de précision (au 1/6 IL) à chaque mode de mesure. Le D7200 est normalement très bien réglé mais si vous pensez qu'un des modes de mesure et/ou un objectif vous procure **régulièrement** des images légèrement sur ou sous-exposées (ou si vous aimez les images plus ou moins denses) vous pouvez le corriger par le menu **b5**.

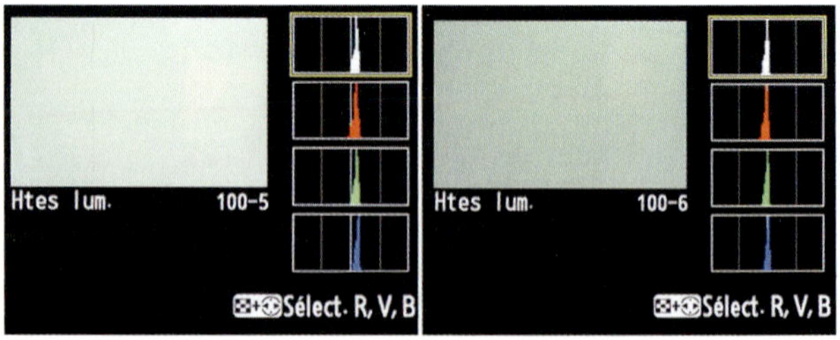

▲ Réglage précis de l'exposition : à gauche avant réglage, à droite après.

Réglage précis de la mesure d'exposition

Si vous souhaitez vérifier le réglage de vos modes de mesure avec vos objectifs, voici comment procéder :

- De préférence montez l'optique que vous utilisez le plus souvent.
- Mise au point manuelle et déréglée au maximum ! (À l'infini.)
- Désactivez le D-Lighting et la correction de vignetage.
- Réalisez une balance des blancs mesurée sur la cible bien cadrée (voir section **4.2**).
- Dans le menu **b5** sélectionnez le mode de mesure à régler : matricielle, spot ou pondérée centrale.
- Sélectionnez le même mode de mesure sur l'appareil
- Mode Priorité ouverture et diaphragme fermé de 2 crans.
- Cadrez une surface parfaitement blanche ou grise unie (et elle seule) à courte distance, éclairée le plus uniformément possible par la lumière du jour.
- Déclenchez et visualisez les histogrammes RVB.
- S'ils ne sont pas centrés, appliquez une correction dans le sens voulu par le menu **b5** et renouvelez l'essai jusqu'à obtenir des histogrammes calés sur le centre de la fenêtre.
- Si l'un des trois canaux n'est pas centré c'est que la balance des blancs n'est pas correcte. Si les pics de couleurs sont étalés c'est que la zone visée n'est pas uniformément éclairée.

6.5 RÉGLAGE DU PICTURE CONTROL

Dans le menu Optimisation, on trouve six modes préréglés. Chacun de ces modes comprend un réglage de netteté par accentuation logicielle. On peut choisir sur une échelle de 0 à 9 le degré d'accentuation appliqué à l'image. Le mode Standard par exemple est paramétré à 3, ce qui est une valeur raisonnable. Mais cette accentuation est à doser selon la taille de l'impression prévue de l'image. Plus le tirage sera grand, moins il faudra accentuer. Donc à moins de savoir que ses images seront exclusivement utilisées en format petit ou moyen, il vaut mieux appliquer un réglage modéré. Pour un tirage direct d'un fichier JPEG en 30 × 45 l'accentuation 3 du mode Standard peut parfaitement convenir. Pour des petits tirages, 20 × 30 ou moins, on peut monter éventuellement à 4. L'idéal est bien sûr de régler le plus doux possible et d'appliquer le réglage qui convient en fin de traitement dans le logiciel d'image.

Or, dans l'impression de netteté, entre aussi en ligne de compte le contraste général de l'image. Une image bien nette mais trop peu contrastée apparaîtra « molle ». Le réglage de contraste a donc une grande importance dans la netteté finale de l'image. De plus, le contraste a aussi un impact important sur la saturation de l'image. Donc avant de toucher à la saturation il faut d'abord être sûr que le contraste est correct !

Le contraste, la luminosité et la saturation peuvent être paramétrés en mode automatique. Cette option donne de très bons résultats car les réglages sont optimisés pour préserver la meilleure dynamique et fournissent donc une image présentant le plus grand potentiel possible dès le départ. Pour cela, après être entré dans les réglages de l'un des modes on sélectionne un réglage, par exemple Saturation, et on place le curseur complètement à gauche sur le A. On peut faire de même avec les réglages de contraste, de luminosité et d'accentuation. L'appareil se chargera d'intervenir sur ces paramètres en fonction des caractéristiques de chaque image.

Si l'on a l'habitude de post-traiter ses images JPEG, il peut être plus intéressant de choisir le mode Neutre qui procure des images certes très douces mais qui ont tout leur potentiel de dynamique et sont donc plus faciles à traiter finement. En RAW on peut de toute manière revenir au mode Neutre dans NX-D.

Création d'une courbe Picture Control

Nous avons vu dans la section **4.3** qu'il était possible de créer un PC personnalisé à partir d'un réglage existant. Cela peut se faire directement dans l'appareil et ne concerne que les réglages accessibles dans les menus du D7200.

Dans View NX-i il existe un outil, **Picture Control Utility**, qui permet d'éditer un PC existant et de le modifier pour l'adapter à son goût. Diverses options sont possibles dans la fenêtre de réglages mais celle qui nous intéresse ici est la **création d'une courbe de contraste personnalisée**. C'est une possibilité qui n'est évidemment pas indispensable loin de là, mais il est intéressant de la connaître car elle peut rendre des services dans le cas où par exemple on veut créer un rendu particulier directement dans l'appareil sans avoir besoin de post-traitement. Ou plus simplement pour donner aux images JPEG un rendu un peu plus vif adapté aux tirages directs.

Procédure

- Ouvrez View NX-i et sélectionnez une image RAW prise en extérieur par beau temps, parfaitement exposée et assez homogène en répartition de tonalités et couleurs. Autrement dit une image la plus standard possible.
- Dans le menu Fichier lancez Picture Control Utility (PCU).
- Dans la fenêtre de PCU, l'image sélectionnée apparaît comme image de réglage. Dans la fenêtre des Picture Controls stockés, choisissez le réglage de base à partir duquel vous allez créer cette courbe personnalisée, par exemple Standard.

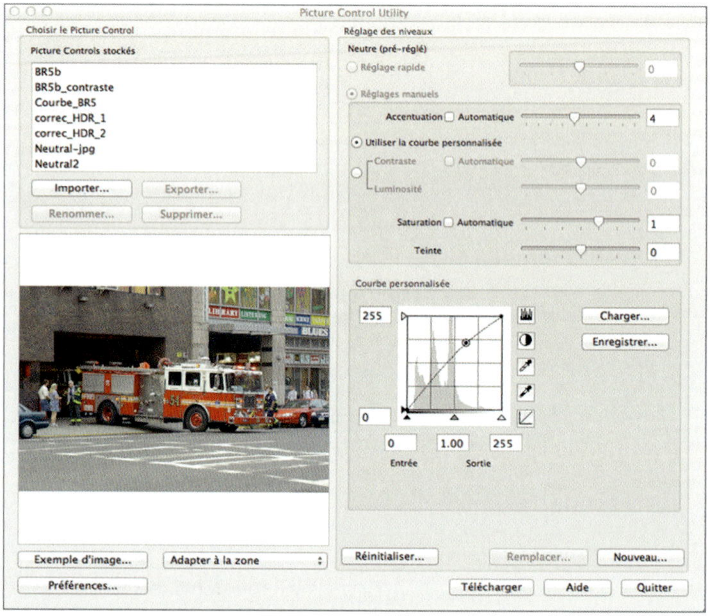

▲ Tableau de bord du Picture Control Utility.

- Sélectionnez le bouton Réglages manuels, puis Utiliser la courbe personnalisée. À partir de là une partie des réglages d'origine sont neutralisés, vous le constaterez dans l'image témoin. (Je vous conseille d'ailleurs de réaliser une copie d'écran de l'image témoin avant d'activer la fonction, ainsi vous pourrez agir sur les réglages en comparant au fur et à mesure avec l'image comportant les réglages d'origine de l'appareil en mode Standard sélectionné). L'aspect de l'image exemple de PCU correspond donc à la droite actuellement présente dans la fenêtre Courbe, c'est-à-dire sans correction de contraste. Vous pourrez zoomer dans l'image témoin afin de vérifier les modifications obtenues dans certaines zones précises au fur et à mesure des modifications de la courbe.
- Vous pouvez positionner un ou des points de contrôle sur cette droite afin de modifier sa forme comme dans les réglages présents dans tous les logiciels. Les basses lumières se trouvent en bas à gauche et les hautes lumières en haut à droite.

- Comme les actions sur cette courbe auront un effet important sur le rendu de l'image, il est impératif de rester **très** mesuré dans l'amplitude des modifications. Il est assez difficile de manipuler finement les points ajoutés sur la courbe, la meilleure méthode est de positionner le point à l'endroit voulu puis de modifier sa position par action sur les touches de direction haut et bas du clavier de l'ordinateur. Inspirez-vous de la courbe exemple ci-dessous pour créer votre courbe personnelle. Cette courbe donne un résultat proche du réglage PC que j'ai indiqué au paragraphe précédent.
- Je vous déconseille de modifier les autres réglages de PCU (teinte et saturation) car ils sont peu visibles dans l'imagette. Il vaudra mieux les modifier dans le Picture Control de l'appareil après essais.
- Une fois les réglages terminés cliquez sur le bouton Nouveau et après avoir donné un nom à votre réglage il apparaîtra dans la liste des PC stockés. Il ne reste qu'à l'exporter grâce au bouton dédié vers une carte SD placée dans un lecteur de carte.
- Après avoir replacé la carte dans l'appareil, avec l'option Gérer le Picture Control du menu Prise de vue, sélectionnez Charger/enregistrer puis Copier vers l'appareil photo. Vous choisirez alors le PC que vous avez réalisé, l'appareil vous proposera un emplacement libre et vous pourrez éventuellement le renommer. Le nouveau PC est maintenant présent dans la liste des PC de l'appareil.

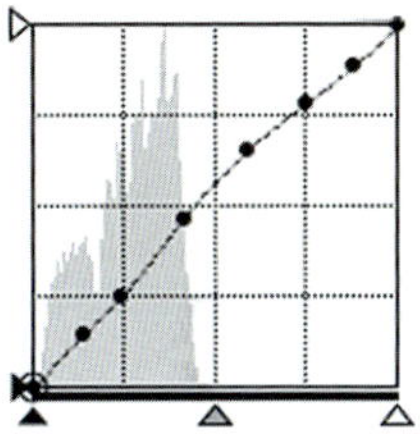

▶ Exemple de courbe permettant d'augmenter la luminosité et le contraste des images.

6.6 OBTENIR LA MEILLEURE NETTETÉ D'IMAGE

Netteté

C'est un terme assez général qui sous-tend plusieurs notions : résolution, piqué et appréciation de la netteté à l'écran ou sur un tirage.

Résolution

C'est la capacité d'un objectif ou d'un capteur à reproduire de très fins détails. Un capteur d'appareil photo numérique est constitué d'un assemblage, sous la forme d'une trame régulière, d'éléments sensibles à la lumière appelés **photosites**. La taille de ces éléments détermine la **résolution optique du capteur** (R_{opt}).

Remarque Le capteur du D7200 mesure 23,5 mm de large, et chaque ligne horizontale du capteur comporte 6 000 photosites répartis sur cette largeur. Chacun d'entre eux mesure donc 0,00391 mm. La résolution optique théorique de ce capteur est donc de (1/0,00391/2) 127 pl/mm (paires de lignes par millimètre). Bien qu'il soit évidemment souhaitable d'utiliser les meilleurs objectifs si l'on veut exploiter au mieux les possibilités du capteur du D7200, les objectifs de qualité moindre n'en donneront pas pour autant, à taille de tirage égale, des résultats inférieurs à ceux qu'ils donnaient avec des appareils moins fournis en pixels ! Mais au moins on sera sûr d'exploiter leurs performances à fond, ce qui n'était pas forcément le cas avant.

Piqué

C'est une notion associant résolution et contraste. C'est la netteté « ressentie » par l'observateur d'une image. Contrairement à la résolution, c'est une caractéristique subjective. Une image présentant une résolution (très fins détails) moyenne mais aux transitions franches, peut être perçue comme « nette ». Inversement une image très fine en résolution mais peu contrastée pourra être perçue comme peu nette, ou « molle ». Là se trouve un grand changement depuis l'avènement du numérique, car le contraste est une caractéristique modifiable aisément en post-traitement tout comme le contraste localisé qui permet une accentuation de la netteté des transitions qui augmente la sensation de netteté perçue. Voici deux images présentant le même niveau de détails. Mais l'une est peu contrastée et peu saturée, et n'a pas été accentuée (le contraste des petits détails).

▶ La netteté apparente est différente alors que la résolution est identique.

Pour un photographe peu habitué à la photo numérique, l'image du dessus sortant de son appareil tout neuf pourrait lui donner l'impression que son appareil est défectueux ou que son objectif n'est pas bien performant, ou même que le numérique n'est vraiment pas à la hauteur ! Alors qu'il s'agit simplement d'un paramétrage de l'appareil fournissant ce type de résultat. Il faut savoir que les appareils de gamme professionnelle ont en général, et contrairement aux appareils compacts ou bridges, un réglage de base très modéré, c'est-à-dire peu d'accentuation de netteté, peu de contraste et peu de saturation. Car si on peut toujours augmenter ces paramètres en postproduction il est plus beaucoup difficile de les réduire (surtout l'excès d'accentuation qui n'est pas rattrapable).

Appréciation de la netteté à l'écran

C'est un point très important. Il faut bien constater qu'en photo argentique, il était impensable de tirer systématiquement toutes ses images en 1,6 m de large juste pour vérifier leur netteté ! En numérique l'usage de l'ordinateur permet, en cliquant sur un bouton, d'afficher chaque image à 100 % à l'écran, ce qui pour le D7200 correspond à une d'image de 1,6 m que l'on observe à 30 cm ! Il est donc très important de garder cette notion à l'esprit lorsque l'on juge ses images.

Attention !

L'image fournie par un appareil de 24 Mpix et visionnée à 100 % ne paraîtra pas plus nette que la même image fournie par un appareil de 12 Mpix visionnée aussi à 100 % ! Ce qui change c'est la taille de l'image affichée à l'écran, on regarde à la même distance une image de 1,60 m de base et l'autre de 1,20 m !

En fait selon le principe utilisé depuis des décennies en photo argentique, on considère qu'une photographie paraissant nette en l'observant à une distance égale à sa diagonale, sera capable de fournir la même impression de netteté quel que soit son agrandissement... à condition de respecter ce même critère (diagonale d'observation), soit, par exemple, 85 cm pour un 50 × 70 cm... Mais, il est vrai que depuis que l'on réalise de plus en plus souvent des tirages de grandes dimensions en numérique, on a tendance à se coller à l'image pour en rechercher les plus fins détails, ce qui fausse un peu la règle !

Vous pourrez visualiser l'effet produit par l'affichage de fichiers de tailles différentes à l'image en allant à l'adresse : http://tinyurl.com/pafbdgm (avec le code D7100). Vous pourrez observer en même temps dans ces images la profondeur de champ perçue selon leur taille d'affichage.

Conseil Une bonne approximation permettant de prévoir le rendu en netteté d'une image de D7200 en tirage papier, est de visualiser l'image à 60 % à l'écran, cela correspondra (à peu près) à un tirage A2+ soit 50 × 70 cm.

Quel que soit l'appareil utilisé il est impératif de respecter des règles minimales pour éviter de dégrader la netteté dont est capable l'ensemble appareil-objectif-capteur. Avec le D7200 et son capteur de 24 Mpix cela devient encore plus important si on ne veut pas limiter le gain apporté par cet appareil.

Utiliser l'enregistrement RAW

La netteté maximale sera obtenue dans ce mode. Certes la différence avec un JPEG ne sera réellement visible qu'en visualisation 100 % à l'écran ou en tirage de grand format, mais lorsqu'on s'équipe d'un appareil permettant une telle résolution il semble logique de favoriser les réglages permettant de l'exploiter au maximum.

Le bougé pendant l'exposition

Bougé du sujet

Dans ce cas c'est la vitesse d'obturation qui est le paramètre important ; 1/125 s peut suffire pour un personnage très peu mobile avec une focale moyenne ou courte, alors qu'un sportif par exemple pourra nécessiter 1/1 000 s ou plus si on veut figer le mouvement. Cette vitesse pourrait être encore plus élevée pour figer le déplacement d'une voiture rapide, mais dans ce cas il y a possibilité de suivre le mobile dans sa course, annulant ainsi sa vitesse relative par rapport à l'appareil. Ceci a un autre avantage, la vitesse d'obturation pouvant alors être beaucoup plus lente, le fond apparaîtra « filé », accentuant l'effet de vitesse du bolide. Nous détaillons cette technique dans le cas pratique de prise de vue section **5.4**.

Bougé dû au photographe

Là, il y a beaucoup à dire ! Tout d'abord la vitesse d'obturation doit être proportionnelle à la focale de l'objectif utilisé. Traditionnellement on conseille d'utiliser une vitesse dite de « sécurité » au moins égale à l'inverse de la focale de l'objectif, soit pour un 200 mm par exemple, au moins 1/200 s.

Attention !

Dans le cas du D7200 qui est équipé d'un capteur APS-C, c'est la focale équivalente qu'il faut prendre en compte pour cette règle. Monter sur un D7200 un objectif de 200 mm a un angle de champ équivalent à un 200 × 1,5 = 300 mm. La vitesse de sécurité est donc dans ce cas de 1/300 s.

C'est un point très important car les opticiens se donnent beaucoup de mal pour créer des objectifs fournissant le meilleur piqué possible, et nous investissons beaucoup d'argent pour obtenir ce résultat, il serait dommage de réduire à néant tous ces beaux efforts pour avoir employé une vitesse trop faible, ou avoir une technique de tenue et de déclenchement inappropriée.

Remarque N'oubliez pas que dans un « système » quelconque, ici l'ensemble photographe-appareil-capteur-objectif, c'est l'élément le plus faible qui détermine les performances de l'ensemble. Donc, tant que la vitesse d'obturation n'est pas nettement plus élevée que la focale utilisée, sa performance finale en netteté est liée en très grande partie à l'opérateur. Raison de plus pour affiner sa technique !

Il est fréquent qu'un utilisateur qui change son reflex pour un modèle plus largement équipé en pixels soit étonné d'obtenir des résultats variables en piqué. Quelquefois c'est parfait, quelquefois c'est moyen ! Cette variabilité dans la netteté est significative ! Il s'agit certainement d'un problème de bougé. Le point important à prendre en compte ici est la **définition linéaire du capteur** : par exemple, un capteur de D300 de 12 Mpix comporte 4 288 photosites par ligne horizontale, un capteur de D7200 de 24 Mpix, 6 000 photosites. Soit 1,4 fois plus de pixels au millimètre. C'est cette différence de densité qui fait que la résolution des images du D7200 est plus importante. La dimension du capteur est la même, mais les pixels sont plus petits, plus serrés.

Imaginez maintenant que vous photographiez le même sujet avec les deux appareils et que vous bougiez très légèrement pendant la prise de vue, identiquement avec les deux appareils, soit un même mouvement angulaire latéral. Les capteurs étant de la même dimension, pendant l'exposition ce même mouvement angulaire va faire « balayer » par chaque point de l'image la même portion du capteur des deux appareils... par exemple 1/10 mm. Mais 1/10 mm va concerner (environ) 18 pixels dans le cas du D300 et 24 dans le cas du D7200 ! Ceci va donc exactement annuler la différence de résolution existant entre le 24 et le 12 Mpix.

C'est surtout sensible lorsqu'on utilise des vitesses d'obturation qui sont à la limite de l'acceptable, car, à ce niveau, avec le 12 Mpix, la dégradation est peu sensible, mais elle sera 1,4 fois plus visible avec le 24 Mpix, surtout si on visualise les images à 100 %. Et c'est trompeur car il ne s'agira pas d'un flou franc (ce serait alors évident) mais simplement d'une image « molle », un peu décevante.

En résumé, un bougé du photographe se traduisant, par exemple, par un déplacement de 1/50 mm de l'image sur le capteur, ne permettra pas d'enregistrer des détails plus petits que 1/50 mm dans l'image sur le capteur, quelle que soit la résolution du capteur. Donc il est important de modifier ses habitudes et d'augmenter au moins d'une valeur la vitesse que l'on utilisait avant dans les mêmes conditions si l'on veut exploiter au mieux le potentiel des appareils mieux pourvus en pixels. Par exemple, si la vitesse de sécurité dans certaines conditions était 1/125 s avec un 12 Mpix, elle devient, en gros, 1/180 s avec un 24 Mpix. Et ce n'est pas nouveau !

Ce même raisonnement peut aussi s'appliquer aux objectifs, que ce soit en argentique ou en numérique : un très léger bougé avec un objectif moyen sera sans grande conséquence visible. Le même très léger bougé peut ramener la résolution d'un objectif d'exception au niveau d'un objectif moyen ! C'est la raison pour laquelle les tests d'objectifs ne peuvent être faits que sur trépied lourd, le plus infime mouvement ou vibration ayant un effet destructeur aux très hautes résolutions. La performance finale sera donnée par l'élément le plus faible (et le moins constant) : le photographe. La nouveauté avec le numérique c'est qu'à chaque génération la résolution du capteur augmente, mais l'opérateur reste le même. Il doit donc prendre des mesures s'il veut bénéficier des améliorations de son appareil. Ce n'était pas le cas avec les pellicules, ou du moins dans des proportions bien plus faibles.

Pour visualiser l'impact d'un même flou (de bougé) sur des images de résolutions différentes, prenons un exemple parlant (une simulation de mire). Comme il est très difficile de présenter un exemple de résolution sur une page imprimée rendez-vous à l'adresse http://tinyurl.com/o7tqmdn. À gauche une image, grossie, comprenant à la fois des éléments larges et moyens (barres de gauche) et des détails très fins (haute définition) lignes de droite. À droite la même image à laquelle on applique un léger flou semblable à un très faible bougé. Résultat, les détails larges (les barres noires) ne sont quasiment pas dégradées Les lignes plus fines sont un peu étalées et adoucies, mais parfaitement identifiables car l'étalement provoqué par le flou n'a pas comblé les espaces entre les barres, conservant ainsi leur séparation et donc leur visibilité. En revanche les lignes très fines sont « gommées » car l'étalement suffit à combler les espaces entre les lignes qui ne sont plus identifiables (séparables). En résumé, que le flou soit dû au bougé ou à une mauvaise mise au point le résultat est le même : il pénalise d'autant plus l'image que l'ensemble objectif-capteur est de haute résolution.

À retenir

Un flou de bougé se comporte comme un filtre de flou que l'on placerait devant l'objectif, quelle que soit la performance en résolution de l'ensemble objectif-capteur, il ne pourra reproduire une résolution supérieure à celle que laisse passer le filtre ! Tous les appareils et objectifs deviennent égaux derrière ce filtre ! C'est dire l'attention que l'on doit porter à ce paramètre !

Tenue de l'appareil et déclenchement

C'est un point capital et souvent négligé. Il a une importance majeure dans la netteté obtenue dans tous les cas où l'on utilise des vitesses inférieures à 1/250 s et/ou si l'on utilise un téléobjectif. L'appareil reflex doit être tenu de la main droite bien sûr côté déclencheur, et la main gauche doit soutenir le poids global de l'ensemble appareil-objectif en se plaçant sous l'objectif, au centre de gravité de l'ensemble, donc près du boîtier pour les petits objectifs, et plus en avant pour les objectifs plus longs. L'arcade sourcilière doit être en contact ferme avec l'œilleton en caoutchouc de l'appareil. Le nez des droitiers de l'œil de visée se place en général à gauche du dos du boîtier, ce qui crée trois points de contact en triangle avec le dos de l'appareil : la main droite, l'arcade sourcilière et le nez, ce qui limite les mouvements latéraux, à condition que chacun de ces points d'appui soit assez ferme. Les gauchers de l'œil de visée sont moins favorisés car le nez se place plus au centre du dos de l'appareil, et le maintien est un peu moins ferme car le point d'appui de l'œil peut alors devenir un point de bascule latéral.

▶ Les principaux points d'appui pour tenir un appareil à viseur d'œil.

Le déclenchement doit être doux et progressif, par pression, et non par mouvement du doigt qui imprimerait à l'appareil un mouvement rotatoire vertical, d'autant plus pénalisant que le système VR est impuissant à corriger ce type de mouvement.

Conseil La bonne technique repose principalement sur le positionnement du doigt sur le déclencheur. L'index doit reposer sur le plat de la dernière phalange et non sur le bout. Ainsi le doigt est en contact avec le déclencheur, mais prend aussi appui sur sa partie fixe, ce qui empêche tout déplacement vertical, car c'est simplement la pression progressive qui va provoquer le déclenchement.

Plus l'objectif est long plus il est difficile à maintenir stable. Le poids élevé d'un objectif peut être un élément de stabilité (au moins sur la période assez courte qui précède l'arrivée inéluctable de tremblements incontrôlables dus à la crispation et à la fatigue, sauf à être un adepte du bodybuilding) mais la longueur conjuguée au poids fait qu'un mouvement involontaire est plus difficile à contrer avec précision qu'avec un objectif plus court par un simple phénomène physique (énergie cinétique). Il est donc impératif pour cette raison de soutenir ce type d'objectif le plus en avant possible. Par exemple le 70-200 mm f/2,8 est long et lourd, particulièrement à l'avant qui possède un groupe optique important. Il convient donc de placer sa main gauche sous son parasoleil tout en exerçant une légère traction pour bien plaquer l'œilleton de l'appareil contre l'arcade sourcilière et assurer ainsi un maintien ferme de l'ensemble.

Utilisation d'un convertisseur de focale

Avec un 70-200 mm f/4 équipé du multiplicateur TC14 (1,4×) par exemple, il sera particulièrement important de choisir des vitesses d'obturation plus élevées que celles couramment conseillées. Bien sûr on peut obtenir de très bons résultats à des vitesses plus basses mais on ne pourra pas compter sur une régularité de résultats. Donc, avec un multiplicateur, même VR activé, se baser sur une vitesse au moins égale à l'inverse de la focale finale apparente, dans ce cas 420 mm, donc 1/400 s si l'on veut obtenir un taux de réussite élevé. L'utilisation de cet ensemble est quelquefois considérée, à tort, comme décevante à cause de conditions de prise de vue (vitesse insuffisante), amenant un taux d'images bougées important.

Remarque La résolution des objectifs étant rarement maximale à pleine ouverture, il est particulièrement important de pouvoir les utiliser en fermant d'une valeur de diaphragme, spécialement lors de l'usage d'un multiplicateur ; avec le 70-200 mm f/4 et la possibilité du D7200 de conserver un AF actif jusqu'à f/8, c'est jouable avec un multiplicateur 1,4× qui ne fait perdre qu'un diaphragme. Mais avec un doubleur de focale on ne pourrait utiliser que la pleine ouverture pour conserver cette même valeur limite d'ouverture résultante. Le résultat serait forcément qualitativement décevant (alors que cette configuration serait possible avec le 70-200 mm f/2,8).

Cela est sans doute dû au fait que l'on est moins conscient de la focale résultante (420 mm) ; on a donc tendance à continuer à l'utiliser comme si c'était toujours un 200 mm. Même sur trépied lourd cet ensemble nécessite l'utilisation d'une vitesse assez élevée car sa longueur amène une instabilité importante. Avec des focales longues les testeurs d'objectifs sont obligés d'utiliser de grandes précautions (deuxième pied support en bout d'objectif et relevage du miroir avant le déclenchement) pour ne pas détruire la résolution de ces optiques. Il suffit d'observer l'image dans le viseur en manipulant l'appareil avec 70-200 mm sur trépied pour s'en convaincre. Finalement l'usage à la main, à condition de respecter un minimum de précautions, est quelquefois moins risqué que sur trépied avec lequel on se laisse facilement tromper par une stabilité *a priori* acquise...

Attention !

Lors de l'utilisation de cet ensemble la stabilisation VR du 70-200 mm est parfois un peu perturbée, on le remarque car le capteur AF semble flotter dans le viseur à la mise en route du VR. Il suffit de relâcher le déclencheur et de refaire une mise au point pour le réinitialiser, et de toute manière ne déclencher que lorsque la visée est parfaitement stabilisée, c'est-à-dire qu'il n'y a plus aucun tremblement de l'image, seulement de légers mouvements lents.

Ce qui a amené assez souvent des déceptions avec cet ensemble, c'est l'aspect des images. En fait leur résolution est bonne mais nécessite une accentuation énergique pour la faire apparaître. En fait on pourrait qualifier les images de « nimbées » c'est-à-dire très douces, à l'aspect un peu « éthéré » lorsqu'on les observe à 100 % à l'écran. Mais le potentiel est là ! Il suffit d'appliquer un réglage de contraste adapté et une accentuation de qualité, et toute la définition de l'image apparaît.

Avec un multiplicateur

Le traitement que je conseille pour un fichier RAW dans NX-D, est d'annuler l'accentuation du boîtier d'origine (en sélectionnant le mode PC utilisé dans le menu déroulant puis l'onglet Avancé) puis de régler le contraste général et enfin d'appliquer un masque flou dans une nouvelle étape avec les paramètres suivants : intensité 80 à 100, rayon 3 à 4, seuil 0 ; dans l'option Opacité sélectionner Luminance et chrominance et mettre la chrominance à 0. Ce conseil est valable pour les images réalisées à 100 ISO, au-delà il faudra utiliser un réglage de seuil différent de 0 de manière à ne pas trop accentuer le bruit.

Photo sur trépied

Lorsque l'on fait une photo sur trépied c'est très souvent que la vitesse de travail est assez lente et que l'on veut éviter le bougé. Mais même sur ce support, sauf à utiliser un trépied très lourd, des vibrations peuvent encore dégrader la netteté de l'image dans certaines conditions. Cela se produit principalement dans une gamme de vitesse « critique » autour de 1/8 s. En effet le facteur principal de vibration dans un reflex est le mouvement du miroir de l'appareil. Les vibrations engendrées se transmettent à l'ensemble appareil-objectif-pied et mettent au minimum 1 à 2 secondes avant de s'amortir. Pour un temps d'exposition très long (plus de 10 s), les vibrations produites ont le temps de s'amortir et ne représenteront plus que 10 % du temps de pose. En revanche pour les temps critiques (de 2 s à 1/30 s), l'impact des vibrations joue à plein. La solution est donc de laisser les vibrations, provoquées par la remontée du miroir, s'amortir avant d'ouvrir l'obturateur. Il y a pour cela deux possibilités :

- Utilisation d'une télécommande **ML-L3** (qui évite le bougé du « coup de doigt ») couplée à la fonction **MUP** de relevage de miroir à l'aide du sélecteur de mode de déclenchement, qui permettra de déclencher en deux temps, en laissant quelques secondes entre les deux.
- Avec la fonction automatique de temporisation du relevage du miroir (**d10**) qui laisse un temps de repos de 1 à 3 s entre le relevage du miroir et l'ouverture de l'obturateur.

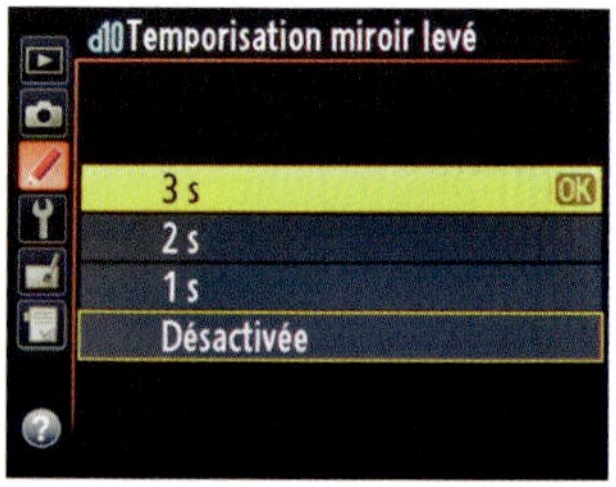

▲ Pour la temporisation de déclenchement, 3 secondes est bien sûr le meilleur choix.

Conseil Lors du travail sur **trépied très stable** n'oubliez pas de déconnecter le système VR dont le fonctionnement serait perturbé par l'absence de mouvement, ce qui pourrait provoquer des images bougées… Sur trépied léger ou monopied, le VR peut rester utile avec un téléobjectif.

Éviter la diffraction

La diffraction est un phénomène optique lié à la nature ondulatoire de la lumière. Lors de leur trajet à travers l'objectif, les rayons qui passent au contact de la tranche des lamelles du diaphragme sont perturbés et leurs caractéristiques sont modifiées, ils ne sont plus en phase avec les autres. Lorsque deux ondes de même longueur d'onde mais de phases décalées interfèrent il y a addition des phases semblables et soustraction des phases opposées. Cela produit un phénomène appelé **tache d'Airy** qui est le résultat sur le capteur de l'interférence entre rayons perturbés et non perturbés. Un point lumineux bien délimité n'est plus alors représenté comme tel dans l'image projetée mais comme une tache aux bords flous. Plus le diaphragme est fermé plus la proportion de rayons déviés devient importante par rapport aux autres, et le diamètre de la tache s'agrandit ; il devient alors impossible de focaliser sur le capteur un point plus petit que cette tache.

Dans le schéma suivant, on peut voir en haut à droite une représentation de la tache d'Airy et au-dessous sa représentation graphique sur laquelle on voit la tache proprement dite au centre et les diverses interférences de part et d'autre. La première étant de phase inversée se soustrait et produit donc un cercle sombre, la suivante de même phase que les rayons normaux, s'ajoute en produisant un anneau clair et ainsi de suite en diminuant d'amplitude en s'éloignant du centre.

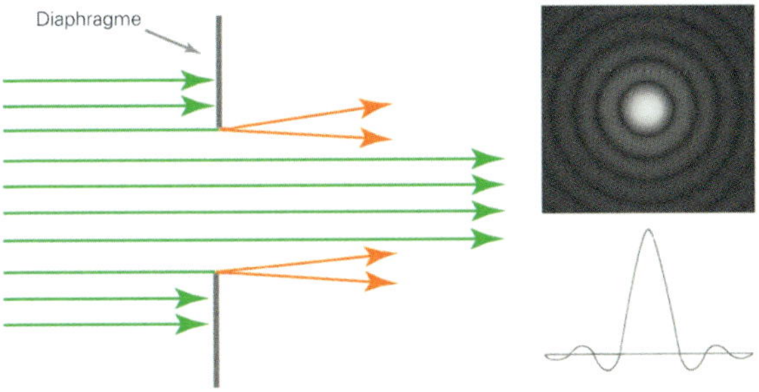

▶ Phénomène de la tache d'Airy.

Ce phénomène est donc universel, tous les objectifs et donc tous les appareils y sont soumis. La seule vraie variable est la valeur de l'ouverture du diaphragme. Mais les capteurs de nos appareils y sont plus ou moins sensibles selon leur résolution. En effet, la résolution d'un capteur est liée à sa densité en photosites et donc à leur taille.

Dans le D7200 chaque ligne horizontale du capteur comprend 6 000 photosites répartis sur une largeur de 25,3 mm, donc la taille de chaque photosite est égale à 25,3 × 6 000 = 4,2 µm (micromètres). Comme deux pixels sont nécessaires pour pouvoir enregistrer un détail de l'image on peut en déduire que la tache d'Airy ne doit pas dépasser 4,2 µm × 2 = 8,4 µm. Le calcul théorique indique que pour le D7200 la tache commencera à atteindre cette taille à partir de f/8, son impact sera sensible dans l'image à f/11 et très sensible à f/16. Mais, même à f/16, cela sera invisible en tirage A4 ou à 25 % à l'écran, mais important à 100 %.

En fonction des sujets on décidera donc de la valeur de diaphragme à adopter. Par exemple, si la profondeur de champ est le critère le plus important pour la prise de vue considérée, la perte de résolution globale de l'image sera alors acceptable par rapport au gain en profondeur de champ. Mais il est certain qu'à f/22 (pour les objectifs permettant ce diaphragme) la perte globale sera importante en pénalisant fortement toute l'image.

Astuce Pour voir l'impact de la diffraction sur les images en fonction du diaphragme rendez-vous à l'adresse : http://tinyurl.com/q4tw5yf

Réglage précis de l'AF

Il est important de respecter strictement les règles précédentes, mais aussi d'être sûr de son équipement. Si l'on constate un problème de netteté récurrent, après avoir optimisé sa propre technique on peut envisager de vérifier son matériel.

Il est évident que la mise au point doit être la plus précise possible pour pouvoir produire la qualité maximale dont sont capables l'appareil et l'objectif utilisés. Les tolérances de fabrication, même étroites, ne permettent pas d'assurer toujours une parfaite complémentarité entre le boîtier et les objectifs. Il arrive que certains exemplaires nécessitent un réglage fin de l'AF ; si l'on constate régulièrement une mise au point en avant ou en arrière du sujet, c'est peut-être le cas. Le D7200 permet ce réglage personnalisé. Cela nécessite du soin et un minimum de méthode pour être efficace. Un menu permet d'appliquer une correction qui peut aller de +20 à –20. Mais avant d'intervenir il faut bien avoir compris les tenants et aboutissants du système AF. Il y a deux éléments indépendants dans ce problème : l'appareil et l'objectif. Le module optique AF se trouve dans l'appareil, le calculateur aussi. L'image focalisée par l'objectif est envoyée au module AF du boîtier par l'intermédiaire du miroir secondaire situé dans la chambre reflex (voir section **2.1**). La précision de la mesure est liée à la précision de fabrication, montage et réglage de cet ensemble, de l'ordre de quelques micromètres. Les tolérances industrielles étant forcément limitées il peut arriver qu'un léger décalage affecte l'un de ces éléments.

D'autre part l'objectif reçoit les ordres de mise au point envoyés par le calculateur de l'appareil et son moteur applique la correction demandée. Les mêmes tolérances de fabrication concernent l'objectif, certains exemplaires peuvent donc être légèrement décalés.

Bien comprendre le problème

En effet avant d'accuser un objectif ou un appareil il faut pouvoir déterminer avec certitude le coupable et s'il y en a réellement un. Il ne faut pas oublier qu'un appareil qui nécessiterait une correction de –4 par exemple, pourra donner un résultat parfait sans correction s'il est utilisé avec un objectif qui lui demanderait une correction de +4, avec tous les cas intermédiaires possibles. Il y a compensation par le décalage symétrique des deux éléments. Cela peut laisser croire que chacun des éléments est parfait, mais si on achète un nouvel objectif ce dernier peut apparaître décalé alors qu'il est parfait ! On imagine alors le nombre de cas possibles de bons ou mauvais résultats selon le boîtier et l'optique utilisés, et les effets différents d'un calage parfait en SAV d'un objectif seul, d'un appareil seul ou d'un ensemble boîtier-objectif... Dans ces trois cas que vont donner les autres objectifs possédés qui ne posaient pas de problèmes avant réglage ? On doit donc aborder ces cas avec calme et pragmatisme pour éviter d'accuser trop vite un élément ou le SAV... Si on possède seulement un appareil équipé d'un zoom, que l'on compte en rester là dans son équipement, et que l'on constate un décalage de mise au point avec cet ensemble, on peut fort bien appliquer un réglage sur son appareil avec une des méthodes indiquées ci-dessous. Si on possède plusieurs objectifs qui semblent poser problème, et surtout si ces décalages sont importants, il serait plus sage de faire d'abord vérifier son appareil seul en SAV afin de disposer d'une base sûre. On pourra ensuite déceler facilement le ou les objectifs qui posent réellement problème dans son parc optique, et agir en conséquence. Un objectif présentant un décalage de plus de 8 points alors que les autres sont bons sur le même appareil méritera, à mon sens, un retour atelier (sauf dans le cas d'une longue focale ou d'un objectif ancien AF ou AF-D).

Remarque Les pas de correction du menu de réglage fin de l'AF sont les mêmes qu'on les applique à un grand-angle ou à un téléobjectif. Mais l'amplitude des déplacements des groupes optiques de mise au point est beaucoup plus importante dans les téléobjectifs que dans les grand-angle. Cela amène une limitation au réglage : autant l'échelle de – 20 à + 20 suffit largement pour régler les objectifs de courte et moyenne focale autant elle peut s'avérer insuffisante dans le cas d'une plus longue focale. Un même décalage nécessitant 5 points de correction sur un 50 mm peut en nécessiter 15 ou 20 sur un 200 ou un 300 mm ! Avoir besoin d'une correction de + 20 par exemple sur une longue focale (200 mm ou plus) ne veut donc pas dire que l'objectif a un décalage énorme. Il est seulement à la limite des possibilités de réglage du système intégré.

Un élément à prendre en considération pour la bonne utilisation du système AF en mode Point sélectif, c'est-à-dire activation d'un seul point AF, c'est que la zone sensible est en fait 20 à 30 % plus large que le petit carré indiquant sa position dans le viseur. Cela implique que le point peut se faire parfois légèrement au-dessus ou au-dessous ou de côté de ce rectangle selon les caractéristiques du sujet centré, car le système AF se calera toujours sur la partie la plus contrastée présente dans sa zone active. Mais cela ne sera sensible que pour des sujets très proches et à grande ouverture ou dans les cas où l'on vise à travers des obstacles de type branchages par exemple. C'est une des causes de problèmes lors de réglages de l'AF sur des sujets de petite taille non plans.

Il existe plusieurs procédures possibles pour vérifier le bon calage de l'AF de ses ensembles appareil-objectif. On trouve des mires plus ou moins élaborées pour le faire, mais si ces mires peuvent, pour certaines, effectivement fiabiliser le test, elles n'ont de réel intérêt vu leur coût non négligeable, que pour un usage fréquent, ce qui n'est pas le cas de beaucoup d'utilisateurs ! D'autre part, malgré la présence d'une échelle graduée elles n'indiquent en rien la valeur de correction à appliquer dans l'appareil, seulement le sens de la correction. Je vous propose deux méthodes ne nécessitant pas d'accessoires, simples certes, mais qui demandent tout de même un minimum de rigueur si l'on veut arriver à un résultat fiable.

Méthode précise

La procédure consiste à placer l'appareil sur trépied (impératif) pour une bonne stabilité, et surtout éviter tout risque de variation aléatoire de distance de mise au point pouvant amener à des résultats contradictoires, source d'incompréhension et de découragement ! En extérieur, il faut, appareil sur pied, pouvoir utiliser une vitesse élevée (1/250 s) et le retardateur ou une télécommande. Si on procède en intérieur, l'éclairage du flash est plus sûr ainsi que le mode manuel d'exposition et 1/250 s.

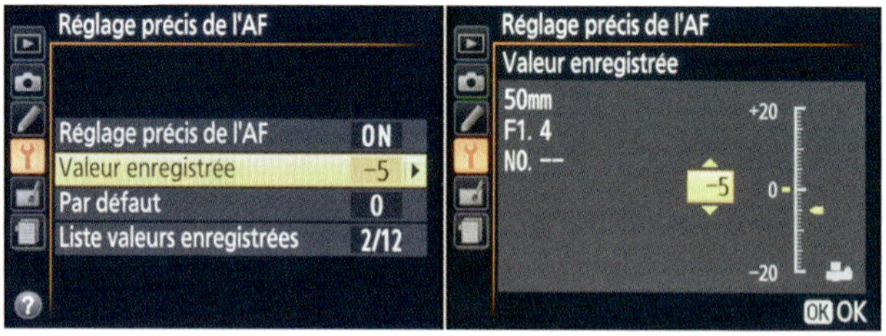

▲ Menus Réglage précis de l'AF.

Point très important, veillez à éclairer suffisamment la mire pour permettre un fonctionnement fiable de l'AF. Utilisez une mire composée par exemple d'un journal quotidien (papier mat) fixé sur un mur, et centrez la visée sur une partie comportant une bonne diversité de tailles de caractères. Le grain grossier du papier facilitera aussi la détection de la meilleure netteté après la prise de vue, et son aspect mat évitera les reflets du flash. Placez au centre de la visée un ensemble de caractères de taille adaptée au capteur permettant un travail sûr de l'AF. Veillez à ce que l'appareil soit parallèle au mur et placé à environ 30 à 40 fois la focale équivalente de l'objectif, soit 4,5 m pour un objectif de 100 mm réel équivalent à 150 mm en format DX, par exemple.

Attention !

Dans le cas de l'utilisation d'un téléobjectif, un problème **très fréquent** est l'apparition du phénomène de convection de l'air ambiant. En effet le sol ou les objets massifs ont tendance à s'échauffer rapidement dès que le jour apparaît, l'air au contact du sol ou de ces masses s'échauffe aussi et s'élève car il se dilate. Cette dilatation change son indice de réfraction et donc modifie en permanence le réglage de distance de l'objectif nécessaire à obtenir la bonne netteté. On comprend donc que réaliser un réglage fin de l'AF dans ces conditions est simplement impossible et source d'incompréhensions si on ne connaît pas ce phénomène, d'autant qu'il n'est pas besoin de fortes chaleurs pour le créer. Plus la focale est importante et le sujet éloigné, plus le problème pourra être important. Éviter aussi de faire ce réglage l'hiver, de l'intérieur et à travers une fenêtre ouverte, car l'air de la pièce chauffée va s'évacuer vers l'extérieur. De même au travers d'une fenêtre fermée car les vitres sont de mauvaise qualité optique.

C'est pourquoi je conseille de réaliser les réglages de longues focales à des distances plus courtes pour limiter son effet (10 m maximum). D'autre part, avant de commencer un réglage avec ce type de focale, appareil sur trépied, objectif à pleine ouverture, passez en mode Live view, visez le sujet choisi et faites une mise au point, puis appliquez un fort grossissement à l'image Lv et observez l'écran sans toucher à l'appareil. Si vous voyez des mouvements et déformations dans l'image c'est que des phénomènes de convection sont présents, il sera donc impossible d'obtenir deux images identiques à la suite dans ces conditions…

Il est à noter que ce qui nous intéresse ici est uniquement le centre de l'image, là où se fait la mise au point, mais un bon parallélisme de l'appareil et de la mire est fortement conseillé pour ne pas trop limiter la zone de test utile.

On commence donc par réaliser 2 prises de vue, avec une correction +5 et –5, en n'oubliant pas de dérégler la mise au point dans le même sens entre chaque prise de vue (pour les focales de plus de 100 mm, utiliser +8 et –8). Les corrections doivent être appliquées dans le menu **Valeur enregistrée**. Puis on compare les 2 images à 100 % à l'écran de l'ordinateur.

Résumé des réglages

- Appareil sur trépied placé à une distance de la mire égale à 30-40 fois la focale de l'objectif.
- 100 ISO.
- Picture Control en mode Standard.
- VR désactivé.
- En intérieur, flash activé, mode d'exposition Manuel, vitesse 1/250 s, diaphragme à l'ouverture maximale ou fermé d'une valeur pour les objectifs plus lumineux que f/2,8.
- En extérieur, mode A, diaphragme à l'ouverture maximale ou fermé d'une valeur pour les objectifs plus lumineux que f/2,8.
- Enregistrement en mode RAW.
- AF en mode AF-S.
- Capteur AF central seul.

Remarque Pour comparer les images vous pouvez utiliser NX-D, Photoshop ou un autre logiciel tiers acceptant les RAW Nikon. Avec ViewNX-i il n'est pas possible de visualiser plusieurs images à 100 % en même temps.

Si les deux images à –5 et +5 (ou –8 et +8) sont identiques, les réglages de l'ensemble appareil-objectif seront donc logiquement parfaits à 0. Si l'une des deux images est plus nette c'est qu'il y a un problème de décalage de mise au point. Déjà on peut comprendre que si, par exemple, l'image à +5 n'est que très légèrement meilleure que celle à –5, le bon réglage se situe alors vers le + mais plus proche de 0 que de +5. Et comme il est vain de chercher une précision meilleure que 2 points, ce sera +2. Si l'écart est plus marqué vers le + on refera un essai en décalant et resserrant légèrement les valeurs de test (+2 et +8 dans ce cas) et on effectuera les mêmes comparaisons. Normalement en 2 ou 3 tests au maximum on aura certainement trouvé son réglage optimum. Le gros avantage de cette méthode c'est qu'elle ne présente pas les difficultés de positionnement et de lecture des systèmes de mire en biais par exemple (la profondeur de champ rend l'appréciation moins facile). De plus, l'œil humain étant un très bon comparateur, lorsqu'on met 2 images agrandies côte à côte à l'écran, l'exercice est facile.

Une fois le bon réglage effectué, l'appareil gardera en mémoire la correction affichée, le modèle d'objectif correspondant, et le reconnaîtra et appliquera la correction lorsque vous le monterez sur l'appareil. Le D7100 peut mémoriser les réglages personnalisés de 12 objectifs différents (mais l'appareil ne fera pas la différence entre deux objectifs identiques, la distinction ne se faisant que par les valeurs de focale et d'ouverture).

Conseil La répétabilité de la mesure AF n'étant pas absolue, il est prudent de réaliser 4 images à + 5 et 4 images à – 5 en déréglant la mise au point entre chaque prise de vue, et de ne conserver qu'une image bien représentative de chaque série et non la meilleure. Cela peut éviter des résultats inexplicables.

Méthode rapide

Cette méthode est plus rapide et simple mais elle n'est pas universelle. En effet, elle est plus efficace avec les focales courtes et moyennes, moins avec les longues.

En Live view, la mise au point étant faite par le capteur image lui-même (recherche du contraste maximal) elle n'est donc pas entachée par d'éventuels problèmes de calage des miroirs et/ou module AF, comme peut l'être l'AF par détection de phase. On va donc comparer la mesure de référence réalisée en Lv avec la mesure AF standard (détection de phase). L'outil de comparaison sera la fenêtre d'affichage des distances de l'objectif. Les conditions de prise de vue sont identiques à la méthode précédente.

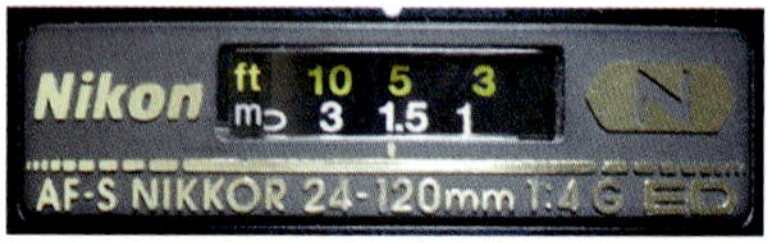

▲ Fenêtre des distances de l'objectif.

Procédure

- Objectif à pleine ouverture et **mire bien éclairée**.
- Réalisez une mise au point Live view, carré de mesure au centre de l'écran Lv, jusqu'à l'allumage en vert du cadre de mise au point (inutile de déclencher). La fenêtre de l'objectif indique maintenant la distance de mise au point correcte.
- Désactivez le Lv.
- Sans toucher à l'objectif, et en observant la fenêtre de distance de l'objectif, appuyez à mi-course sur le déclencheur, ce qui lance une mesure AF classique. Si l'affichage de la fenêtre de distance ne change pas, le réglage de l'AF est correct. Si l'affichage se modifie dans un sens ou un autre c'est que l'AF par détection de phase est décalé.

Si on note un décalage on peut alors agir sur le menu de réglage fin de l'AF : correction vers + si le décalage s'est fait vers les distances plus faibles ou vers – si c'est le contraire. Une fois la correction appliquée, vérifiez sa pertinence en reprenant la procédure jusqu'à obtenir une absence de mouvement de l'échelle de distance entre les deux modes de mise au point. Les corrections les plus courantes rencontrées se situent entre 2 et 5 points pour les focales courtes et moyennes et 10 à 15 pour les longues focales et les objectifs AF-D. Ces valeurs de correction se traduisent par des effets pratiques modestes dans des formats de tirage courants (A4) mais sensibles en grands formats et en visualisation 100 % à l'écran.

Attention !

À courte distance, si l'on mémorise la mise au point dans le but de recadrer avant le déclenchement, on a de grandes chances d'obtenir une image où le point net n'est plus là où on le souhaitait. En effet le déplacement de l'appareil lors du décadrage a éloigné le centre optique du sujet. Il est plus efficace de faire la mise au point AF une fois recadré à l'aide d'un capteur latéral placé sur le sujet.

6.7 PROFONDEUR DE CHAMP ET BOKEH

Le bokeh peut se définir comme la beauté (et progressivité) du flou. Cette caractéristique est bien sûr particulièrement sensible dans les images où la profondeur de champ est limitée puisqu'il faut bien qu'il y ait des zones floues pour pouvoir l'apprécier.

La douceur du flou est liée à plusieurs facteurs :

- **L'optique elle-même.** Selon sa formule elle permettra ou pas l'obtention de ce dégradé délicat entre la zone nette et la zone floue. Au pire les sujets des zones floues peuvent apparaître comme dédoublées, ce qui donne un aspect dur et artificiel à l'image. Il est sans doute plus facile pour les opticiens d'obtenir des flous progressifs et sans artefacts avec des optiques fixes et de conception simple qu'avec des zooms complexes.
- **Le diaphragme**. Selon le nombre de lamelles le composant, il formera un disque quasi parfait ou pas, ce qui influe sur l'aspect des points lumineux ou reflets hors de la zone de netteté. Il faut noter que les points lumineux flous apparaîtront toujours déformés (ovales) sur les bords du champ. Les objectifs très lumineux utilisés à leur pleine ouverture fourniront toujours un meilleur rendu de bokeh que les objectifs moins lumineux. La qualité du bokeh se dégrade toujours en fermant le diaphragme (ne pas confondre avec la profondeur de champ).
- **L'accentuation de netteté**. En photo numérique nous avons vu que les fichiers nécessitent toujours une accentuation logicielle (un peu moins dans le cas du D7200 à cause de l'absence de filtre passe-bas). Cette accentuation a tendance à amplifier fortement la netteté des zones situées dans le plan de mise au point, c'est-à-dire les sujets déjà nets ou proches de la netteté, alors qu'elle est sans effet sur les zones floues. Le résultat est un aspect plus tranché, on passe plus brutalement du net au flou, ce qui contribue alors à donner cet aspect « numérique » (artificiel) à l'image, à l'opposé de l'aspect plus doux de l'image argentique. On doit donc rester modéré dans le réglage de l'accentuation logicielle si l'on ne veut pas détruire le bokeh des images.

Astuce Pour obtenir un beau flou d'arrière-plan et préserver au mieux le bokeh (spécialement avec un objectif présentant des zones floues dédoublées), il conviendra de n'appliquer aucune accentuation dans l'appareil. Puis, pour compenser le manque de netteté sur le sujet, on effectuera une accentuation raisonnable, localisée sur le point net. Ce type d'accentuation locale ne peut pas être réalisé dans NX-D. Le point important est de rester très modéré dans l'accentuation afin que l'ensemble reste naturel, il s'agit simplement de retrouver une netteté normale dans la zone mise au point.

6.8 COMBATTRE LE *FLARE*

Le *flare* est un phénomène lié aux réflexions multiples des rayons lumineux entrant par l'objectif. Les rayons normaux suivent le chemin direct prévu par les opticiens à travers les différentes lentilles jusqu'au capteur. Ce sont ceux qui vont former l'image. Mais il y a aussi des rayons indésirables qui n'interviennent pas dans la formation de l'image de la scène visée mais au contraire contribuent à en dégrader la qualité, on en distingue deux sortes.

Diffusions

La cause de ce type de *flare* provient de sources extérieures diffuses comme un ciel blanc très lumineux, ou indirectes comme le soleil se trouvant un peu à l'extérieur du cadrage mais dont les rayons viennent tout de même frapper la lentille avant de l'objectif. Dans ces cas la lumière ne suit pas le chemin optique normal mais se réfléchit à la fois sur la surface des lentilles et sur les parois de la chambre reflex. Elle ne forme donc pas une image mais une lumière diffuse qui finit par éclairer de manière uniforme le capteur en se superposant à l'image projetée par l'objectif. L'effet produit est le même que celui que l'on constate lorsqu'on regarde un écran de télévision alors que la lumière du soleil pénètre dans la pièce et frappe l'écran. L'image est comme affadie, voilée, brumeuse, et manque cruellement de contraste. Pour limiter le *flare* les constructeurs peignent la chambre reflex en noir mat afin d'absorber cette lumière diffuse et d'éviter sa réflexion vers le capteur. Côté optique la surface des lentilles est traitée de manière à aussi éviter de propager cette lumière parasite dans toute la chambre par des réflexions multiples. Extérieurement, c'est l'usage du parasoleil qui limitera l'entrée de lumière parasite ou de rayons du soleil.

▶ Correction du *flare* en utilisant un parasoleil. Le soleil se trouvait juste au bord mais à l'extérieur du cadrage. À gauche sans parasoleil.

Réflexions de sources lumineuses ponctuelles

Dans ce cas c'est la présence du soleil ou de lampes puissantes dans le cadrage qui est la cause du phénomène. L'image de la source lumineuse est bien focalisée normalement par l'objectif mais elle est tellement violente qu'il se produit des réflexions entre la surface avant de chaque lentille et la surface arrière de la précédente et ainsi de suite tout au long de l'ensemble des lentilles composant l'objectif. Comme le diaphragme se trouve proche du milieu de l'objectif, celui-ci ne laisse passer que les rayons qui passent par son ouverture. Ainsi on observe alors dans l'image une succession de formes lumineuses qui sont en fait l'image de la forme du diaphragme multipliée par le nombre de lentilles concernées. Les lentilles ayant des traitements de surface arrière et avant de différentes couleurs chaque image fantôme est de teinte différente. En dehors des traitements de lentilles par le constructeur il n'y a pas de remède à ce type de *flare* sinon celui d'éviter d'inclure le soleil ou une lampe puissante dans le cadrage, à moins de rechercher cet effet.

▲ Apparition d'images fantômes.

Dans les deux types de *flare*, plus le nombre de lentilles composant l'objectif est important et plus le diamètre et la courbure de la lentille avant sont importants plus le risque de *flare* est augmenté. Les traitements de lentilles les plus modernes comme le Nano Crystal de Nikon limitent au mieux ce type problème. On comprend en lisant ce qui précède combien il est impératif de toujours utiliser le parasoleil sur ses objectifs pour conserver le meilleur contraste possible et éviter les zones colorées anormales dans les parties sombres des images.

De même toute surface de verre supplémentaire comme un filtre placé devant l'objectif ne peut qu'aggraver le phénomène. Donc sauf usage précis et ponctuel (filtre polarisant, filtre gris ou filtre neutre lors de prises de vue en zones dangereuses), il est fort peu judicieux de laisser en permanence un filtre sur ses objectifs.

D'autre part, il faut savoir que les parasoleils sont calculés pour correspondre précisément à l'angle de champ de l'objectif afin d'être le plus efficace possible sans masquer une partie du champ. Cela est parfait avec les objectifs fixes, mais avec les zooms la focale, et donc les angles de champ, étant variables, les constructeurs calculent le parasoleil pour la focale la plus courte. Les autres focales sont donc moins bien protégées.

6.9 MOIRÉ

Même si ce phénomène apparaît très rarement avec le D7200 il convient de le connaître pour le corriger le cas échéant. Le moiré est un phénomène complexe lié à la structure même du capteur de l'appareil numérique. Il s'agit des interférences qui se produisent entre la trame fine et régulière du capteur et certaines trames ou motifs répétitifs de même taille dans l'image du sujet formée par l'objectif. Le moiré était très peu sensible en photo argentique car les grains d'argent composant le film étaient disposés aléatoirement et de tailles irrégulières ; de plus la couche sensible était bien plus épaisse que celle des capteurs, ce qui favorisait des plans de netteté différents de l'image à l'intérieur même de l'épaisseur de la couche sensible, ce qui atténuait le risque d'interférence (elle faisait en quelque sorte office de passe-bas !). En photo numérique on distingue deux types de moiré : **de couleur** et **de luminance**.

Moiré de couleur

Comme nous l'avons vu dans la section **3.5**, les photosites étant surmontés d'une mosaïque de filtres colorés RVB, si un point blanc lumineux très fin, de la taille d'un photosite, est focalisé sur le capteur par l'objectif, il peut tomber aléatoirement sur un filtre R, V ou B (image de gauche sur le schéma suivant). Bien que le point lumineux soit blanc il sera considéré par le capteur et son électronique de traitement comme un point R, V ou B selon le cas et apparaîtra comme tel dans l'image. De même, si dans l'image produite par l'objectif un sujet comme un grillage fin, un toit de tuiles vu de très loin ou un tissu aux motifs très fins, bref une surface aux motifs répétitifs et chacun proche de la taille d'un pixel, est projeté sur la mosaïque du capteur, on peut voir apparaître des zones entières de fausses couleurs, un moirage non présent dans la réalité. Pour limiter ce problème, dans la plupart des appareils reflex les constructeurs placent devant le capteur un filtre appelé passe-bas dont la puissance est calculée très précisément de manière à diminuer la résolution de l'image fournie par l'objectif de la valeur juste nécessaire pour éviter ce phénomène, en répartissant les plus fins détails sur un plus grand nombre de photosites. Cela permet d'éviter ces erreurs dans la reconstruction de la couleur.

Remarque Dans l'illustration suivante pour des raisons de simplicité on a représenté le filtre passe-bas comme un filtre de diffusion. Dans la réalité il s'agit d'un cristal biréfringent qui a la propriété de dédoubler les rayons lumineux les plus fins de manière à ce qu'ils recouvrent au moins deux photosites latéralement. En accouplant deux lames semblables mais orientées différemment on recouvre ainsi un carré de 4 photosites, ce qui permet d'atténuer considérablement le risque de moiré.

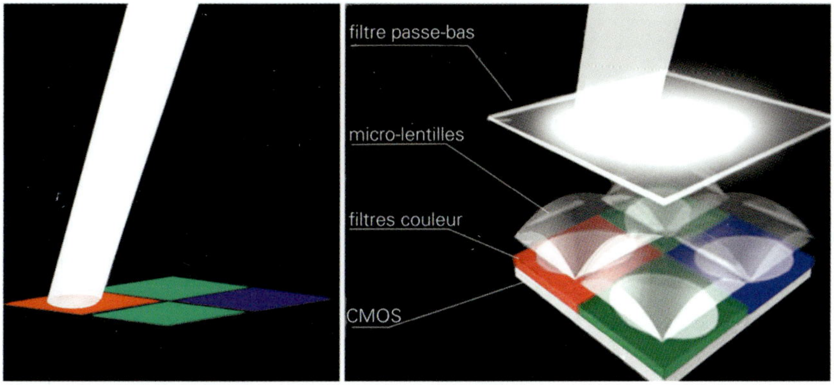

▲ La présence du filtre passe-bas limite le problème du moiré.

Avec le D7200, la densité en photosites ayant atteint un niveau très élevé, la probabilité d'un risque d'interférence avec un sujet diminue considérablement, ce qui a conduit Nikon à supprimer le filtre passe-bas devenu pratiquement inutile. Cela a pour avantage un très petit gain de netteté (uniquement visible à 100 % à l'écran).

Moiré de luminance

Ici, c'est un phénomène plus directement lié à la numérisation du signal. Le célèbre Harry Nyquist a déterminé que la fréquence d'échantillonnage d'un signal devait être au moins égale à deux fois la fréquence du signal à analyser pour pouvoir le reproduire fidèlement. Ceci s'applique aussi bien à un signal audio (échantillonnage temporel) par exemple, qu'à une image (échantillonnage spatial). En photographie le signal c'est l'image fournie par l'objectif, et sa fréquence c'est la taille des plus fins détails qu'il peut reproduire. L'échantillonnage de ce signal est réalisé par la trame du capteur, chaque photosite prélevant un échantillon dans l'image fournie par l'objectif ; la taille des photosites détermine sa résolution optique (R_{opt}). Donc pour satisfaire à la condition de Nyquist le capteur doit avoir des photosites deux fois plus petits que le plus fin détail que peut reproduire l'objectif. Si l'on ne respecte pas ce principe, dans certains cas où un élément de l'image focalisée par un objectif est constitué de motifs proches en taille ou plus fins que ceux du capteur, celui-ci peut reproduire un signal différent de celui d'origine !

Si les deux types de moiré ont une cause commune, la taille des plus fins détails de l'image, ils ne provoquent pas la même gêne. En effet, si le moiré couleur peut être en grande partie corrigé par un post-traitement, il n'en est pas de même pour le moiré de luminance. Lors de la construction de l'appareil le remède aux deux types de moiré est le même, le filtre passe-bas placé devant le capteur. Mais cela se fait bien sûr au prix d'une petite perte de résolution. Dans le cas du D7200, la résolution du capteur est telle que même s'il ne répond pas encore complètement à la condition de Nyquist, il s'en approche suffisamment pour limiter les risques et éviter l'usage du filtre passe-bas.

Il est difficile de prévoir où et quand apparaîtra le moiré car comme on l'a vu c'est lié à la présence dans l'image d'un sujet composé d'une structure répétitive et extrêmement fine très proche de la taille des photosites du capteur. L'interférence de cette structure avec le capteur sera donc très variable selon la distance à laquelle on se trouve du sujet, la focale utilisée, son orientation et même son éclairage. Si on détecte le moiré dans l'image affichée à l'écran de l'appareil en affichage 100 %, il est possible de refaire l'image en changeant très légèrement l'angle de prise de vue et/ou la focale par exemple. Cette observation est néanmoins délicate car le moiré peut aussi apparaître selon le grossissement appliqué à l'affichage sur l'écran de l'appareil (ou de l'ordinateur) ; s'il apparaît brutalement lors du changement de grossissement il est fort probable qu'il est dû alors aux interférences avec la trame de l'écran et ne concerne pas l'image elle-même...

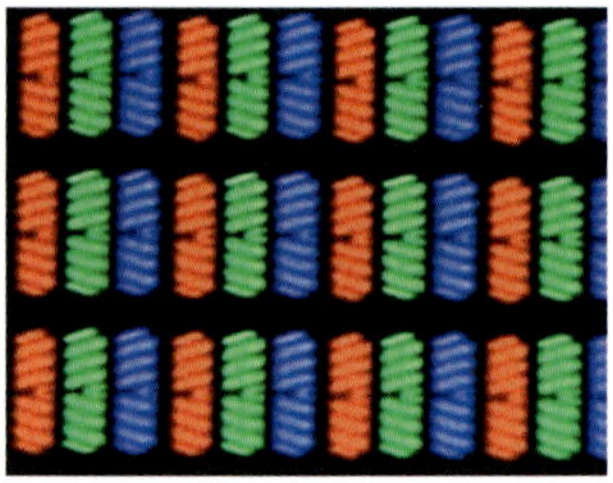

▶ Microphotographie d'une portion d'écran LCD d'ordinateur. On voit les différents alignements des pixels RVB de la matrice qui peuvent interférer avec les sujets répétitifs et de taille voisine dans l'image. Dans ce cas le moiré n'est pas réellement présent dans l'image s'il n'apparaît plus lors d'un affichage plus grand ou plus petit à l'ordinateur.

En cas de moiré dans une image RAW une option de **Capture NX-D** permet d'atténuer ou supprimer la partie couleur de ce défaut. Elle se trouve dans l'onglet **Corrections de l'appareil et de l'objectif**, et peut être configurée sur trois niveaux. On choisira un des trois niveaux de manière à atténuer le moiré de couleur sans trop affecter les couleurs de l'image (voir section **8.3**).

6.10 SENSIBILITÉ ET BRUIT

Le capteur n'ayant qu'une sensibilité, 100 ISO dans le cas du D7200 (voir section **3.5**), lorsqu'on affiche une sensibilité supérieure c'est l'électronique de traitement qui amplifie la charge insuffisante accumulée dans les photosites par l'exposition plus faible. Ce faisant, le bruit de base incompressible du capteur est amplifié de la même manière, ce qui le rend alors plus visible. On dit que le rapport signal/bruit se dégrade.

Si l'on a intégré ce principe, on comprend aussi que si on sous-expose l'image (par une mesure erronée par exemple), l'image devra être corrigée en post-traitement, ce qui reviendra au même en ce qui concerne la visibilité du bruit que d'avoir utilisé une sensibilité supérieure à la prise de vue ! Il est donc primordial d'être encore plus attentif à exposer le plus correctement possible en haute sensibilité.

Impact positif du bruit dans l'image

Le bruit étant un signal parasite il est forcément peu apprécié de manière générale. C'est le **bruit de chrominance** (coloré) qui est le plus pénalisant pour l'esthétique de l'image, heureusement c'est le plus facile à éliminer. Les logiciels de traitement d'images s'en chargent avec une grande efficacité. Le **bruit de luminance** (donc noir et blanc, la structure même des contours des détails de l'image) ressemble au grain de la pellicule argentique, c'est peut-être en partie pour cela que nous l'acceptons plus facilement. Mieux, il donne parfois à l'image un cachet particulier qui convient à certaines prises de vue de type portrait, scène de rue et autres. Il arrive même que des photographes ajoutent du « grain » à leurs images numériques pour retrouver ce type de matière. Un effet psychologique de cette action peut aussi être l'augmentation apparente de la résolution des images. En effet si le bruit ajouté est suffisamment fin et discret, le cerveau va l'assimiler à du détail supplémentaire !

C'est d'ailleurs un biais qui trompe pas mal d'utilisateurs, même experts. Ils reprochent parfois à tel appareil d'appliquer un traitement de bruit en haute sensibilité qui ferait perdre de la résolution par rapport à un autre qui traiterait moins et conserverait donc des détails de l'image que le premier ferait disparaître. Si le principe est réel (un traitement du bruit atténue forcément les plus fins détails de l'image), ce qui peut tromper c'est que le bruit de luminance, à condition qu'il soit fin, est difficile à distinguer des fins détails réels, l'image semble contenir plus de « matière » alors que ce n'est évidemment pas vrai ! C'est particulièrement le cas dans les portraits, les objets structurés, mais moins dans les parties très uniformes et lisses des images où le bruit est alors facilement reconnu comme tel par notre cerveau.

Remarque Comme cette chose est impossible à démontrer dans un livre car la trame de l'imprimerie gommerait les très fins détails qui sont en cause dans ce cas, si vous le souhaitez, vous trouverez un exemple à l'adresse :
http://www.pbase.com/br/image/86629079

Des logiciels comme Photoshop permettent cette manipulation très facilement, la difficulté résidant dans le bon choix de la taille du grain en fonction de la taille de l'image. Donc appliquer un traitement de bruit dans une image en haute sensibilité puis procéder à un ajout de bruit très fin en suivant n'est pas forcément une procédure ridicule en fonction de la finesse du bruit produit par l'appareil. Dans le cas du D7200 c'est à partir de 6 400 ISO et pour des tailles de tirage au-dessus de 30 × 45 que cette astuce peut s'avérer intéressante pour certains sujets.

Le bruit dans les tirages papier

Il serait trompeur de prévoir ce que sera le bruit perçu sur un tirage papier en se fiant à la perception à l'écran de l'ordinateur. En effet, la diffusion de l'encre dans le papier absorbe une partie non négligeable des détails extrêmement fins des images. Il faut donc éviter un traitement du bruit trop intense des images destinées au tirage papier et se fier, comme pour le rendu général (couleur, contraste netteté), à l'aspect perçu de l'image mise à la dimension voulue et observée à la taille écran de 50 % en tenant compte encore du fait que les plus fins détails perçus à l'écran ne seront plus visibles sur le tirage.

5826

7

GAMME OPTIQUE

La grande densité en pixels du D7200 implique d'utiliser de bonnes optiques si l'on veut exploiter tout son potentiel. Revue de détail des meilleures optiques de la gamme Nikon.

7.1 OPTIQUES ANCIENNES

Au fur et à mesure des évolutions techniques il y a eu les optiques F puis les AI, les AIS puis les AF, les AF-D et enfin les AF-S. Ces différentes dénominations indiquent des couplages différents et progressifs entre boîtier et optiques, principalement vis-à-vis du système de mesure de lumière, commande et contrôle de l'ouverture du diaphragme, et les évolutions du système AF pour les trois dernières.

De manière globale en conservant la monture F, socle de son système optique, Nikon a pu maintenir la compatibilité maximale possible entre les optiques anciennes et les boîtiers haut de gamme, y compris numériques récents. En effet conserver la même compatibilité avec les boîtiers d'entrée de gamme n'aurait été ni pertinent, car leurs utilisateurs ont rarement des optiques anciennes, ni commercialement viable, car cela aurait forcément, et bien inutilement, augmenté le prix de ces appareils amateurs.

▶ La monture F.

C'était donc une solution logique et pratique. En effet, les seuls utilisateurs concernés par cette compatibilité sont les possesseurs d'optiques anciennes de haute qualité, qui conservaient encore un intérêt d'usage. Et ces optiques sont finalement peu nombreuses car les progrès en ce domaine sont tels, que les derniers objectifs amateurs sont souvent meilleurs (et à coup sûr bien plus homogènes sur toute leur plage d'ouvertures) que les « pro » d'il y a vingt-cinq ans ! Donc il faut relativiser la compatibilité partielle des boîtiers récents avec des optiques de vingt-cinq ans ou plus. Il est plus réaliste de garder à l'esprit que si les optiques anciennes peuvent parfaitement fonctionner sur des appareils récents comme le D7000 à condition qu'elles en vaillent la peine qualitativement parlant, cette dernière condition devient de plus en plus délicate à respecter avec l'arrivée du D7200 et ses 24 mégapixels !

Les différences entre AF et AF-D ne portent que sur un raffinement apporté à la mesure flash et dans une moindre mesure à celle de l'exposition, intéressants certes mais sans rapport avec une quelconque incompatibilité. Les modèles AF-S les plus récents sont pourvus d'un moteur à impulsions haute fréquence dans l'optique contrairement aux précédents dont la mise au point est activée par un moteur classique placé dans le boîtier par l'intermédiaire d'une transmission mécanique vers l'objectif. Les objectifs AF-S bénéficient d'un autofocus très silencieux et rapide. De plus ils permettent la retouche du point manuelle sans débrayer l'AF. Le D7200 peut parfaitement piloter les deux types, AF-D et AF-S.

C'est dans le domaine de l'occasion que se trouve encore disponible le matériel de l'ancienne génération. Mais cette option devient de moins en moins intéressante étant donné le renouvellement rapide de la gamme en objectifs modernes et de qualité bien plus élevée.

Utilisation d'objectifs non AF sur le D7200

Les objectifs pouvant être utilisés sur le D7200 sont les types AI, AIS, AF, AF-I, AF-D et AF-S, c'est-à-dire pratiquement tous les objectifs fabriqués depuis quarante ans !

Selon leur type ils pourront être utilisés avec certains modes de mesure ou d'automatisme (ME 295). Les AI et AIS sont des objectifs sans microprocesseur dont les couplages avec le boîtier sont purement mécaniques. N'étant pas dotés de moteur ou de transmission AF ils fonctionneront donc bien sûr en mise au point manuelle. On pourra commencer par dégrossir le réglage visuellement sur le dépoli du viseur, puis l'ajustement fin se fera avec l'indicateur AF présent en bas à gauche du viseur, l'allumage du point vert signalant la bonne mise au point. Ce réglage est très précis. En ce qui concerne la mesure de lumière, le couplage entre l'objectif et le système de mesure sera optimisé en utilisant la fonction **Objectif sans microprocesseur** du menu Configuration. On pourra ainsi enregistrer les caractéristiques de 9 objectifs différents dans la mémoire de l'appareil. (Contrairement au réglage fin de l'AF des objectifs modernes, ce réglage n'est pas rappelé automatiquement lors du montage de l'objectif sur le boîtier, il faudra donc le sélectionner manuellement à chaque changement d'objectif.)

Les objectifs les plus intéressants dans la gamme non AF, sont les optiques fixes de qualité pro à grande ouverture comme les 24, 28, 35, 50, 85, 105 et 180 mm. Et encore si on les possède déjà, car leur achat aujourd'hui semble moins judicieux compte tenu du renouvellement rapide de la gamme, exception faite d'un achat peu onéreux dans l'attente d'un remplaçant moderne. Mais la montée en résolution du capteur du D7200 fait que la plupart de ces optiques vont être à la peine, particulièrement aux grandes ouvertures et aussi sur les bords de l'image. Les progrès apparus dans les optiques récentes concernent principalement la correction des aberrations chromatiques et la résolution aux grandes ouvertures ainsi que le *flare*. La généralisation de l'utilisation des verres ED (*Extra low Dispersion*) et asphériques et les traitements de surface ont été pour beaucoup dans ces avancées. Ce sont des points très importants pour l'usage des optiques professionnelles à grande ouverture car elles permettent d'utiliser efficacement ces ouvertures extrêmes, ce qui n'était pas le cas des générations précédentes où ces ouvertures représentaient plus un « sauvetage » d'images en très faible lumière que la production d'images de qualité.

7.2 OPTIQUES MODERNES

Depuis quelques temps Nikon s'est lancé dans un renouvellement de gamme intense. De nombreuses optiques ont été présentées et se sont révélées de très haute qualité, particulièrement adaptées aux nouveaux Nikon numériques au capteur très dense en pixels.

Dénomination des optiques

Voici la traduction de quelques acronymes utilisés dans la dénomination des optiques Nikkor :

- **AF-D** : D pour *Distance information*. Objectif autofocus à transmission mécanique de la commande de mise au point (le moteur est dans l'appareil) avec microprocesseur intégré transmettant les informations de distance aux calculateurs de l'appareil.
- **AF-S** : *AutoFocus Silent wave motor* (SWM, moteur à impulsions haute fréquence intégré à l'objectif permettant une mise au point rapide et silencieuse). Cette technologie permet la retouche du point manuelle sans avoir à débrayer l'AF.
- **VR** : *Vibration Reduction*. Système de réduction du bougé de l'opérateur par mobilisation d'un groupe optique dans l'objectif.
- **ED** : *Extra low Dispersion*. Objectif comportant des verres spéciaux permettant de focaliser les différentes couleurs du spectre dans le même plan, limitant ainsi les aberrations chromatiques.
- **HRI** : *High Refractive Index*. Lentille en verre à haut indice de réfraction. Cette caractéristique permet d'obtenir avec une seule lentille les corrections qui en auraient nécessité plusieurs et donc un gain de compacité et de poids.

- **ASP** : *Aspherical lens elements.* Objectif comportant une ou des lentilles asphériques (à surface complexe contrairement aux lentilles sphériques) qui permettent de réduire plusieurs types d'aberrations optiques.
- **G** : objectif ne comportant pas de bague de diaphragme, la commande s'effectuant par les molettes de l'appareil. Tous les objectifs modernes sont de cette catégorie.
- **E** : diaphragme à commande électromagnétique. Cette amélioration garantit une plus grande précision de la fermeture du diaphragme et donc une meilleure régularité d'exposition dans les rafales.
- **N** : *Nano crystal coat.* Traitement innovant Nikon des lentilles, réduisant drastiquement les réflexions parasites (*flare*). Particulièrement utile dans les zooms comportant un grand nombre d'éléments optiques.
- **IF** : *Internal Focusing.* La mise au point est assurée par le déplacement d'un groupe optique interne à l'objectif. La lentille avant ne tourne pas et l'objectif ne s'allonge pas en modifiant la mise au point.
- **DX** : série d'objectifs destinée au format APS-C de la gamme numérique Nikon. C'est le cas du D7200.

On trouvera dans les présentations qui suivent les objectifs les plus universels d'usage et parfaitement adaptés au D7200. Ce sont des valeurs sûres.

Quelles optiques utiliser sur le D7200 ?

De manière générale il y a deux sortes d'utilisation qui peuvent amener à sélectionner un type d'optique ou un autre.

Utilisation fréquente aux grandes ouvertures de f/1,4 à f/4

Dans ce cas la qualité suffisante pour exploiter le potentiel du D7200 ne se trouvera qu'avec les optiques de dernière génération, les seules à disposer des technologies de lentilles les plus avancées (asphériques) qui permettent les corrections performantes aux grandes ouvertures.

Utilisation de type paysage, donc aux diaphragmes assez fermés

Dans ce cas pas besoin de technologies de pointe. Certaines optiques AF-D comme le 20 mm f/2,8 AF-D ou le 24 mm f/2,8 AF-D, que je déconseillerais fortement pour des utilisations entre la pleine ouverture et f/5,6, peuvent donner des résultats très proches de ceux des coûteuses optiques professionnelles dernier cri ! En effet, à partir de f/8 la fermeture du diaphragme est suffisante pour corriger la grande majorité des problèmes optiques des objectifs, et au-delà de f/11 la diffraction, phénomène commun à toutes les optiques, vient diminuer la résolution de manière égale que l'optique soit ancienne ou récente. Seul bémol, les optiques de conception ancienne peuvent nécessiter une correction de l'AF assez importante pour donner tout leur potentiel.

Il est évident que si l'on veut la performance maximale sur toute la plage des ouvertures il faudra impérativement se tourner vers les derniers modèles sortis.

Certaines optiques modernes Nikon de gamme expert sont équipées d'un joint de baïonnette en caoutchouc évitant les entrées d'eau de ruissellement en cas de pluie, mais seules les optiques professionnelles sont entièrement protégées pour des prises de vue sous une pluie fine (pendant un temps limité).

Utilisation d'optiques FX (24 x 36)

Lors de l'utilisation de telles optiques sur un appareil à capteur DX comme le D7100, on parle souvent de focale équivalente. En fait la focale d'un objectif est bien sûr une caractéristique intangible quel que soit l'appareil sur lequel elle est montée, mais par commodité de langage on utilise cette expression. En fait il faudrait dire : « ce 300 mm FX monté sur le D7100 a un angle de champ équivalent à celui d'un 450 mm monté sur un appareil FX ».

Explications des courbes FTM Les courbes FTM sont présentées en position grand-angle (Wide) et téléobjectif (Tele) et à pleine ouverture. La courbe rouge correspond à une résolution de 10 pl/mm (paires de lignes par millimètre) et la courbe bleue à 30 pl mm. Les courbes en traits pleins correspondent aux rayons sagittaux et ceux en pointillés aux rayons méridionaux. La différence entre les traits pleins et pointillés permet de visualiser l'importance de l'aberration d'astigmatisme dont est affectée l'objectif – l'idéal serait de voir ces courbes superposées, ce qui est assez rarement le cas. En abscisse, le contraste et, en ordonnées, la distance en mm par rapport au centre de l'image. Pour un capteur APS-C comme celui du D7200 et dans le cas de la courbe FTM d'un objectif prévu pour le format 24 x 36, on ne tiendra compte de la courbe que jusqu'à 15 mm. Entre 12 et 15 mm la courbe concerne les angles extrêmes.

7.3 ZOOMS

AF-S DX 10-24 mm f/3,5-4,5G ED

Zoom ultra-grand-angle. Un peu faible dans les angles à 10 mm jusqu'à f/5,6, il devient très homogène à toutes les ouvertures de 14 à 24 mm.

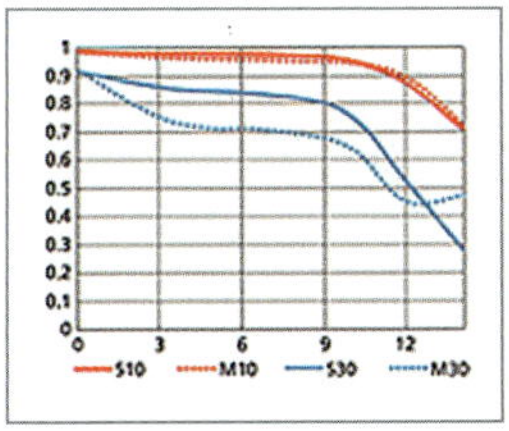

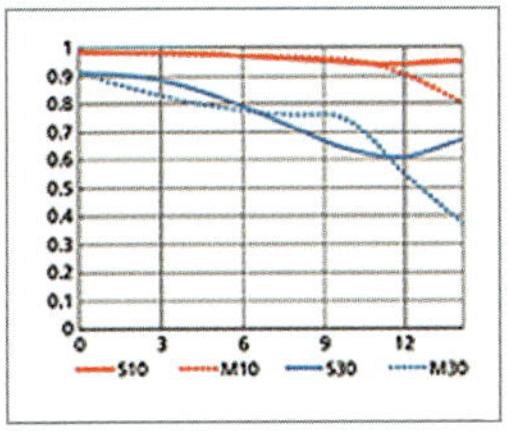

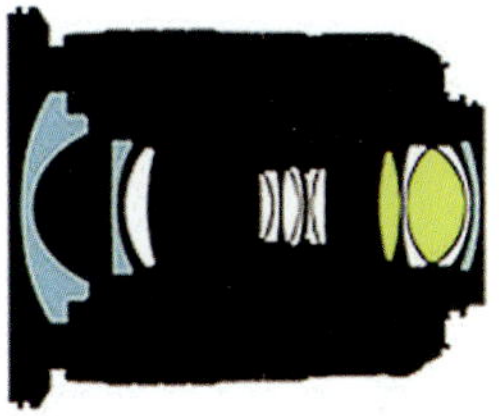

Focale équivalente sur D7200	15-36 mm
Construction	2 éléments en verre ED, 3 asphériques
Angle de champ	109°-61°
Mise au point minimale	0,24 m
Rapport de reproduction	1/5
Diamètre × longueur	82,5 × 87 mm
Poids	460 g

AF-S DX 16-85 mm f/3,5-5,6G ED VR

Zoom trans-standard stabilisé VR. C'est un objectif d'usage général puisqu'il pourra aussi bien s'adapter à la photo de paysage qu'au portrait, même si dans cette dernière utilisation son ouverture ne permet guère d'obtenir la faible profondeur de champ souhaitable.

Les courbes FTM montrent que sa résolution est très bonne mais que, comme beaucoup de zooms amateurs/experts, il manque un peu de contraste, mais c'est un paramètre facilement rattrapable en numérique.

Wide

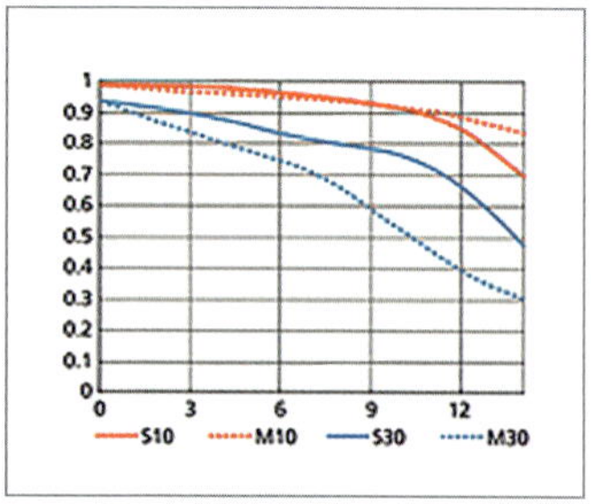

Tele

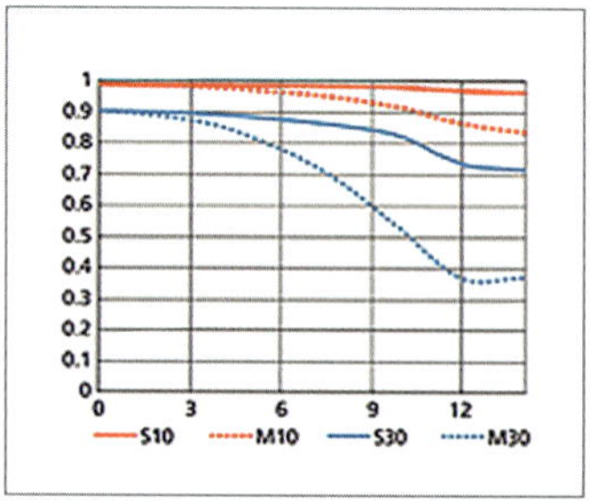

Focale équivalente sur D7200	24-127,5 mm
Construction	2 éléments en verre ED, 3 asphériques
Angle de champ	83°-18°50′
Mise au point minimale	0,38 m
Rapport de reproduction	1/4,6
Diamètre × longueur	72 × 85 mm
Diamètre filtre	67 mm
Poids	485 g

■ AF-S DX 16-80 mm f/2,8-4E ED VR

Il est plus lumineux que le précédent et gagne aussi en qualité générale, notamment par une meilleure maîtrise de l'astigmatisme. Sa construction et sa qualité optique sont de haut niveau. Il est équipé du diaphragme électromagnétique pour une plus grande régularité d'exposition. Même si en partie justifié par son ouverture et ses performances, son prix est un peu trop élevé. Nikon le proposera sans doute en kit plus abordable.

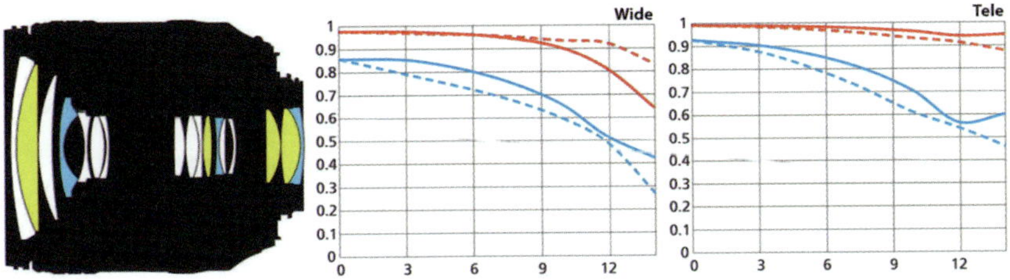

Construction	4 éléments en verre ED, 3 asphériques. Traitement Nanocrystal
Angle de champ	83°-20°
MAP minimale	0,35 m
Rapport de reproduction	1/4,5
Diamètre × longueur	80 × 85,5 mm
Poids	480 g
Diamètre filtre	77 mm

Légende des schémas en coupe
En bleu : lentilles asphériques.
En jaune : lentilles en verre ED.
En rouge : lentilles en verre Super ED.
En vert : lentilles de type « phase Fresnel ».

AF-S DX 17-55 mm f/2,8G IF ED

Ce zoom trans-standard est actuellement le haut de gamme en DX. Ouverture 2,8 constante et formule optique de haut niveau. Focale équivalente à 25-82 mm sur le D7100.

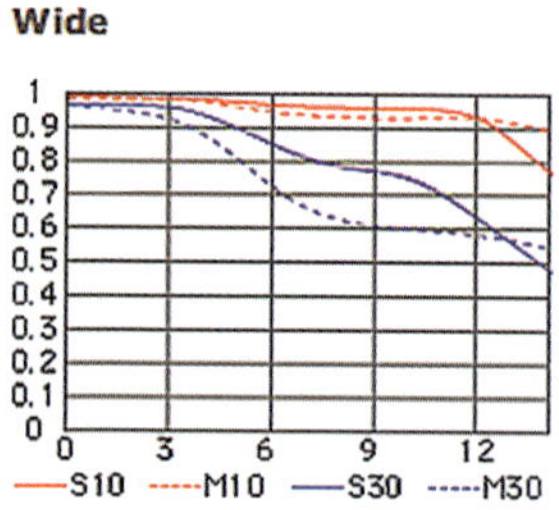

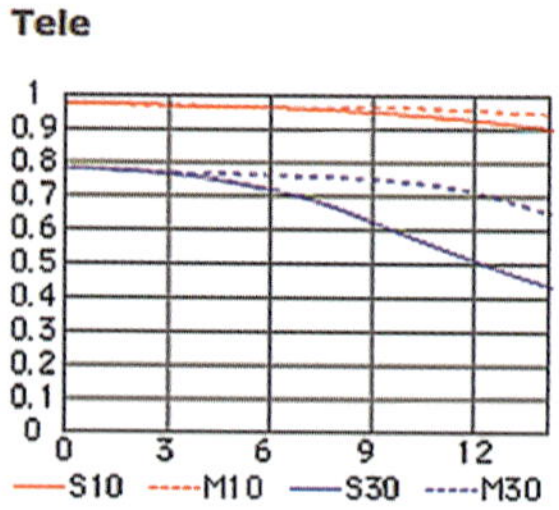

Focale équivalente sur D7200	25,5-82,5 mm
Construction	3 éléments en verre ED, 3 asphériques
Angle de champ	79°-28°50′
Mise au point minimale	0,36 m à 35 mm
Rapport de reproduction	1/5
Diamètre × longueur	85,5 × 110,5 mm
Poids	755 g
Diamètre filtre	77 mm

■ AF-S DX 18-55 mm f/3,5-5,6G VR

C'est le zoom de kit stabilisé. Bien que peu onéreux et de fabrication légère il est de bonne qualité optique. Complété par le 55-200 mm il pourra devenir un équipement de début léger et abordable. Néanmoins sur le D7200 et si le budget le permet, le 17-55 mm f/2,8 sera évidemment plus adapté.

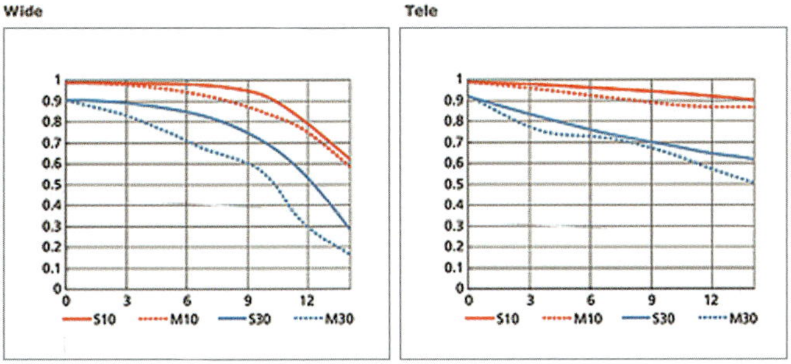

Focale équivalente sur D7200	27-82,5 mm
Construction	1 asphérique
Angle de champ	76°-28,5°
Mise au point minimale	0,28
Rapport de reproduction	1/3,2
Diamètre × longueur	73 × 79,5 mm
Poids	265 g
Diamètre filtre	52 mm

AF-S DX 18-105 mm f/3,5-5,6 ED

Zoom couvrant tous les usages en paysage, portrait et petit téléobjectif. Bien que de fabrication légère il possède une qualité optique de très bon niveau d'ailleurs confirmée par sa courbe FTM seulement modérée par un astigmatisme un peu élevé. Son poids modéré sera apprécié en voyage.

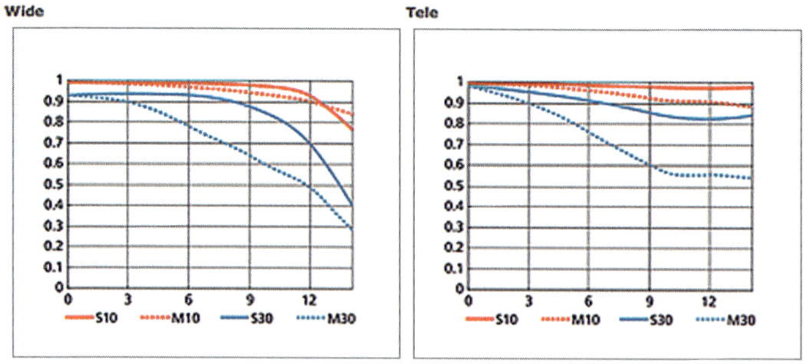

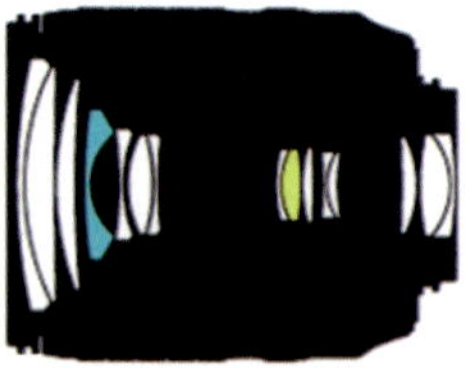

Focale équivalente sur D7200	27-157,5 mm
Construction	1 élément en verre ED, 1 asphérique
Angle de champ	76°-15°20′
Mise au point minimale	0,45 m
Rapport de reproduction	1/5
Diamètre × longueur	76 × 89 mm
Poids	420 g
Diamètre filtre	67 mm

AF-S DX 18-200 mm f/3,5-5,6G ED VRII

Zoom couvrant tous les usages en paysage, portrait et téléobjectif. Fabrication métal mais qualité optique semblable au précédent avec une focale allongée pour un poids et un prix plus élevé.

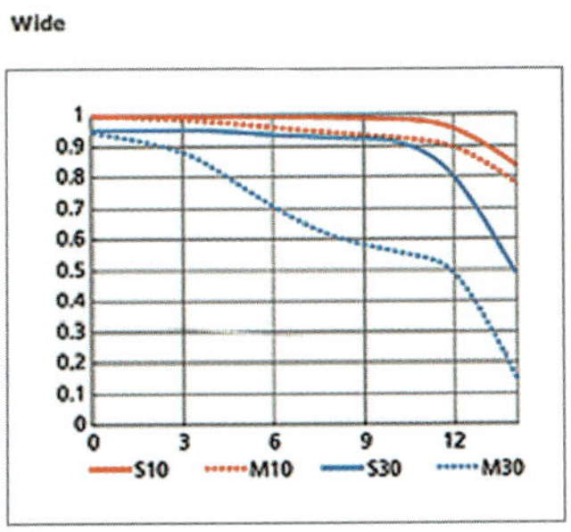

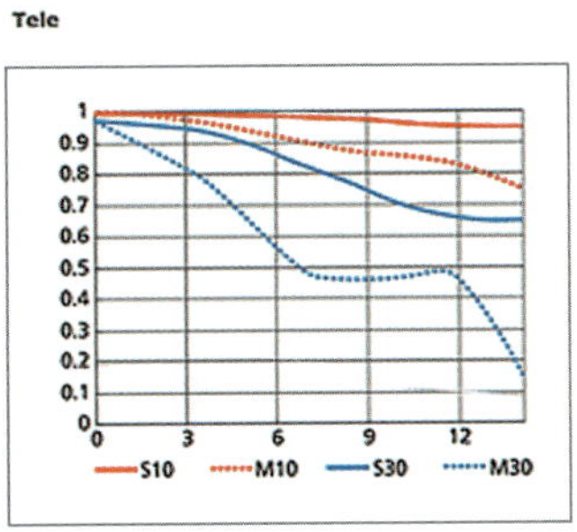

Focale équivalente sur D7200	27-300 mm
Construction	2 éléments en verre ED, 3 asphériques
Angle de champ	76°-8°
Mise au point minimale	0,5 m
Rapport de reproduction	1/4,5
Diamètre × longueur	77 × 96,5 mm
Poids	565 g
Diamètre filtre	72 mm

AF-S DX 18-300 mm f/3,5-5,6G ED VR

Zoom d'usage « universel » possédant une plage de focales extrêmement étendue du grand-angle au téléobjectif puissant. Ce n'est pas l'optique qui tirera le meilleur du D7100 mais, compte tenu de sa plage focale extrême, c'est celle à choisir si l'on ne veut pas s'encombrer de plusieurs objectifs.

Wide

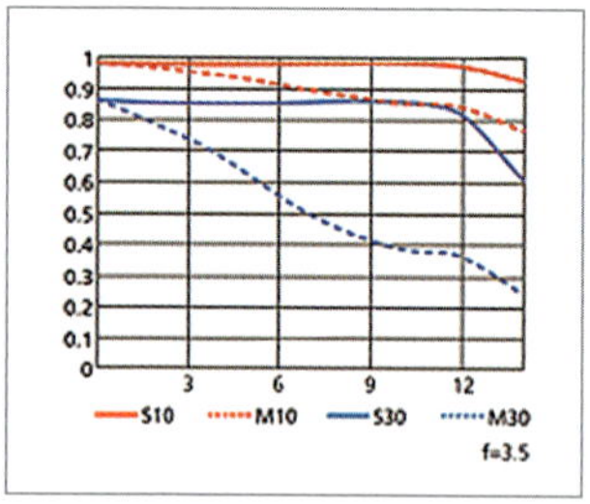

Tele

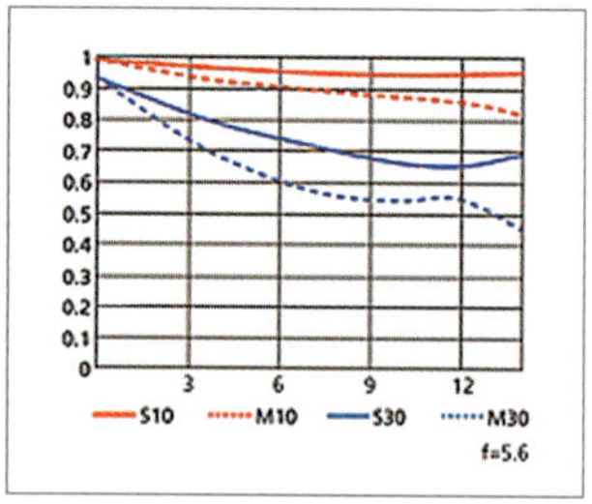

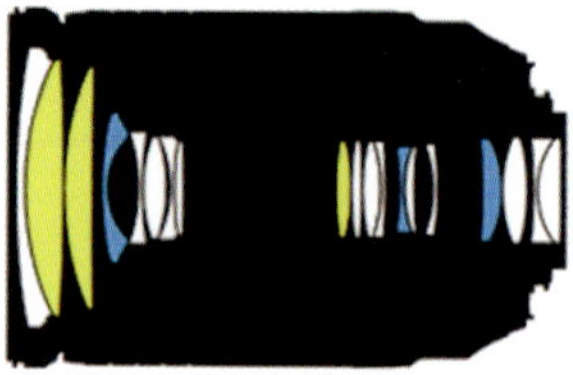

Focale équivalente sur D7200	27-450 mm
Construction	3 éléments en verre ED, 3 asphériques
Angle de champ	76°-5°20′
Mise au point minimale	0,45 m (télé)
Rapport de reproduction	1/3,2
Diamètre × longueur	83 × 120 mm
Poids	830 g
Diamètre filtre	77 mm

AF-S DX 55-200 mm f/4-5,6G ED VR

Zoom que l'on trouve en kit avec le 18-55 mm, ce qui peut former un bon équipement. Ce zoom de fabrication légère est néanmoins d'une qualité optique remarquable. Les courbes FTM confirment le haut niveau de résolution et de contraste dès la pleine ouverture.

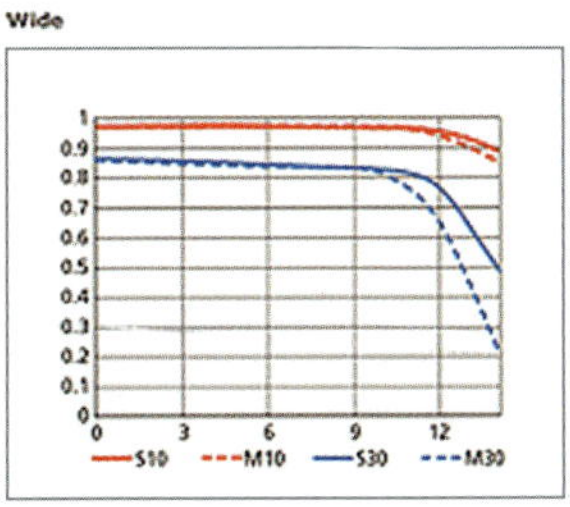

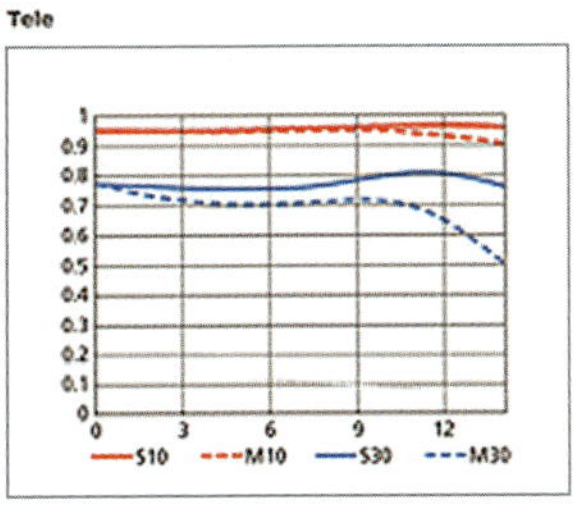

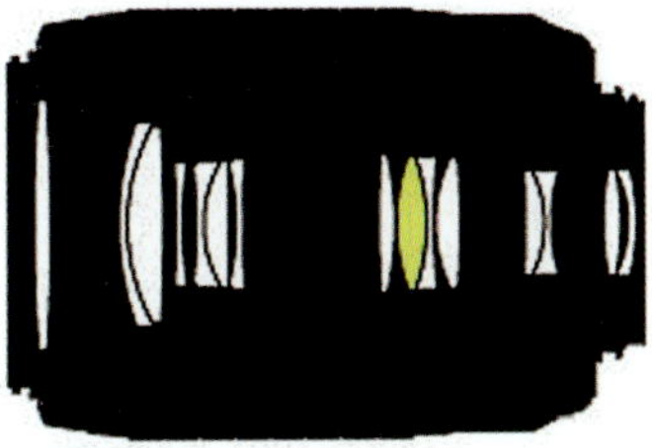

Focale équivalente sur D7200	82,5-300 mm
Construction	1 élément en verre ED
Angle de champ	28°50'-8°
Mise au point minimale	1,1 m
Rapport de reproduction	1/3,5
Diamètre × longueur	73 × 99,5 mm
Poids	335 g
Diamètre filtre	52 mm

AF-S DX 55-300 mm f/4,5-5,6G ED VR

Télézoom puissant mais léger, de très bonne qualité optique, en complément d'un 18-55 mm. Des résultats étonnants dans cette gamme de prix et de focale.

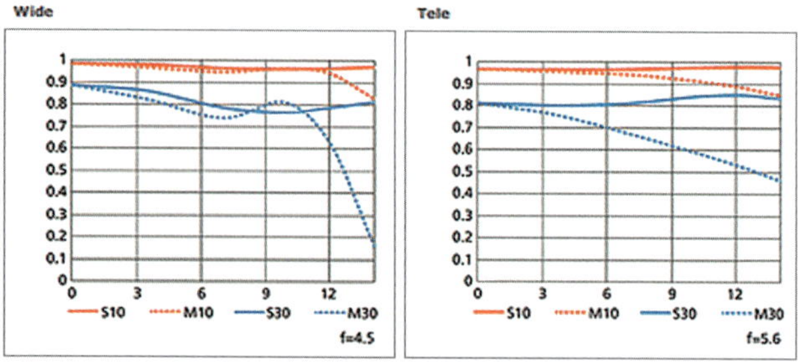

Focale équivalente sur D7200	82,5- 450 mm
Construction	2 éléments en verre ED + 1 HRI
Angle de champ	28°50'-5°20'
Mise au point minimale	1,4 m
Rapport de reproduction	1/3,57
Diamètre × longueur	76,5 × 123 mm
Poids	530 g
Diamètre filtre	58 mm

AF-S 70-200 mm f/2,8G ED VRII

Le 70-200 mm VRII est la référence dans cette plage de focales et cette ouverture maximale. Complément idéal d'un zoom grand-angle comme le 17-55 mm f/2,8. Si son poids et son prix sont très élevés, sa qualité optique est au summum, même à 200 mm ! Ses nombreux éléments en verre ED garantissent une élimination efficace de l'aberration chromatique. Il est protégé contre l'entrée de poussières et d'eau (ruissellement) pour un usage professionnel. Excellent à 200 mm dès la pleine ouverture, le 70-200 mm offre ses performances maximales à f/4 sur toute sa plage focale. C'est le must en zooms télé. Seul défaut, sa focale réelle diminuant à courte distance, le rapport de reproduction est assez mauvais.

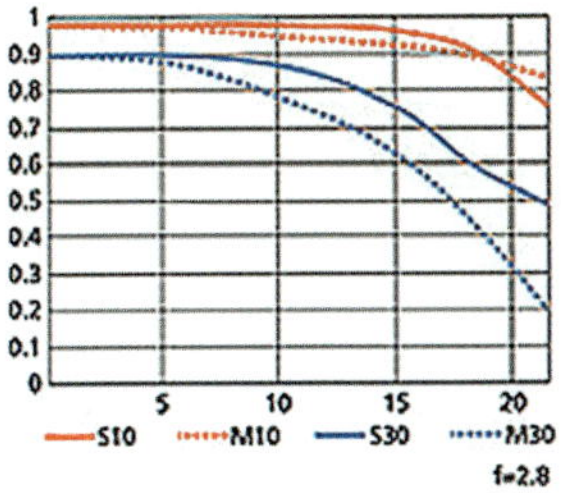

Focale équivalente sur D7200	105-300 mm
Construction	7 éléments en verre ED, plusieurs traités Nanocrystal
Angle de champ	34°20'-12°20'
Mise au point minimale	1,4 m
Rapport de reproduction	×0,12
Diamètre × longueur	87 × 205,5 mm
Poids	1 540 g
Diamètre filtre	77 mm

▲ 70-200 mm f/4 avec multiplicateur de focale 1,4x soit une focale équivalente de 420 mm.

AF-S 70-200 mm f/4G ED VR

Bien moins cher, bien moins lourd et un peu moins encombrant que le modèle f/2,8, il offre une qualité d'image proche. Son ouverture maximale plus réduite ne sera un inconvénient que pour les prises de vue en conditions de lumière difficiles ou pour l'utilisation d'un doubleur de focale où le modèle f/2,8 conserve l'avantage. De plus il bénéficie de la dernière génération de stabilisation VR qui est donnée pour un gain de 5 vitesses, soit une vitesse de mieux que la précédente génération. Même si ces chiffres ont toujours été un peu optimistes dans l'absolu, on ne peut que se féliciter du progrès de cette fonction particulièrement appréciée dans ces focales pour une optique raisonnable en poids. Ses performances en piqué sont superbes. Et 650 grammes de moins que le f/2,8 allégeront le sac photo ! Cerise sur le gâteau, son rapport de reproduction est nettement meilleur que celui du f/2,8 !

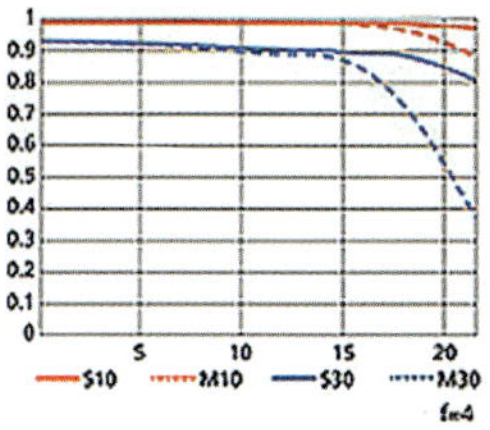

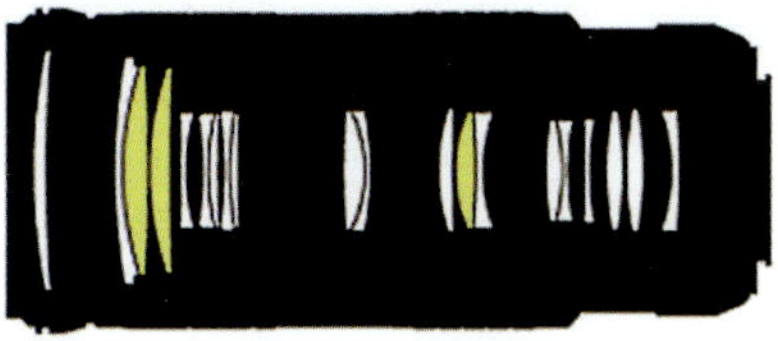

Focale équivalente sur D7200	105-300 mm
Construction	3 éléments en verre ED, 1 élément HRI, traitement Nanocrystal
Angle de champ	34°20'-12°20'
Mise au point minimale	1 m
Rapport de reproduction	×0,274
Diamètre × longueur	78 × 178,5 mm
Poids	850 g
Diamètre filtre	67 mm

AF-S 80-400 mm f/4,5-5,6G ED VR

La qualité optique de l'ancienne version de cet objectif était assez controversée, particulièrement entre 300 et 400 mm. On voit très vite en observant les courbes et les essais, que Nikon a corrigé le tir en améliorant considérablement la performance à 400 mm. De plus cet objectif bénéficie maintenant de la motorisation AF-S et de la dernière version de la stabilisation optique. Lorsqu'il est monté sur le D7200, sa focale équivalente maximale de 600 mm f/5,6 en fera un excellent choix pour les amateurs de chasse photo animalière ou de photo sportive par exemple. Il arrive sans doute en fin de vie, mais on le trouvera encore longtemps en occasion. Meilleur diaphragme en pratique : f/7,1.

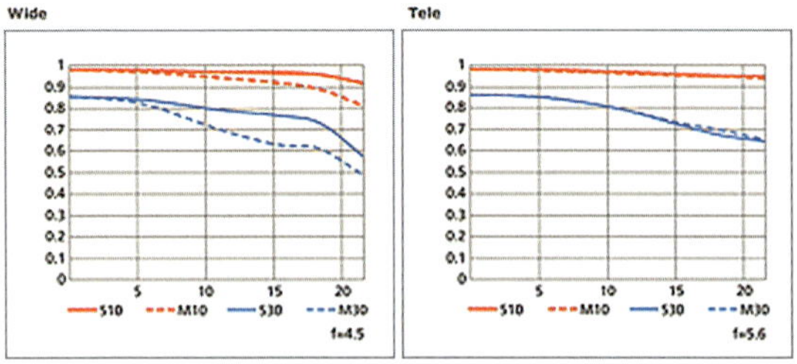

Focale équivalente sur D7200	120-600 mm
Construction	4 éléments en verre ED, 1 super ED et traitement Nanorystal
Angle de champ	30°10'- 6°10'
Mise au point minimale	1,75 m
Rapport de reproduction	1/5,7
Diamètre × longueur	95,5 × 203 mm
Poids	1 570 g
Diamètre filtre	77 mm

AF-S 200-500 mm f/5,6 ED VR

Ce nouvel objectif était très attendu dans la gamme Nikon par les amateurs de photo de sport ou animalière, d'autant que monté sur le D7200 et son coefficient multiplicateur, c'est à l'équivalent d'un 300-750 mm que l'on a affaire. Sa qualité optique est de haut niveau ainsi que ses performances en AF et en stabilisation. Ce nouveau zoom dispose du nouveau diaphragme à commande électromagnétique assurant une plus grande régularité d'exposition en rafale. Meilleur diaphragme en pratique : f/7,1.

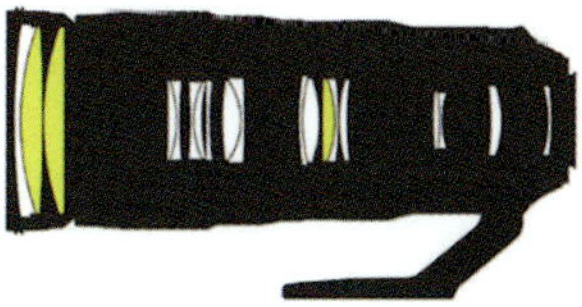

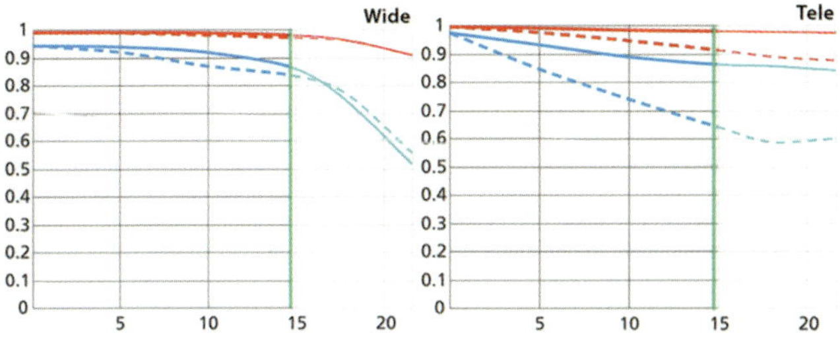

Construction	3 éléments en verre ED
Angle de champ DX	80°-3°10'
MAP minimale	2,20 m
Rapport de reproduction	1/5,7
Diamètre × longueur	108 × 267,5 mm
Poids	2 300 g
Diamètre filtre	95 mm

7.4 OPTIQUES FIXES

Courtes et moyennes focales

■ AF DX 10,5 mm f/2,8G ED

Objectif fisheye avec un angle de vue de 180° couvrant entièrement le format DX.

Focale équivalente sur D7200	15,75 mm
Construction	1 élément en verre ED
Angle de champ	180°
Mise au point minimale	0,14 m
Rapport de reproduction	×0,2
Diamètre × longueur	63 × 62,5 mm
Poids	305 g

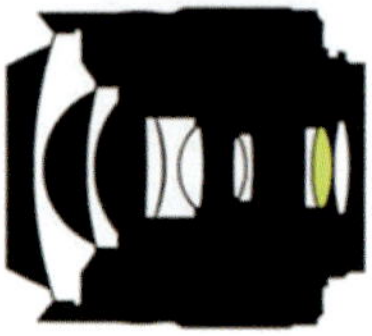

■ AF-S DX 35 mm f/1,8G ED

Focale standard en format APS, sa luminosité, sa bonne résolution dès la pleine ouverture et sa compacité peuvent en faire un objectif intéressant pour sa discrétion.

Focale équivalente sur D7200	52,5 mm
Construction	1 asphérique
Angle de champ	44°
Mise au point minimale	0,3 m
Rapport de reproduction	×0,16
Diamètre × longueur	70 × 52,5 mm
Poids	200 g
Diamètre filtre	52 mm

AF-S DX Micro 40 mm f/2,8G

Objectif macro de focale moyenne et faible encombrement et de prix raisonnable. La résolution sera au rendez-vous avec cette optique couplée au D7200.

Focale équivalente sur D7200	60 mm
Construction	9 éléments
Angle de champ	38°50′
Mise au point minimale	0,163 m
Rapport de reproduction	×1
Diamètre × longueur	68,5 × 64,5 mm
Poids	235 g
Diamètre filtre	52 mm

AF-S DX Micro 85 mm f/3,5G ED VR

Moyen télé macro permettant d'atteindre le rapport 1:1 et disposant d'une mise au point interne qui autorise la mise au point sans changer la longueur de l'objectif. Diaphragme à 9 lamelles améliorant le rendu des zones lumineuses de l'arrière-plan. Comme souvent avec les objectifs macro récents, il donnera des résultats exceptionnels en piqué et contraste du centre jusqu'aux bords et dès la pleine ouverture. Un must.

Focale équivalente sur D7200	127,5 mm
Construction	1 élément en verre ED
Angle de champ	18°50′
Mise au point minimale	0,286 m
Rapport de reproduction	×1
Diamètre × longueur	73 × 98,5 mm
Poids	355 g
Diamètre filtre	52 mm

Téléobjectifs

■ AF-S 200 mm f/2G ED VRII

Cet objectif est vraiment un sacré monstre aussi bien en termes de poids que de prix, mais quelle qualité, et dès la pleine ouverture ! Il supporte assez bien d'être équipé d'un multiplicateur dans le cas où l'on veut disposer d'une focale plus longue, ce qui le transformera en équivalent 600 mm f/4 avec le doubleur sur le D7200, ou 420 mm f/2,8 avec le multiplicateur 1,4x ! Bras et dos musclés conseillés.

Focale équivalente sur D7200	300 mm
Construction	3 éléments ED, 1 super ED, traité Nanocrystal
Angle de champ	12°20'
Mise au point minimale	1,9 m
Rapport de reproduction	×0,12
Diamètre × longueur	124 × 203 mm
Poids	2 930 g
Diamètre filtre	52 mm

AF-S 300 mm f/4-E PF ED VR

Ce nouvel objectif innove par sa formule optique qui comprend une lentille diffractive (Phase Fresnel) permettant une réduction drastique de l'aberration chromatique, ainsi qu'un gain de taille et de poids spectaculaire. Il est doté du système de stabilisation VR amélioré (gain de 4,5 vitesses) et du nouveau mode de stabilisation « sport » inauguré sur le dernier 400 mm f/2,8. Les courbes de contraste sont au moins équivalentes au 300 mm f/4 précédent qui étaient déjà excellentes. Il est équipé de la commande électromagnétique de diaphragme pour une plus grande régularité d'exposition en rafale.

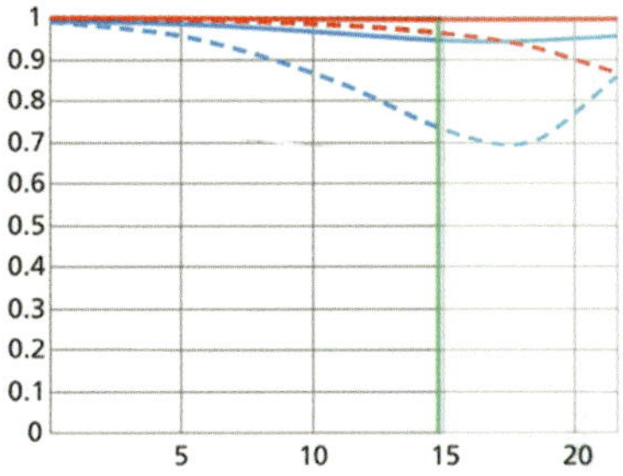

Construction	1 élément PF, 1 élément ED
Angle de champ DX	5°20′
MAP minimale	1,4 m
Rapport de reproduction	1/4,16
Diamètre × longueur	89 × 147 mm
Poids	755 g
Diamètre filtre	77 mm

AF-S 300 mm f/2,8-G ED VRII

Un *must* dans la gamme des téléobjectifs à grande ouverture. La focale équivalente de 450 mm f/2,8 sur le D500 et respectivement 630 et 900 mm équipé des téléconvertisseurs 1,4x et 2x en feront le top des ensembles pour le sport ou l'animalier.

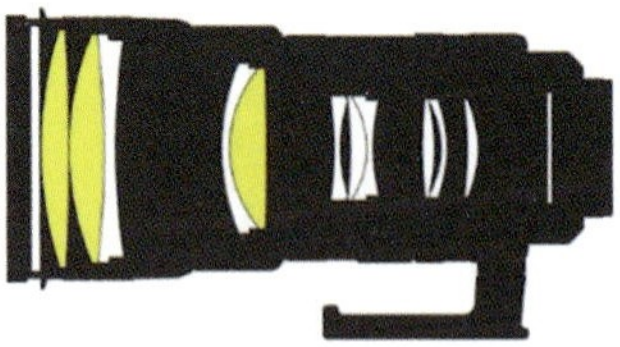

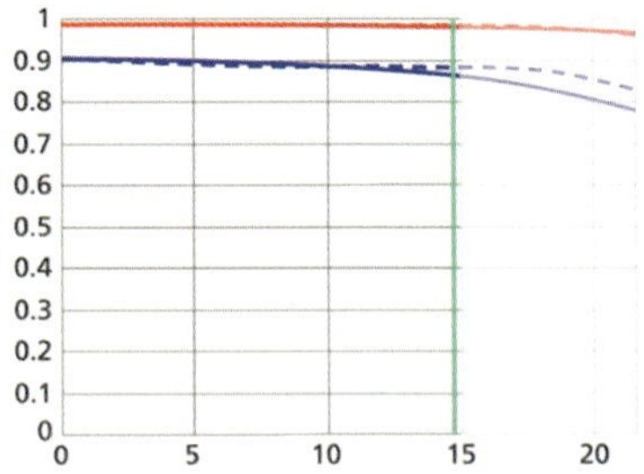

Construction	3 éléments ED, traité Nanocrystal
Angle de champ DX	5°20′
MAP minimale	2,2 m
Rapport de reproduction	1/6,25
Diamètre × longueur	124 × 267,5 mm
Poids	2 900 g
Diamètre filtre	52 mm

Pour terminer ce tour d'horizon des dernières optiques apparues, on ne peut oublier les très longs téléobjectifs 300 mm f/2,8, 400 mm f/2,8, 500 mm f/4, 600 mm f/4 et 200-400 mm f/4, tous dotés des dernières technologies AF-S, VR et traitement Nanocrystal. Ces optiques, déjà très chères, sont petit à petit remplacées par des modèles dotés de verres en fluorite, qui permettent des performances encore meilleures et un allégement de poids significatif, mais dont le prix est maintenant hors de portée de la plupart des photographes. Cela est en grande partie dû aux changements de taux de change entre euro et yen qui ont récemment produit une augmentation très importante des prix des produits japonais que les fabricants ont prioritairement appliqués sur les produits haut de gamme.

▲ Téléobjectifs Nikon.

Multiplicateurs de focale

Ces compléments optiques agissent en quelque sorte en agrandissant l'image délivrée par l'objectif. Dès lors le capteur ne reçoit qu'une partie de l'image de l'objectif, ce qui réalise l'équivalent d'un recadrage.

Or, avec le D7100, on bénéficie déjà d'un coefficient multiplicateur 1,5× grâce à la taille du capteur APS-C. Il serait sans doute déraisonnable d'utiliser en plus un de ces accessoires, sauf éventuellement le modèle TC-14EII qui est un multiplicateur 1,4×.

8

LABO NUMÉRIQUE

Comment transférer, traiter et améliorer vos images tout en adoptant un flux de travail efficace et rapide.

8.1 INSTALLATION ET PRÉPARATION DES LOGICIELS

La carte SD est maintenant pleine de vos belles images ! Pour les utiliser efficacement et simplement vous devez d'abord installer **View NX-i** et **Capture NX-D**, téléchargeables gratuitement sur le site Nikon France. View NX-i est un catalogueur d'images pour visualiser, trier, classer et même retoucher simplement les fichiers RAW. NX-D est un dématriceur vous permettant des interventions beaucoup plus élaborées dans vos images. En même temps que View NX-i ou Capture NX-D, sera éventuellement installé le petit utilitaire **Nikon Transfer 2**.

Pour utiliser vos images vous devez d'abord les transférer dans un dossier de l'ordinateur. Pour cela deux moyens : le **câble USB** livré avec l'appareil et qui relie ce dernier à l'ordinateur, ou un **lecteur de carte** que vous pouvez vous procurer dans tous les magasins spécialisés ou sur Internet. Cet accessoire a plusieurs avantages sur le câble USB : comme il reste branché à l'ordinateur, il est disponible en permanence, évite une consommation d'énergie de la batterie de l'appareil et limite aussi les manipulations multiples de la minuscule prise USB côté appareil. Je ne saurais trop vous conseiller cet achat (voir section **8.10**).

Lors de la connexion de l'appareil à la prise USB ou de l'introduction de la carte SD dans le lecteur, et s'il a été installé, l'utilitaire **Nikon Transfer** apparaît et propose diverses options. On peut principalement déterminer le lieu de stockage des nouvelles images (Nikon Transfer crée un nouveau sous-dossier pour chaque transfert) et le logiciel d'ouverture immédiate de ces images. Si View NX-i est installé, c'est lui qui s'ouvrira par défaut. Si vous préférez la méthode classique qui consiste à transférer directement les images de la carte dans le dossier de votre choix, par copier-coller ou par glisser-déposer, annulez dans les Préférences l'ouverture automatique de Nikon Transfer à chaque connexion de l'appareil ou de la carte.

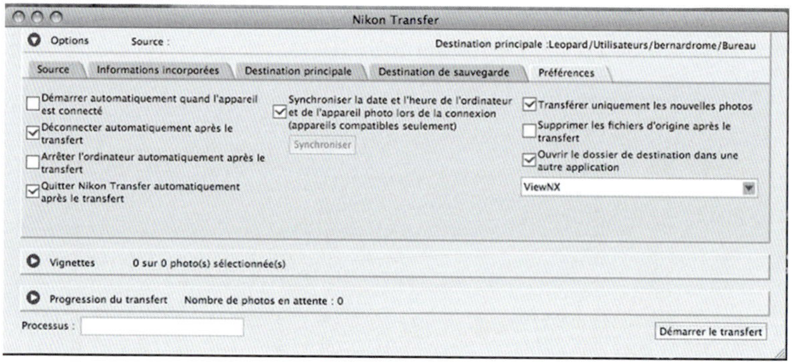

▲ L'utilitaire Nikon Transfer.

Les fichiers JPEG pourront être ouverts par n'importe quel logiciel de traitement d'images. En revanche les fichiers RAW ne pourront être traités que par certains logiciels, nous en évoquerons quelques-uns dans ce chapitre.

8.2 VIEW NX-I

View NX-i permet principalement la visualisation et le tri des images ; il ouvre aussi et développe les images RAW et peut les convertir en JPEG. À gauche de la fenêtre de l'application se trouve la palette **Dossiers** (l'arborescence des divers disques et dossiers de l'ordinateur) d'où vous pourrez importer vos images. En haut à gauche, une petite icône permet de sélectionner le type d'affichage souhaité : en vignettes, en mode Visionneuse (une barre de vignettes et l'image sélectionnée en grand format) ou l'image en mode plein écran. À droite, selon le choix fait dans le menu déroulant, on peut voir les **EXIF** de l'image affichée, les métadonnées que l'on peut renseigner et la palette d'édition pour appliquer un post-traitement simple aux images. Pour cette opération on peut aussi cliquer directement sur l'icône Édition de la barre de menu.

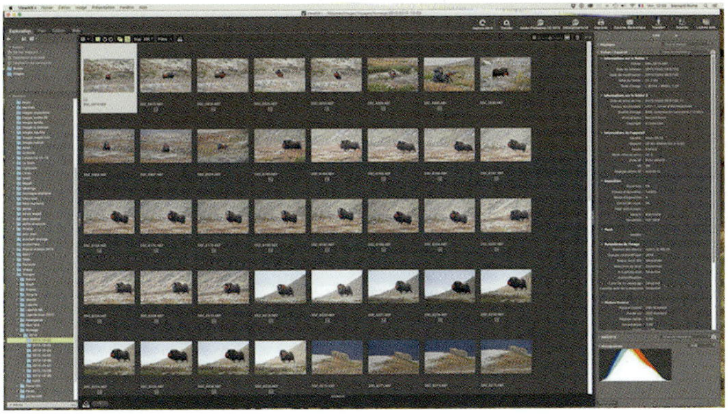

▲ En modes vignettes, on peut effectuer un premier tri rapide des images à éliminer. Un clic droit sur l'image fait apparaître un menu contextuel qui permet de placer l'image dans la corbeille, ou de la renommer par exemple.

▲ En mode visionneuse, on peut effectuer un tri plus fin et attribuer des notes (étoiles) aux images afin de pouvoir afficher ensuite les images sélectionnées par nombre d'étoiles attribuées.

Attention ! Lorsqu'on ouvre une image RAW dans le mode visionneuse, c'est l'image JPEG incluse dans le RAW qui est présentée pour une question de rapidité d'affichage. Pour la visualiser avec sa netteté réelle, cliquez sur le bouton **RAW** en haut à gauche de l'image. Cela nécessite un temps assez long pour l'actualisation de l'image, mais vous pouvez mieux apprécier sa qualité réelle.

View NX-i affiche les images de tous formats (JPEG, TIFF, RAW) présentes dans le dossier sélectionné, ou uniquement un de ces formats par exemple, cette option est réglable dans la barre de fonctions. Il peut aussi présenter les images prises en RAW+JPEG comme une seule image RAW ou deux images distinctes (menu Présentation).

Si l'image ne nécessite qu'une retouche légère, on peut l'appliquer grâce aux outils présents dans l'onglet **Réglages**, qui permettent d'agir sur la luminosité, le contraste, la saturation et, pour les images RAW, sur la balance des blancs par modification de la valeur utilisée lors de la prise de vue ou par une nouvelle mesure avec l'option **Utiliser le point gris** du menu déroulant **Valeur enregistrée**. Dans ce cas, après avoir démarré la fonction, il suffit de cliquer sur un point devant être neutre dans l'image pour l'équilibrer. Un réglage de D-Lighting et un mode Portrait ou Paysage préréglé sont aussi disponibles. Enfin un outil de recadrage, libre ou selon un format normalisé, permet de finaliser l'image.

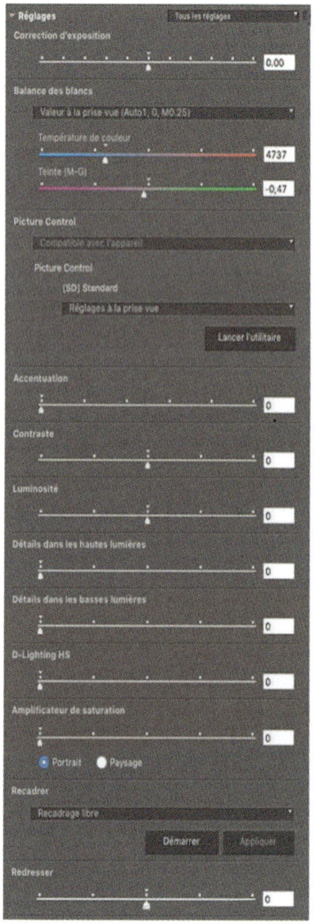

▲ La palette de réglages de View NX-i.

▲ L'interface d'édition de View NX-i.

Vous pouvez aussi sélectionner une ou plusieurs images dans la visionneuse et les ouvrir avec Capture NX-D ou dans un autre logiciel par **Fichier** > **Ouvrir avec**, ou par clic droit sur une imagette ou un groupe d'images.

Pour créer un archivage sélectif, vous pouvez noter vos images en leur attribuant à chacune un code couleur (correspondant à une annotation personnelle) et/ou une note qualitative (étoiles) et ainsi ne sélectionner que les vues intéressantes pour un usage donné, par une recherche sélective à l'aide de ces critères (barre des fonctions). Une autre fonction souvent utile est la conversion en images JPEG légères destinées à l'envoi par mail (toujours dans la barre des fonctions). Via la barre de menu vous pouvez aussi afficher la zone de mise au point AF utilisée et corriger les problèmes d'yeux rouges au flash. De même vous pouvez créer rapidement un diaporama de vos images.

Pour conclure, ce petit logiciel sera suffisant pour ceux qui ne veulent pas aller plus loin dans les traitements d'images. Il est certain que Capture NX-D sera bien plus adapté à un traitement avancé des images.

GPS

Si vous avez utilisé un accessoire GPS lors de vos prises de vue, View NX-i vous propose de visualiser sur une carte le point précis de la prise de vue correspondant aux coordonnées GPS enregistrées dans les EXIF de l'image, par un clic sur l'icône **Plan** (vous devez être connecté à Internet).

8.3 CAPTURE NX-D

Nikon avait annoncé l'arrêt du développement de Capture NX2. C'est chose faite aujourd'hui. D'autre part, n'étant plus suivi, NX2 pourra ne plus fonctionner lorsque le fournisseur du logiciel système de l'ordinateur (Windows ou Apple) fera une mise à jour.

NX-D est le logiciel **gratuit** qu'il est fortement conseillé d'installer si l'on veut tirer (simplement) le meilleur des images RAW du D7200. Il est téléchargeable sur le site de Nikon à l'adresse suivante :

http://downloadcenter.nikonimglib.com/fr/index.html

Ce logiciel remplace NX2, mais il y a des différences importantes. En effet, les fonctionnalités de corrections locales comme les U-Points, le pinceau de retouche, les points de sélection, entre autres, de NX2, n'existent plus dans NX-D. Heureusement, les réglages existant dans NX-D sont très proches de ceux de NX2, aussi bien dans leur principe que dans leurs valeurs de réglage.

Remarque Je présente ici une prise en main rapide des principales fonctions du logiciel et les principes de base de l'utilisation des outils proposés. En ce qui concerne les outils Courbe et Masque flou par exemple, ces conseils sont parfaitement transposables dans tous les logiciels tiers existant.

Nikon inclut dans le traitement interne des JPEG du D7200 la **correction des aberrations chromatiques des objectifs**. Ce traitement est d'une redoutable efficacité et participe à la qualité des images finales. Les fichiers RAW, bruts par nature, ne bénéficient donc pas de ce traitement. C'est NX-D qui se charge automatiquement de ce travail avec la même efficacité. Cette fonction est active par défaut. Il est évident qu'une image RAW ouverte par un autre logiciel que NX-D ne bénéficiera pas toujours de cette amélioration avec la même efficacité. Il en est de même des réglages d'optimisation appliqués dans l'appareil, seul NX-D les conserve, les applique et permet de les modifier.

▲ L'espace de travail de NX-D.

Paramétrages importants

Préférences

Vous y accédez par **Fichier** > **Préférences**.

- **Taille du cache**. Lors de l'ouverture et de la modification d'une image RAW, le logiciel enregistre dans le cache créé sur l'ordinateur les paramètres principaux de l'image et ses réglages dans le Picture Control de l'appareil. Ainsi, lors de sa réouverture ultérieure l'image s'affichera plus rapidement. Si par défaut le logiciel attribue la valeur standard au cache, vous pouvez augmenter cette valeur, afin d'enregistrer plus d'images différentes. Vous pourrez aussi effacer le cache lorsque vous n'aurez plus besoin d'informations anciennes et ainsi libérer de l'espace pour les nouvelles. NX-D crée automatiquement le cache dans le dossier où se trouvent les images, mais si vous souhaitez indiquer un emplacement spécifique vous pouvez le faire en cliquant sur l'option **Spécifier**.
- **Espace colorimétrique RVB par défaut**. Dans le menu déroulant vous pouvez choisir un espace couleur, le **sRGB** étant celui proposé par défaut. Comme c'est le plus courant, sauf cas particulier, conservez-le. Deux options sont aussi proposées : utiliser ce profil par défaut si vous désirez toujours travailler dans ce mode même si l'image a été enregistrée autrement dans l'appareil, et utiliser ce profil lors de l'impression, qui est aussi le plus courant. Si vous choisissez cette dernière option vous devez confirmer le modèle d'imprimante utilisé.
- **Applications associées**. En cliquant sur **Ajouter** vous indiquez les applications dans lesquelles vous pourrez ouvrir les images depuis NX-D.

- **Dossier de fichiers TIFF**. Vous pouvez spécifier un emplacement spécifique pour l'enregistrement des fichiers TIFF qui seront transférés vers l'application choisie pour finaliser un traitement.
- **Afficher rapidement l'aperçu**. À moins d'avoir une informatique ancienne et lente, il est conseillé de cocher cette case.
- **Ne pas traiter les NEF+JPEG comme des images NEF**. Si cette case n'est pas cochée, les images prises en RAW+JPEG ne s'afficheront que comme une image unique RAW. Si elle est cochée, les deux s'afficheront séparément.
- **Traitement des couleurs**. Si vous ouvrez des images réalisées avec un appareil plus ancien que le D7200 et que vous souhaitez conserver les réglages de cet appareil, choisissez **Optimisation des réglages de l'appareil**. Sinon, choisissez **Système PC le plus récent**.

Espace visionneuse

Ce mode permet d'avoir une vue d'ensemble de ses images. On choisira donc l'affichage en vignettes. La palette de gauche présente l'arborescence des dossiers de l'ordinateur dans laquelle on sélectionnera le dossier contenant les images à afficher. Le travail consistera donc d'abord à éliminer les images non qualitatives par un clic droit pour afficher un menu contextuel et **Placer dans la corbeille**, puis, éventuellement, à attribuer une note (étoiles) aux images. Cela permet par la suite de pouvoir afficher les images selon ce critère qualitatif.

Espace édition

L'affichage comprend les vignettes affichées en mode pellicule dans le bas de l'écran et l'image sélectionnée en grande taille. Vous pouvez choisir la taille d'affichage de l'image par le menu **Présentation** ou à l'aide des touches Cmd/Ctrl (Mac/PC) et + ou – ; un double clic sur l'image affichée fait passer l'affichage à 100 % et inversement. La taille d'affichage est visualisée en pourcentage en bas à droite de la fenêtre de l'application.

En mode loupe, la fenêtre de navigation au-dessus de la palette Dossiers indique la **zone d'image affichée** : vous naviguez dans l'image grossie en cliquant et en faisant glisser l'image ou en vous servant des glissières « ascenseur » de l'image ou encore de la fenêtre de navigation. Pour l'édition proprement dite, utilisez la palette de réglages à droite. Vous sélectionnez dans le panneau de réglages le type de réglage à utiliser. Il suffit de positionner le pointeur de la souris sur une icône pour avoir l'indication de l'action concernée.

Dans la barre des menus vous disposez d'options permettant de **visualiser deux images côte à côte afin de les comparer** ou **la même image avant et après corrections**. Pour comparer deux images sélectionnez cette option puis cliquez par exemple dans le cadre de gauche et sélectionnez l'image à afficher dans la bande de vignettes. Même chose pour la deuxième image mais en cliquant dans le cadre de droite. Les modifications de zoom seront identiques dans les deux simultanément.

▲ Comparer deux images afin, par exemple, de choisir la plus nette.

Réglages

Selon la sélection des deux onglets présents en haut de cette palette seront affichées les données EXIF ou les réglages de l'image dans NX-D. Les données **EXIF** proposent une liste exhaustive de l'ensemble des réglages de l'appareil pour l'image sélectionnée.

Lorsqu'on traite de nombreuses images, il est important de rationaliser au mieux ses actions pour gagner du temps. Chacun pourra trouver ses marques en fonction de ses options personnelles et de ses besoins. Mais quelques principes généraux peuvent guider les premiers pas. Si vous avez ouvert une image RAW, d'un clic sur l'icône **Picture Control** vous accédez aux divers réglages appliqués dans l'appareil lors de la prise de vue. Vous pouvez revenir sur ces paramètres comme si vous repreniez la photo, c'est l'un des grands avantages du mode RAW. De même avec les autres icônes de la palette de réglages. Il est toujours possible de revenir aux réglages d'origine de l'image en cliquant sur l'icône **Revenir à l'original**.

Vous pouvez appliquer les modifications que vous avez apportées à une image, à une sélection ou à l'ensemble des images de la même séance de prise de vue. Pour cela, sélectionnez **Copier les paramètres** dans le menu **Réglages**, sélectionnez la ou les images concernées dans le navigateur de NX-D puis choisissez **Coller les réglages** (même menu).

Astuce

Il est facile d'imaginer un usage pratique de cette fonctionnalité. Vous pourrez créer vos propres *sets* de paramétrages et de réglages correspondant à vos corrections et réglages les plus courants, que vous enregistrerez de la même manière, et que vous pourrez appliquer à un groupe d'images, ou même à une seule par le menu. Vous n'aurez qu'à sélectionner **Exporter les modifications** dans le menu **Réglages** et à nommer le fichier de manière à le reconnaître facilement lorsque vous voudrez appliquer ce réglage à une image ouverte dans NX-D, ou à un ensemble d'images dans un dossier par l'intermédiaire d'un traitement par lot. Dans le premier cas, utilisez le menu **Importer les réglages**, dans le second, **Fichier** > **Traitement par lot**.

Traitement par lot

Dans ce panneau, une première étape consiste à indiquer où se trouve le dossier contenant les images à traiter. La deuxième étape concerne les paramètres à appliquer : parcourez les dossiers jusqu'à ceux que vous avez enregistrés. La troisième étape concerne le format d'enregistrement des images, TIFF ou JPEG. Il vous restera enfin à indiquer le dossier de destination de vos images, soit un nouveau dossier créé à cette fin (solution prudente), soit le dossier source. Dans ce dernier cas, les fichiers originaux peuvent être écrasés si ce sont des JPEG, ce qui est déconseillé si l'on n'a pas dupliqué ou conservé dans la carte ses originaux au moins jusqu'à la fin des traitements. Lancez le traitement et allez boire un café pendant que l'ordinateur travaille ! Quelques secondes ou minutes après, selon le nombre d'images et leur poids, vous disposerez d'un dossier contenant vos images traitées.

Corrections de l'appareil et des objectifs 

Ce menu sert à modifier ou activer des corrections des divers défauts des objectifs. La correction des **aberrations chromatiques latérales** est active par défaut dans l'appareil, ce qui explique que la case correspondante soit déjà cochée. En effet, c'est une correction très importante car elle affecte quasiment tous les objectifs, particulièrement aux grandes ouvertures et dans les zones de fort contraste. Si vous voulez voir l'effet de cette aberration selon l'objectif et l'ouverture utilisés (uniquement en RAW), il vous suffit de décocher ponctuellement la case correspondante.

- **Aberration chromatique longitudinale**. Il s'agit d'un autre type d'aberration chromatique qui peut aussi apparaître dans les images prises à grande ouverture avec des objectifs de focale moyenne principalement. Elle se manifeste par des liserés de couleur différente selon que les sujets sont en avant ou en arrière du point de mise au point. Cette aberration est plus difficile à atténuer mais elle est heureusement moins courante.
- **Correction du moiré**. Si vous constatez dans une image ce défaut qui apparaît comme des fausses couleurs dans une zone comportant des éléments répétitifs et très fins (la trame d'un tissu par exemple), vous pouvez atténuer sa visibilité en activant cette option.
- **Contrôle de la distorsion**. Si cette option n'était pas activée dans l'appareil, vous pouvez le faire dans cette palette. Elle concerne une grande partie des objectifs Nikon mais pas tous malheureusement.

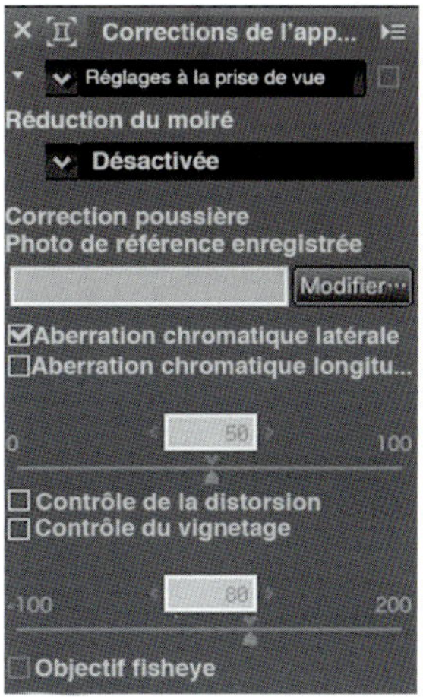

- **Contrôle du vignetage**. Là il s'agit d'un autre défaut apparaissant aux grandes ouvertures qui produit un assombrissement des coins de l'image. Comme la distorsion ce défaut est corrigé pour la grande majorité des objectifs par cette option. Mais un réglage manuel est disponible dans la palette en cas de non-prise en compte automatique.

Correction d'exposition

Le premier onglet permet de modifier l'exposition de l'image tout en contrôlant l'histogramme. On pourra apprécier ici la souplesse des fichiers RAW : par exemple une légère surexposition des hautes lumières, définitive en JPEG, est facilement rattrapable avec cette commande.

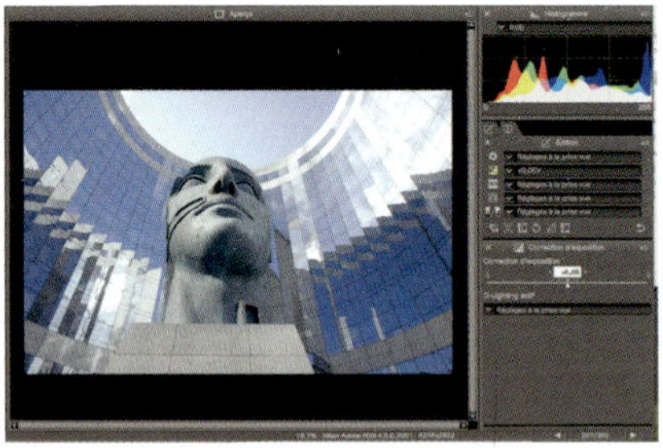

▲ Les hautes lumières sont brûlées.

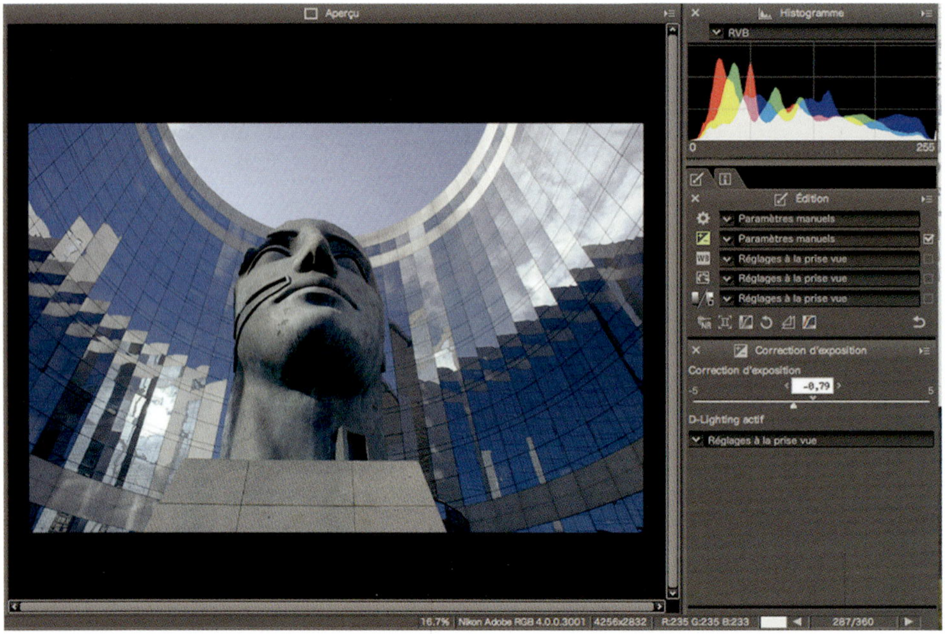

▲ Correction des hautes lumières.

Attention !

Les réglages **Hautes lumières** et **Basses lumières** sont l'équivalent d'un réglage de luminosité, mais divisé en deux zones d'action distinctes : partie droite et partie gauche de l'histogramme (ce que l'on ne pouvait faire précédemment qu'avec l'outil **Courbe**). Si l'on essaie de rattraper des hautes lumières surexposées avec le paramètre Hautes lumières du réglage de tons on ne pourra qu'obtenir du gris dans ces zones. Comme on l'a vu dans l'exemple précédent, ce sont les réglages **Correction d'exposition** puis **Basses lumières** qui sont adaptés dans ce cas. En effet, le réglage Hautes lumières du réglage de tons concerne uniquement les hautes lumières correctement exposées mais dont on veut adoucir la progressivité.

Correction des tons

Une fois la correction de surexposition réalisée avec le réglage d'exposition, l'image est globalement assombrie. L'équilibrage de l'ensemble se fera avec la palette **Correction des tons** et l'onglet **Basses lumières**.

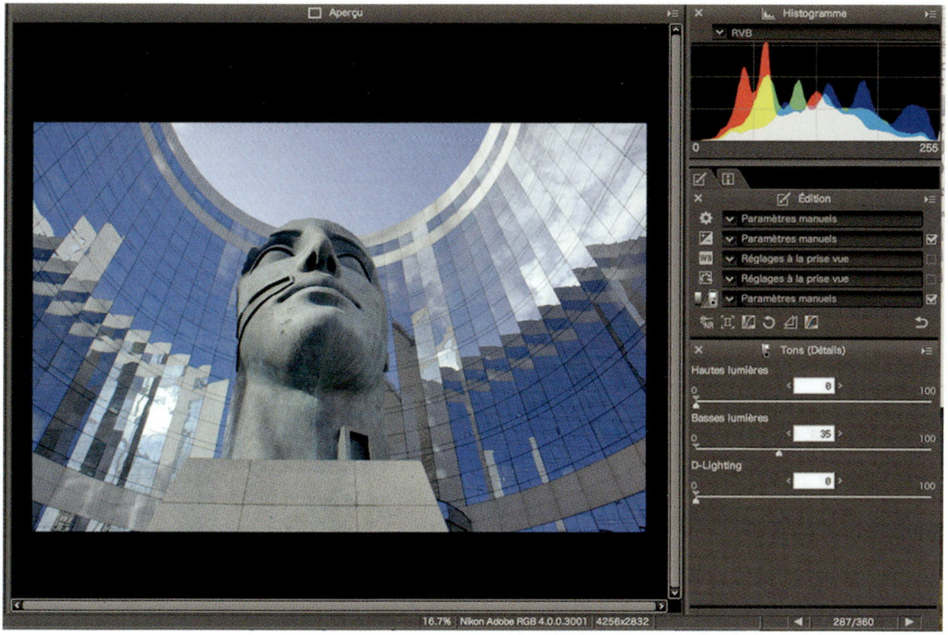

▲ L'image corrigée.

Réglage des tons

Il s'agit là des réglages généraux de l'image : la luminosité générale, le contraste général et la saturation couleur générale. Ces réglages sont à manier avec modération ! Le réglage de contraste par exemple a un effet sur l'histogramme, un excès surexpose les hautes lumières. Il vaut bien mieux s'habituer à utiliser le réglage Courbe qui permet de modifier le contraste en préservant les hautes lumières (voir plus bas).

Balance des blancs WB

Avec cet outil vous pouvez agir sur les couleurs de l'image, ou si vous cliquez sur **Valeur à la prise de vue** dans la liste déroulante, choisir une autre **balance préréglée** que celle utilisée à la prise de vue, ou encore choisir de définir le **point gris**. Dans ce dernier cas, lorsque vous cliquez sur une zone devant être neutre dans l'image (grise ou blanche, mais pas surexposée), NX-D corrige alors la balance. Si vous avez pris la précaution, au début d'une séance de prise de vue, de faire une **image test** comportant une charte de gris, ce réglage sera grandement facilité. Une fois le réglage fait, vous pouvez encore le modifier et l'affiner si nécessaire avec les onglets **Bleu/Rouge** et **Magenta/Vert**.

Exemple de correction d'image dans NX-D

L'exemple de traitement suivant est assez typique de ce que l'on peut rencontrer fréquemment dans les scènes à fort contraste. On pourra s'inspirer de ce type d'actions pour les corriger, mais ce n'est bien sûr pas la seule méthode possible.

À l'ouverture de l'image dans NX-D on constate que la vue est un peu sombre. Elle a été légèrement sous-exposée par l'automatisme, ou volontairement par le photographe, afin de conserver des détails dans le ciel. Il convient donc maintenant de la corriger afin de lui redonner un aspect moins triste.

◄ Exemple de correction simple d'image dans NX-D : la photo originale.

On remarque dans l'histogramme que les hautes lumières ont été tout de même légèrement surexposées (le ciel), on va donc agir sur le réglage **Correction d'exposition**.

◀ Correction de l'exposition.

La correction d'exposition a bien rattrapé la surexposition (voir l'histogramme) mais a accentué l'assombrissement de l'image. On va donc agir sur les **basses lumières** via le réglage **Tons**.

▶ Correction des basses lumières avec le réglage Tons.

Il reste maintenant à redonner de la vigueur à l'image en appliquant un réglage de **contraste** léger et un réglage de **saturation**.

▲ Correction du contraste et de la saturation.

Ces corrections pourraient être éventuellement réalisées plus globalement par une correction d'exposition associée à une courbe de contraste mais j'ai préféré les présenter de manière séquentielle de manière à bien montrer les effets des unes sur les autres. Et c'est une petite gymnastique dont on prend assez vite le contrôle.

■ Courbe

Détaillons le principe de cet outil très utile et très puissant. Avec lui on peut agir de manière rapide, avec un seul point, sur le contraste et la luminosité d'une image nécessitant peu de modifications.

Voici l'image sans correction et l'outil **Courbe**, l'absence de modification est signalée par une ligne droite oblique. La partie droite de la droite concerne les hautes lumières, la partie gauche les basses lumières.

▶ L'image sans correction et l'outil Courbe actuellement sans modification.

On va maintenant agir sur la luminosité de l'image. On place un point au centre de la courbe et on le fait glisser vers le haut en suivant la ligne médiane. L'image s'éclaircit de manière globale et les contrastes sont respectés (les basses lumières sont un peu moins éclaircies que les hautes lumières).

▲ L'image s'éclaircit et les contrastes sont respectés.

Au lieu de partir du centre on place le point vers le haut de la courbe et on le fait glisser verticalement jusqu'à ce que le centre de la courbe parvienne au même point que précédemment. Les lumières moyennes sont éclaircies exactement comme dans l'image précédente mais les basses lumières sont moins éclaircies et les hautes lumières plus éclaircies. On a donc creusé l'écart entre hautes et basses lumières : on a augmenté le contraste de l'image tout en éclaircissant les lumières moyennes.

▲ Le contraste de l'image est augmenté et les lumières moyennes éclaircies.

On place cette fois le point en bas de la courbe dans les basses lumières. On fait glisser le point vers le haut jusqu'à ce que le centre de la courbe parvienne à la même hauteur que précédemment. Les lumières moyennes sont éclaircies comme précédemment mais les basses lumières sont plus éclaircies que les hautes lumières. L'écart entre les hautes et basses lumières est diminué : on a diminué le contraste de l'image tout en éclaircissant les lumières moyennes. (Si l'exposition est déjà limite on peut placer un point de blocage dans la partie haute de la courbe pour éviter de toucher aux très hautes lumières.)

▲ Le contraste de l'image est diminué et les lumières moyennes éclaircies.

Courbe multipoints

Voici une image qui manque énormément de contraste. Nous allons appliquer une correction via une courbe en S. celle-ci augmente la luminosité des tons clairs et réduit celle des tons sombres

▶ Cette image manque énormément de contraste.

◀ Application d'une courbe en S.

Après correction du contraste, il est encore plus évident que l'image présente aussi une dominante bleue. On va sélectionner la couche bleue de l'image et l'incurver vers le bas afin de diminuer sa présence dans l'image. Si la dominante avait été davantage marquée dans les parties claires de l'image par exemple, on aurait placé le point dans la partie droite de la courbe, et si on n'avait voulu corriger **que** les parties claires, on aurait placé un point de blocage au niveau des parties sombres afin d'empêcher les modifications dans cette partie de l'image.

▲ Correction de la dominante couleur.

À noter En augmentant le contraste on a aussi augmenté la saturation des couleurs. Cela est important et montre bien qu'il ne faut modifier la saturation des couleurs qu'une fois l'image d'abord équilibrée en contraste et en luminosité.

Masque flou

Contrairement à ce que pourrait laisser penser son nom, ce filtre permet d'accentuer la netteté ! Son principe est d'augmenter la netteté perçue des transitions de l'image en créant un fin liseré de contraste entre les zones présentant une petite différence de ton afin d'augmenter leur visibilité.

On dispose de trois réglages :

- **Intensité** : c'est la force d'application de ce filtre.
- **Rayon** : c'est la largeur du liseré de contraste appliqué. On peut conserver pour commencer la valeur par défaut et jouer sur l'intensité et le seuil. Par la suite on adaptera sa valeur en fonction de la taille de l'image.
- **Seuil** : ce réglage permet de déterminer jusqu'à quelle différence minimale de ton entre deux pixels contigus le filtre va agir. À 0, il agira sur l'ensemble de l'image, à 5 ou plus, son action ne concernera pas les détails peu contrastés. Pour une image en haute sensibilité on affichera une valeur de seuil de l'ordre de 2 à 4 ou plus par exemple, pour éviter l'accentuation du bruit. Pour une image basse sensibilité, on laissera ce paramètre à 0, ce qui permettra de mettre en valeur les plus subtils détails de l'image.

Pour résumer

- Avec un réglage de **seuil à 3** ou plus, on rend plus nets les éléments de l'image déjà parfaitement visibles.
- Avec un réglage de **seuil à 0**, on peut faire apparaître les très fins détails quasi invisibles jusque-là.

Pour une bonne compréhension de ce filtre testez l'effet des trois réglages sur une image affichée à 100 %, en exagérant les valeurs. Il ne faut appliquer ce filtre qu'une fois tous les autres réglages optimisés. En effet, il est difficile de juger de son effet réel si on l'applique sur une image non équilibrée en contraste et en couleur, ce qui peut amener à des réglages excessifs qui apparaîtront lorsque l'on agira plus tard sur le contraste et la saturation de l'image.

Voici une illustration du principe d'action de l'**accentuation**. À gauche, les trois bandes grises aux bords flous sur un fond gris se distinguent difficilement du fond. En appliquant un masque flou (image du centre), on crée un liseré blanc à la frontière séparant les zones présentant un petit écart de luminosité dans l'image, ce qui rend les bords de ces zones plus nets et accentue donc le contraste entre ces fines différences de tons en augmentant leur visibilité. Si l'on applique un liseré trop large (rayon) par rapport à la taille de l'image, celui-ci devient alors visible et dégrade la qualité de l'image (image de droite).

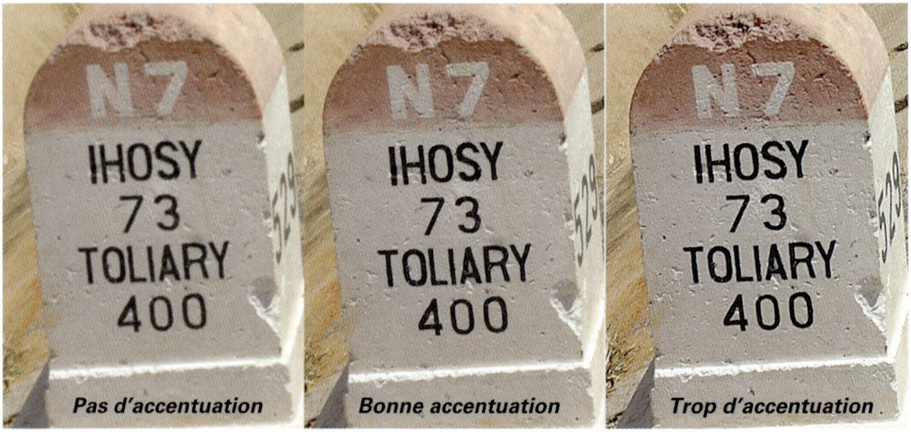

▲ Exemples d'accentuation.

Les réglages utilisés seront aussi fonction de la taille du tirage prévue. Une image destinée à une impression de petite taille (inférieure à 20 × 30) peut être accentuée assez vigoureusement (intensité) sans inconvénient. Une image destinée à un poster doit être accentuée faiblement car les liserés de contraste deviendraient plus visibles et donneraient un effet trop artificiel à l'image. C'est aussi pour cette raison qu'il est important de visualiser l'image à 100 % pour bien juger de l'impact de ce filtre.

NX-D *vs* Photoshop

Pour les utilisateurs habituels de Photoshop, les valeurs de réglage de ce filtre dans NX-D sont différentes. Mais on peut donner une correspondance assez précise :

- Une intensité de 100 dans NX-D correspond environ à 500 dans Photoshop.
- Un rayon de 5 dans NX-D correspond à environ 0,5 dans Photoshop.

En RAW et à 100 ISO, l'idéal pour obtenir une image très nette et sans liseré avec le D7200, est de ne pas accentuer du tout dans l'appareil (ou d'annuler l'accentuation de l'appareil dans NX-D) et d'appliquer un masque flou avec les valeurs ci-dessous :

- Intensité : 70 à 100.
- Rayon : 4.
- Seuil : 0 à 2.

Si la sensibilité est plus haute il conviendra d'agir en modérant l'intensité et en augmentant légèrement le réglage de seuil.

Si l'on doit réduire la taille de l'image, il est préférable de n'appliquer l'accentuation que sur l'image réduite. Dans ce cas, plus l'image est petite, plus le rayon doit être faible ; par exemple pour une image destinée au Web en taille 800 pixels on pourra utiliser (**toujours sur une image non accentuée au départ**) :

- Intensité : 50 à 100.
- Rayon : 3 à 4.
- Seuil : 0.

Réduction du bruit NR

La palette **Réduction de bruit** possède trois modes d'action : le **mode rapide**, peu qualitatif, donc à éviter, le mode **qualité supérieure**, plus performant, et le mode **qualité supérieure 2013**.

Chacun peut essayer de paramétrer lui-même selon ses propres critères les réglages de cette palette. Dans ce cas, il conviendra de supprimer la réduction du bruit, éventuellement appliquée à la prise de vue, dans le réglage correspondant de NX-D. Après quoi on utilisera le mode **Réduction de bruit** > **Qualité supérieure 2013** avec lequel on pourra séparer la réduction du bruit en deux domaines d'action distincts : luminance et chrominance. Le réglage de **chrominance** agit sur la partie couleur du bruit et celui de **luminance** sur le « grain » de ce même bruit. Ces deux types de bruit n'ont pas le même impact. Le grain dans l'image est mieux accepté que les moutonnements de couleurs. Dans ces conditions on peut, par exemple, atténuer fortement le bruit de chrominance et moins celui de luminance. Cela aura comme avantage de conserver un très bon niveau de détails de l'image.

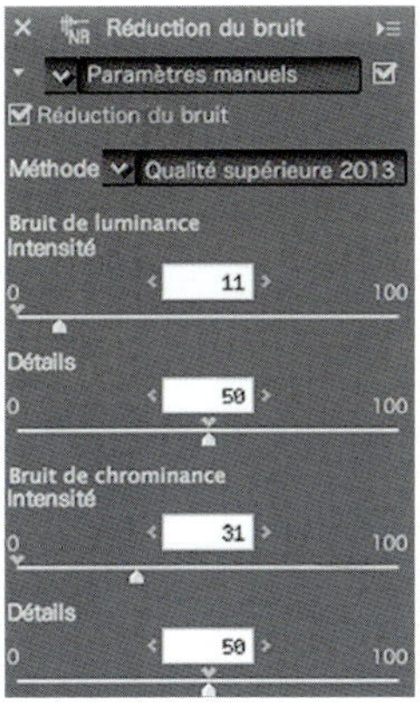

La technique consiste à afficher l'image à 100 % puis à appliquer d'abord le réglage de chrominance pour éliminer cette partie de bruit la plus gênante, puis agir ensuite sur le bruit de luminance avec modération afin d'arriver à un rapport bruit/détails satisfaisant en fonction de l'utilisation des images. On peut laisser les réglages **Détails** à 50 et n'agir que sur **Intensité**. Dans le cas d'un tirage il faut savoir que le papier « mange » les plus fins détails, y compris le bruit… Il est dès lors inutile de chercher à appliquer un traitement du bruit de luminance trop puissant ! En revanche, pour une visualisation à 100 % à l'écran un traitement plus énergique sera nécessaire, selon les goûts de chacun bien sûr.

Photo de correction poussière

Pour pouvoir utiliser cette fonction il est nécessaire de prévoir la réalisation d'une **image test** avant chaque séance de prise de vue. En effet, NX-D va se servir de cette image qui constitue une sorte de cartographie des poussières présentes sur le capteur à ce moment. Il est préférable que cette image (nommée DSC_xxxx.NDF) reste dans le même dossier que les images après transfert dans l'ordinateur. Ainsi, lorsque vous ouvrirez une des images RAW du dossier vous pourrez activer la fonction dans le menu **Correction de l'appareil et l'objectif** de NX-D, et le logiciel recherchera l'image test afin de réaliser l'élimination des poussières.

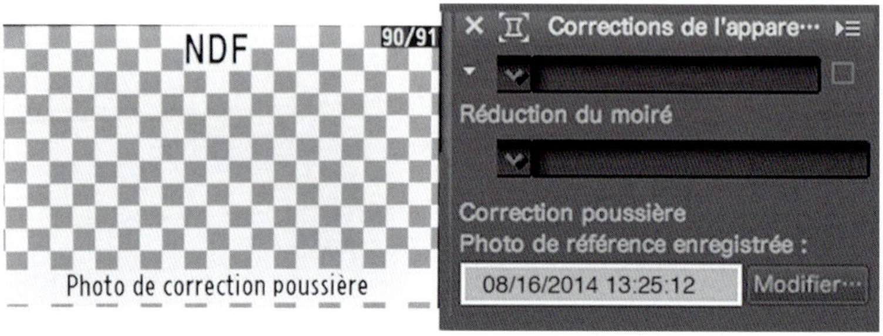

Cette image de référence ne sera utilisable par NX-D que si elle a été réalisée avant les prises de vue concernées ; elle ne sera plus utilisable pour des images prises plusieurs jours après ou après un cycle de nettoyage du capteur. C'est pour cela qu'il est important dans le cas de l'utilisation de cette fonction de ne pas valider l'activation automatique du système anti-poussière de l'appareil et de ne l'utiliser qu'en mode manuel juste avant chaque prise d'image correction poussière.

Conseil Il est important de bien faire la différence entre l'enregistrement des modifications d'un fichier RAW, ou d'une image JPEG ou TIFF. Les modifications apportées à l'image dans NX-D ne sont pas appliquées dans le fichier RAW, elles sont simplement enregistrées dans un fichier indépendant sur l'ordinateur (ces fichiers ne sont utilisables que par NX-D). Ainsi lors d'une ouverture ultérieure elles apparaîtront automatiquement dans les palettes de réglages de NX-D. En revanche dans un fichier JPEG ou TIFF les modifications sont appliquées et définitives, ce qui a des conséquences complètement différentes. On peut donc garder les modifications en RAW pour archivage (ce qui permettra de réutiliser ces réglages ou de les modifier à la prochaine utilisation) mais créer une image JPEG du même fichier pour tirage (ou TIFF pour complément de traitement dans un autre logiciel).

8.4 NIKON CAMERA CONTROL PRO 2

Ce logiciel, vendu en option, permet de commander le D7200 par l'intermédiaire de l'ordinateur (relié à l'appareil par le câble USB). Cet usage est particulièrement adapté à la prise de vue en studio, ou de type scientifique ou industriel. Dans certains cas, le sujet à photographier n'est pas dans un lieu accessible, pour des questions de sécurité par exemple (tests divers de machines ou autres), et la liaison Wi-Fi permet à l'opérateur d'utiliser son appareil presque comme s'il l'avait en main et branché à l'ordinateur : paramétrages, mise au point, déclenchement et rapatriement des images dans l'ordinateur.

En prise de vue studio l'utilisation de Capture Control Pro permet une visualisation sur grand moniteur, ce qui peut être un grand avantage notamment afin de s'assurer en affichage 100 % de l'absence de moiré sur les textures fines et répétitives comme les tissus. Vous pouvez télécharger une version d'essai et son mode d'emploi ici : http://bit.ly/1WTjgyC

8.5 ADOBE PHOTOSHOP

Photoshop est le logiciel universel de retouche d'images, mondialement connu et utilisé par les professionnels de l'image au sens large. Ses versions actuelles sont CS6 et CC. C'est un logiciel ultracomplet et performant dont les possibilités dépassent le domaine photo proprement dit. Adobe a adopté (imposé...) une nouvelle politique de diffusion de ses logiciels qui consiste à les louer. L'utilisateur doit payer un abonnement mensuel ou annuel pour pouvoir utiliser le ou les logiciels choisis. L'avantage pour lui est que ses logiciels seront en permanence mis à jour automatiquement (il aura toujours la dernière version au lieu de devoir acheter périodiquement les mises à jour majeures). L'inconvénient est que le logiciel ne lui appartiendra jamais et que s'il arrête de payer l'abonnement, son logiciel sera alors inutilisable...

Au début de cette nouvelle commercialisation, Adobe avait appliqué des prix complètement dissuasifs pour l'amateur car la location comprenait toute la palette des applications de la marque. Actuellement Adobe propose Lightroom ou Lightroom + Photoshop à des prix plus raisonnables qui correspondent bien mieux à un usage amateur/expert. Heureusement il existe toujours une version allégée nommée **Photoshop Elements** (Mac et PC) qui apporte bon nombre de fonctionnalités de Photoshop CS. C'est le logiciel amateur le plus abouti en ce qui concerne à la fois les possibilités, la convivialité et le prix. La partie dématriçage (ouverture et traitement des fichiers RAW) de Photoshop se nomme **Camera Raw** et est régulièrement mise à jour afin de permettre la compatibilité avec les nouveaux appareils.

▲ Le dématriceur Camera Raw.

Une fois votre image ouverte dans Camera Raw vous pouvez modifier les réglages principaux dont l'exposition et la balance des blancs par valeurs fixes ou par mesure dans l'image et le réglage par courbe personnalisée. Vous pouvez accéder à des réglages plus fins comme la correction de l'aberration chromatique ou encore la correction manuelle et automatisée de la distorsion géométrique des optiques (mais moins performantes que DxO Optics Pro, voir section **8.7**).

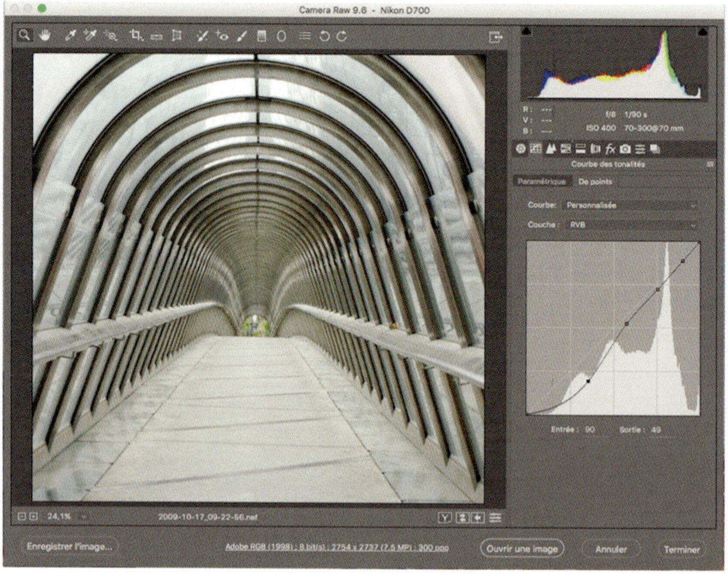

▲ Courbe Camera Raw.

8.6 ADOBE LIGHTROOM

Il existe un troisième logiciel Adobe, Lightroom, destiné plus spécifiquement aux photographes. Il est moins généraliste que Photoshop CC, donc moins lourd et complexe et moins cher, mais très performant et permettant un flux de travail parfaitement adapté à un usage professionnel, ou amateur exigeant. Il est encore accessible à l'achat traditionnel mais peut-être pas pour longtemps compte tenu de la politique d'Adobe et de son offre en location. Par rapport à NX-D ce logiciel est beaucoup plus performant (en termes de vitesse de traitement) et beaucoup plus complet. Un avantage important est la possibilité d'appliquer des **traitements locaux** dans l'image, qu'il s'agisse de netteté, de couleur ou autres. Toutefois le premier est gratuit et le second payant…

Le mode de travail dans ce logiciel est un peu particulier. Pour travailler sur des images il est indispensable de créer une **Bibliothèque** dans laquelle seront stockées les données des images (et non les images elles-mêmes) ainsi que leurs modifications au cours des traitements. Ceci a pour avantage de conserver les originaux RAW totalement intacts au fur et à mesure des traitements, mais il est impératif d'indiquer dès l'arrivée de nouvelles images l'endroit où elles seront stockées, ce qui implique qu'elles devront y rester définitivement pour que le logiciel les retrouve à chaque ouverture. Un changement d'emplacement est toutefois possible mais nécessite une reconfiguration du logiciel.

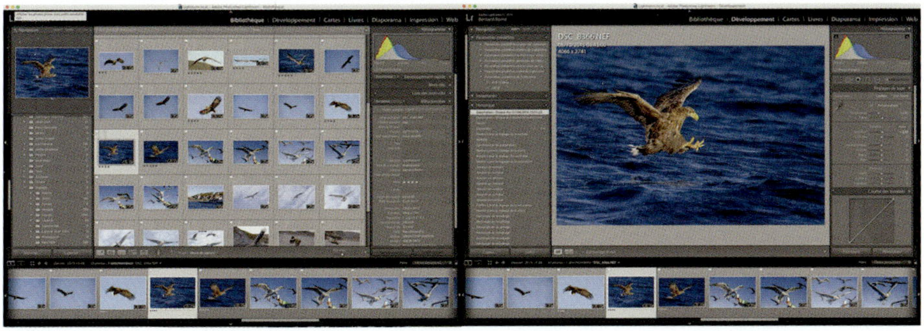

▲ Les espaces de travail Bibliothèque et Développement de Lightroom.

8.7 DXO OPTICS PRO

DxO Optics Pro fait partie du top des dématriceurs. Dès l'ouverture d'une image RAW le logiciel détecte le type de boîtier et d'objectifs qui ont été utilisés pour la photo, ceci grâce à une banque de données extrêmement complète sur les caractéristiques de ces éléments. Dès lors, l'image qui apparaît à l'écran est complètement corrigée des aberrations diverses de l'objectif précis utilisé, et ceci pour chaque focale s'il s'agit d'un zoom. De plus il dispose d'un traitement du bruit en haute sensibilité (**PRIME**) qui fait déjà référence dans le monde des logiciels.

Exemple Vous pourrez apprécier la performance en traitement du bruit du nouveau module DxO PRIME ici :
http://b-rome.com/Traitement_du_bruit_haute_sensibilite.html

Son point faible est que (comme NX-D) il ne dispose pas d'outils pour traiter localement les images. Mais DxO a récemment ajouté la possibilité de transférer directement les images traitées dans DxO vers Lightroom (en TIFF) pour ce complément de traitement. Ses particularités en font un logiciel simple à utiliser, même si les personnes habituées aux autres logiciels peuvent être troublées au départ par sa philosophie. La manière la plus simple d'aborder DxO est d'ouvrir une image RAW parfaitement exposée ne présentant pas de difficultés particulières, et d'appliquer le mode **Standard** (*via* la palette **Autoréglages**). Puis, après avoir dupliqué cet autoréglage (clic droit sur son nom) renommez-le et cliquez sur le bouton **Éditer**. Dans la palette **Lumière** (colonne de droite) sélectionnez le menu **Rendu des couleurs** dans lequel un menu déroulant vous permet de sélectionner le réglage par défaut de DxO ou le réglage correspondant précisément à votre boîtier. Vous pouvez éventuellement modifier ainsi à votre goût d'autres réglages. Enregistrez ensuite ces modifications.

▲ L'espace de travail de DxO Optics Pro 11.

Partant de là, vous pourrez visualiser la réaction des automatismes d'équilibrage de l'image en ouvrant des images moins bien équilibrées ou exposées. Le réglage **Correction d'exposition** est celui sur lequel on pourra intervenir le plus souvent selon les images ; le **Smart Lighting** est le plus souvent pertinent et modéré en mode **Auto léger**. Le réglage **Tonalité sélective** permet de manière simple d'agir sélectivement sur les différents niveaux de lumière. Si l'on souhaite corriger une image surexposée comportant des hautes lumières brûlées, il faut d'abord agir sur la tirette **Correction d'exposition** puis sur **Ombres** pour rééquilibrer et ensuite modérément sur **Hautes lumières**. Si l'image est globalement correctement exposée mais comporte quelques hautes lumières brûlées, on pourra éventuellement agir directement sur **Hautes lumières**. DxO existe en version d'évaluation, une bonne solution pour le tester.

Conseil Il existe une grande quantité de logiciels de traitement d'images, certains gratuits comme Gimp mais peu agréables à utiliser. Possesseurs d'un appareil de qualité, il serait dommage de sacrifier pour quelques dizaines d'euros la qualité acquise avec cet appareil. Les logiciels cités vous fourniront cette qualité avec facilité.

8.8 AUGMENTATION DE DYNAMIQUE EN POST-TRAITEMENT

Les capteurs des appareils numériques (tout comme la diapositive en argentique) ont une dynamique limitée, c'est-à-dire qu'ils ne peuvent enregistrer qu'une plage de luminosités (relativement) restreinte. Si la scène photographiée comporte un contraste trop important, des très hautes lumières (par exemple un ciel avec de beaux cumulus bien blancs) et un sujet principal beaucoup moins éclairé (le sol), il devient difficile d'exposer correctement les deux à la fois dans la même image. Soit le ciel est bien exposé et le sol est complètement noir, soit le sol est correct mais le ciel totalement brûlé ! En JPEG et en cas de contraste extrême on pourra avec bonheur utiliser la fonction **HDR** proposée dans le menu **Prise de vue** (voir section **5.2**). Nous avons vu (section **6.3**) que le mode **D-Lighting Automatique** permettait de maîtriser un écart de contraste raisonnable. C'est une première réponse à ce problème.

On peut aussi effectuer la même correction plus souplement dans NX-D, Lightroom ou DxO si l'on a enregistré l'image en RAW. Il suffira de sous-exposer de 0,5 à 1,5 IL maximum dans les réglages rapides afin d'optimiser l'exposition des hautes lumières, puis d'éclaircir les basses lumières pour retrouver un bon équilibre. Dans notre exemple on a agi sur l'exposition puis sur le réglage des basses lumières pour compenser la sous-exposition précédente, et enfin sur le contraste général pour retrouver le même équilibre. Cette action suffira à maîtriser complètement la très grande majorité des cas (voir la fonction **Correction exposition** à la section **8.3**).

Dans des cas encore plus contrastés, il faudra procéder différemment. Lors de la prise de vue, il conviendra de configurer son appareil en mode **Bracketing** et **Rafale**, et d'utiliser un trépied. Deux ou trois vues seront alors prises avec des paramètres d'exposition décalés : par exemple une vue exposée normalement (pour le sol) puis une vue sous-exposée de 1, 2 ou 3 IL pour le ciel. Ces images de la même scène seront parfaitement superposables dans un logiciel de traitement d'images et l'on pourra extraire (manuellement dans Photoshop ou autre), ou automatiquement dans un logiciel spécialisé, **Photomatix** par exemple (www.hdrsoft.com/fr/index.html), la meilleure partie de chacune pour composer l'image finale.

◀ Exposition du sol.

▶ Exposition du ciel.

▲ Assemblage dans Photomatix Pro.

Astuce J'indique une méthode d'assemblage rapide et simple (et très efficace) dans Photoshop ici (aller à « ma méthode préférée ») :
http://b-rome.com/bracketing_ciel.html

8.9 LOGICIEL POUR PHOTO PANORAMIQUE

Nous avons parlé de cette technique de prise de vue et du matériel à la section **5.3**. Une fois les prises de vue réalisées, l'assemblage des images peut se faire avec une facilité déconcertante dans un logiciel automatisé comme **Autopano Pro** (www.autopano.net). Ce logiciel a la particularité d'être capable de corriger les différences d'exposition, de balance de couleur et de défaut d'horizontalité entre les images. Il suffit de respecter l'axe de rotation (pupille d'entrée) et de prévoir un bon chevauchement des images, et tout roule ! Comme ce logiciel existe en version de démonstration, on pourra faire des expérimentations avant un achat éventuel.

Conseil À ceux qui veulent plus de détails en ce domaine, je conseille le site d'un grand spécialiste, Arnaud Frich, où ils trouveront tous les conseils, accessoires et diverses techniques utilisables :
www.arnaudfrichphoto.com

Comme on va assembler des images, le résultat sera une image toute en largeur. Comme, de plus, un certain recadrage sera nécessaire, si l'on utilisait des prises de vue horizontales, l'image finale serait exagérément étroite en hauteur. Il faut donc réaliser les diverses prises de vue en cadrage portrait pour donner plus de latitude au montage et améliorer les proportions de l'image assemblée.

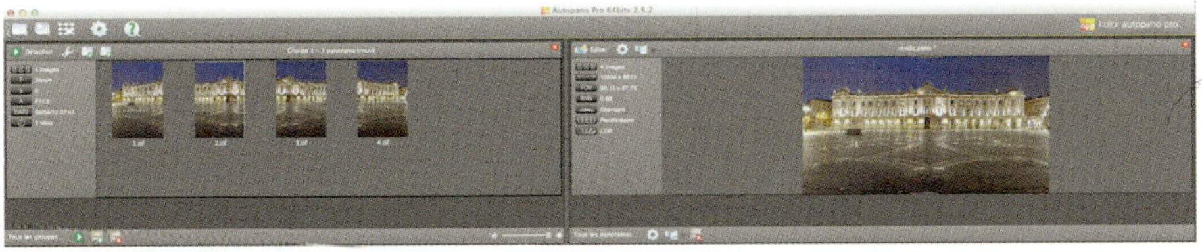

▲ Les cinq images ont été chargées à gauche et Autopano Pro a réalisé le montage à droite.

▲ Panoramique final.

8.10 INFORMATIQUE ET ACCESSOIRES DIVERS

Transfert des images vers l'ordinateur

En ce qui concerne le transfert des images vers l'ordinateur, la meilleure solution est le **lecteur de cartes USB 3**. Cet accessoire est peu coûteux et simplifie grandement la vie du photographe par sa disponibilité permanente, car branché en permanence à l'ordinateur, et par sa grande rapidité de transfert. Compte tenu du poids des images et des performances des divers logiciels de traitement, il est fortement conseillé d'utiliser une informatique récente et performante à processeur rapide. Ne pas négliger une bonne dose de mémoire vive (16 Go).

▲ Lecteur de cartes XQD et SD.

Sauvegarde des fichiers et images

L'utilisation d'un **disque dur externe** est une sage précaution, il permettra de réaliser des sauvegardes de ses images et fichiers divers. Externe car, réservé à cet usage, ce disque sera à l'arrêt en dehors du temps de chargement des images et des données à sauvegarder. En effet, un disque dur à l'arrêt constitue une sauvegarde fiable dans le temps. Ce n'est pas le cas d'un disque en fonctionnement permanent, celui de l'ordinateur par exemple, qui, tôt ou tard, aura un problème. Car ce qui fragilise un disque c'est bien sûr son fonctionnement. Il tourne et fait ses recherches et donc mobilise sa tête de lecture et la mécanique associée, et la chaleur dissipée par ce fonctionnement dégrade progressivement les caractéristiques de l'électronique embarquée. Compte tenu de la baisse de prix de ces disques durs et de leur capacité de stockage en forte augmentation (2 To courant), cet achat est fortement conseillé.

▲ Disque dur externe portable.

Diverses sociétés proposent des **logiciels de sauvegarde** plus ou moins automatisés et peu onéreux. Le système Apple propose **Time Machine** qui est un utilitaire de sauvegarde incrémentielle des fichiers de l'ordinateur. Cette sauvegarde se fait toutes les heures automatiquement. C'est un système génial car il permet de récupérer n'importe quel dossier ou fichier effacé ou perdu en remontant à n'importe quel moment de l'historique (jour, semaine, mois). Mais le disque dur fonctionnant en permanence, il est soumis aux mêmes contraintes d'usure et donc de pannes.

Les DVD que l'on grave à la maison (contrairement à ceux édités dans le commerce, musique, film ou logiciel) sont d'une fiabilité très douteuse à long terme, sauf à les recopier régulièrement (tous les 3-5 ans ?) ; de plus leur capacité est bien faible compte tenu du poids des fichiers images actuels.

Dans le cas d'une sauvegarde de fichiers professionnels il est indispensable de conserver deux exemplaires de la sauvegarde dans deux endroits distincts et éloignés, car en cas d'incendie, vol ou autres dégâts, c'est le seul moyen d'être sûr de pouvoir récupérer ses archives.

En ce qui concerne l'**écran de visualisation** il doit faire l'objet de toute votre attention lors de l'achat. Les écrans vendus avec les ordinateurs de bureau ne sont pas toujours compatibles avec un affichage photo fidèle. L'écran doit être assez large, 20 pouces au moins, pour permettre la coexistence des images, à une bonne taille d'affichage, avec les palettes de réglages des logiciels. Il existe diverses technologies d'écrans LCD. Ce qu'il faut éviter c'est la technologie TN (écrans peu onéreux en général) dont l'angle de vision est étroit (les couleurs et la luminosité se dégradent fortement dès que l'on n'est plus dans l'axe exact de l'écran), le moindre mouvement de la tête et les couleurs changent… Pas très facile dès lors de régler une image correctement ou de montrer ses images à plusieurs personnes (l'écran d'un ordinateur portable ne permet pas le réglage fiable des images pour les mêmes raisons). Si vous optez pour un portable, vous devrez envisager l'achat d'un **grand moniteur de qualité** à lui connecter lors de l'usage retouche photo en poste fixe.

▲ Moniteur.

Une **sonde de calibration** peut rendre de grands services, même si les écrans photo de bonne qualité sont maintenant réglés très correctement d'usine (les plus grandes différences entre écran pro et amateur se situent principalement dans l'homogénéité de l'éclairage). On en trouve à des prix tout à fait abordables et cela permettra d'être sûr des réglages que l'on applique à ses images, et de suivre l'évolution de vieillissement de son écran en maintenant des caractéristiques constantes.

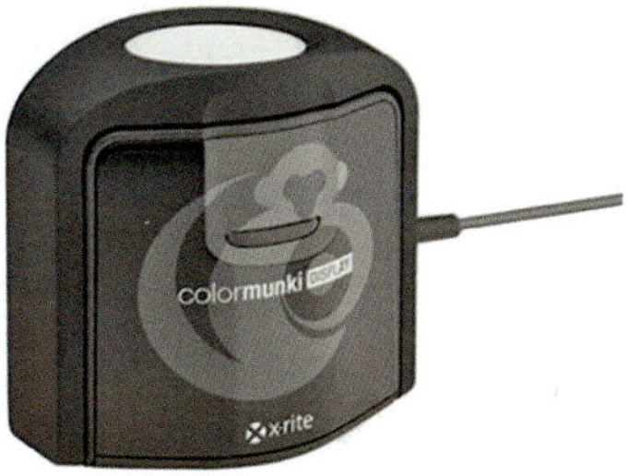

▲ Sonde de calibration d'écran.

Réglage de l'écran de l'ordinateur et calibration

Un problème se pose lorsque l'on veut imprimer ses images et que l'impression ne ressemble guère à l'image vue à l'écran en couleurs et/ou en luminosité/contraste. L'erreur serait de corriger ses fichiers pour que la sortie imprimante soit satisfaisante car, dans ce cas, on a peut-être modifié un fichier image correct pour compenser le défaut de l'écran et/ou le mauvais réglage de l'imprimante. Lorsque l'on voudra le faire tirer par un professionnel en plus grand format, il y aura des surprises ! Ne modifiez donc une image que si vous êtes sûr de votre écran !

Conseil Un écran doit être observé dans des conditions optimales et régulières pour être fiable. C'est-à-dire, lumière douce dans la pièce, soleil filtré par des rideaux, pas de lumière tombant directement sur l'écran (donc écran légèrement à contre-jour). Même chose en lumière artificielle, la source lumineuse ne doit pas éclairer l'écran.

Une méthode empirique mais assez sûre de vérification du réglage de son écran **pour un usage amateur**, est de faire tirer une de ses images par un labo en ligne de qualité en choisissant impérativement l'option **Tirage sans modification**, par exemple **Photoweb** (www.photoweb.fr). Dans ce cas, on pourra, en comparant le tirage et l'affichage de son écran, avoir une bonne idée de la qualité de son réglage (en tenant compte tout de même qu'un écran donnera toujours, par son principe d'éclairage, un résultat plus vif, contrasté, lumineux et coloré que la même image sur papier).

Impression et visualisation des images

Si vous souhaitez imprimer vous-même vos images, il va sans dire que vous devez posséder une imprimante de qualité photo. Mais ce n'est pas suffisant. Une impression de qualité (en rapport avec celle délivrée par un appareil comme le D7200) nécessite d'utiliser les encres et un papier de la même marque que l'imprimante. À partir de là, il est possible (mais pas certifié) d'obtenir de très bons résultats. Pourquoi ces précautions de langage ? Tout simplement parce que pour que l'imprimante délivre une image qui vous satisfasse, encore faut-il que le fichier que lui transmet l'ordinateur corresponde à ce que vous avez vu sur votre écran ! Cela pour insister (lourdement j'en conviens, mais c'est pour la bonne cause !) sur l'importance de l'étalonnage de votre écran, si vous souhaitez conserver la qualité obtenue à la prise de vue jusqu'au tirage.

L'utilisation d'un papier de marque différente de celle de l'imprimante est bien sûr possible. Mais, dans ce cas, il est rare de pouvoir utiliser les mêmes réglages. Vous devrez donc créer un paramétrage nouveau (profil d'imprimante) qui sera mémorisé dans les configurations de l'imprimante. On peut aussi, plus simplement et plus efficacement, affiner ce réglage en faisant réaliser « sur mesure » un **profil de son imprimante**, ce qui permettra d'avoir une chaîne parfaitement calibrée et fiable.

Conseil Si vous souhaitez faire réaliser un profil pour divers papiers de marques ou de types différents si nécessaire, rendez-vous ici : www.cmp-color.fr/Imprimante.html
En ce qui concerne l'encre, c'est la marque de l'imprimante et rien d'autre, si vous voulez éviter les galères.

Investir dans une imprimante permettant des tirages de grande taille est rentable si l'on a une utilisation assez intensive de sa machine. Sinon, il vaut mieux utiliser les services d'un laboratoire qui offrira des prestations régulières et à des prix compétitifs. Des labos en ligne proposent différents types de tirages sur papier photo de qualité et de tenue de très longue durée.

Les possibilités de visualisation des images numériques de qualité se diversifient de plus en plus. Les **écrans TV Full HD** se démocratisent rapidement. Nikon a été le premier à offrir sur ses appareils numériques la possibilité de les connecter à ces écrans de télévision de haute définition. Le D7200 est ainsi doté d'une prise au standard **HDMI**. Il est même possible de créer un diaporama des images enregistrées dans la carte de l'appareil afin de les visionner sur son écran. Des logiciels plus spécialisés permettent même de réaliser ces diaporamas de manière plus élaborée et de les enregistrer sur DVD.

9

VIDÉO

Le photographe doit simplement saisir l'instant. Le vidéaste, lui, doit tout prévoir à l'avance car son instant à lui se compte en minutes pendant lesquelles tout doit être parfait.

9.1 PRÉAMBULE

La vidéo est un autre monde ! Bien sûr, le photographe de studio par exemple étudie aussi son sujet et son éclairage avant d'appuyer sur le déclencheur, mais c'est le seul rapprochement possible et il est bien modeste.

La prise de vues vidéo impose une réflexion sur le sujet, sur le cadre bien sûr, mais aussi sur le son, et tout cela dans la durée, ce qui implique un travail de préparation et de postproduction sans commune mesure avec notre activité habituelle de photographe, que l'on soit amateur ou semi-pro. Cet ouvrage ne s'adresse évidemment pas aux pros de la vidéo qui connaissent déjà les tenants et aboutissants de cette technique, mais plutôt à ceux qui, photographes, découvrent cette fonction nouvelle avec le D7100 ; aussi nous nous en tiendrons à la découverte des nouvelles fonctions de l'appareil, à quelques conseils et précautions de base pour aborder cette technique et à un tour d'horizon de quelques accessoires qui seront vite indispensables si l'on veut profiter à plein de cette nouvelle activité.

Lors de l'apparition de la vidéo dans les appareils numériques compacts dont la justification était la vidéo familiale avant tout, la qualité était relativement secondaire même si elle s'est bien sûr améliorée au fur et à mesure des modèles pour arriver à la HD. Le premier appareil reflex à en être doté (le D90) bénéficiait d'un embryon de vidéo plus que d'une fonction élaborée. Canon a répliqué presque instantanément avec une implantation bien plus qualitative et a donné le départ de la vidéo de qualité professionnelle avec le matériel photo.

Voici les principaux atouts de la vidéo dans un appareil reflex numérique :

- Une certaine polyvalence ajoutée à l'appareil même si c'est la partie photo qui reste la base d'utilisation du photographe, la vidéo est un complément utile dans certaines situations.
- Les performances en sensibilité permises par la taille du capteur, secondées par l'existence d'une gamme optique large ouvrant la possibilité d'une gestion efficace de la profondeur de champ, chose impossible avec les petits capteurs des camescopes ou même des caméras vidéo semi-pro.
- Un coût nul. Les appareils possédant cette fonction ne sont pas plus chers que les générations précédentes de la même classe qui n'en disposaient pas.

Les inconvénients sont liés à l'ajout à un appareil d'une fonction dont l'usage est très différent de celui pour lequel il a été conçu dès le départ :

- Principalement une ergonomie assez peu adaptée. L'appareil photo est destiné à être utilisé œil au viseur, ce qui donne une stabilité et un confort parfait pour l'image instantanée. En mode vidéo il est nécessaire de viser et cadrer par l'intermédiaire de l'écran arrière, ce qui implique une tenue à bout de bras qui est tout sauf le gage d'une bonne stabilité ! Tant que la visée électronique n'aura pas suffisamment progressé en qualité (résolution et temps de rafraîchissement) pour remplacer la visée optique, l'utilisation de l'appareil photo reflex en mode vidéo nécessitera un équipement complémentaire pour contourner cet inconvénient.
- Un autre inconvénient réside dans la durée maximale d'enregistrement qui est fixée à 29 minutes 59 secondes pour des raisons de taxes, et de toute manière limitée aussi par l'échauffement du capteur en fonctionnement continu en mode Vidéo, ce qui amène une dégradation du rapport signal/bruit et pourrait même arriver à causer une détérioration de ses composants. (Une fonction automatique assure la surveillance de la température du capteur et indique à l'utilisateur l'approche d'une température nécessitant l'arrêt de la séance pour refroidissement du capteur.)

Ce dernier problème est relativement peu important dans la pratique courante car les cas où l'on doit enregistrer par exemple un spectacle en continu durant plus de 30 s sont peu courants. Dans l'écrasante majorité des cas on favorisera au contraire des plans courts qui sont le gage d'une bonne dynamique de la séquence et qui permettent une attention soutenue du spectateur et non son endormissement ! À chaque génération l'ergonomie s'améliore. Par exemple le mode vidéo étant lié au Live view, la sélection de cette fonction est maintenant accessible directement par un bouton dédié de l'appareil qui évite le recours aux menus qui était nécessaire avec les premières évolutions. Mais il sera sans doute difficile d'atteindre l'adaptation ergonomique des caméras vidéo à cette fonction.

9.2 PARAMÈTRES VIDÉO

Les différents formats et qualités

Le capteur du D7200 est formé par une matrice de pixels de 6 000 × 4 000 pixels. En mode vidéo HD, 1 920 × 1 080 pixels seulement seront utilisés soit 2,1 Mpix. Contrairement à la photo où le capteur ne travaille que pendant de très brefs instants, en vidéo il est en permanence en fonction. La norme d'enregistrement et de compression vidéo dans le D7100 est le **H.264/MPEG-4** *Advanced Video Coding* encapsulé, ce qui produit des fichiers **.MOV**.

Réglages de base

Contrairement au D7100, le D7200 dispose d'un menu Prise de vue vidéo distinct, où l'on disposera des mêmes paramètres de réglages que dans le menu Prise de vue photo, ce qui permettra des réglages différenciés.

Remarque La lettre « i » ou « p » accolée à la vitesse en images par seconde (im/s) indique le type de balayage vidéo : entrelacé ou progressif. Le mode entrelacé (i) est hérité du temps ou les téléviseurs utilisaient ce type de balayage. L'écran était alors balayé en deux temps, alternativement trame paire/impaire. Avec le balayage progressif (p), l'écran est balayé en une seule passe. Ce mode est plus qualitatif mais nécessite une électronique de traitement plus puissante, c'est la raison pour laquelle le D7200 équipé du processeur Expeed 4 peut utiliser ce mode en 50 im/s, contrairement au D7100 (Expeed 3).

■ Taille d'image/cadence

L'option 1 920 × 1 080 ; 50p (50i) désigne le format nommé couramment 1080, c'est la définition du format HD, et la vitesse 50 im/s est celle utilisée en France et en Europe et dans tous les pays où la fréquence secteur est de 50 Hz. La vitesse utilisée doit être un multiple ou égale à la fréquence du secteur local. 60 im/s est la cadence adaptée aux pays dont la fréquence secteur est de 60 Hz.

L'option 1 280 × 720 ; 50p désigne le format HD réduit et les vitesses utilisables en France.

Le 24p est destiné à la diffusion cinéma. Dans ce cas il faudra aussi veiller à utiliser une vitesse d'obturation égale à un multiple de la fréquence image afin d'éviter des problèmes de reproduction des mouvements.

Qualité d'enregistrement

C'est le niveau de compression :

- **Élevée** : c'est la plus haute qualité disponible dont le débit vers la carte est de 42 Mbits/s (24 Mbits/s) en format image 1 920 × 1 080 ; 50p (50i) uniquement avec zone d'image 1,3× soit 18 × 12.
- **Normale** : c'est un mode plus compressé dont le débit est de 24 Mbits/s (12 Mbits/s) en format image 1 920 × 1 080 ; 50p (50i).

Remarque Si vous sélectionnez l'option « élevée » avec la zone d'image DX activée, la taille d'image/cadence sera automatiquement modifiée en 1920 ×1080 ; 25p.

Il est donc nécessaire de disposer de cartes SD capables d'accepter ces débits et de tenir compte du fait que les débits indiqués sur les cartes sont des débits de lecture et non d'enregistrement. Il faut donc prendre une marge de sécurité lors de l'achat.

Le D7200 disposant de deux logements de cartes vous pourrez sélectionner celle dans laquelle les vidéos seront enregistrées à partir du menu **Prise de vue vidéo** > **Destination** (menu **Prise de vue** > **Destination**). Les temps d'enregistrement disponibles seront affichés.

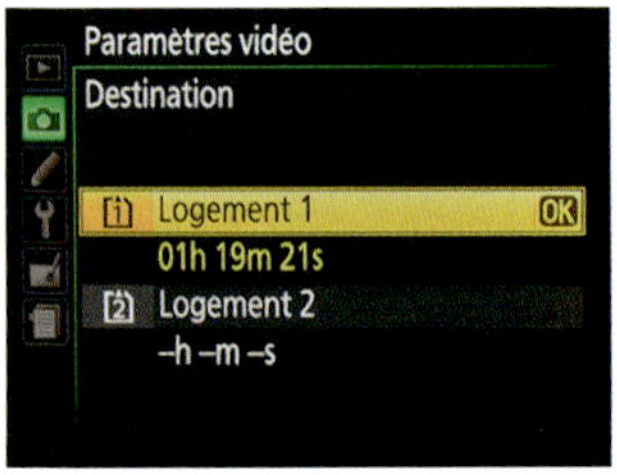

▲ Menu Destination du D7200.

Commandes programmables

Dans le menu Réglages personnalisés **g1** à **g3** il est possible d'attribuer aux commandes Fn, AE-L/AF-L et Aperçu, des fonctions spécifiques au mode vidéo. Le menu **g4** permet d'attribuer le démarrage et l'arrêt de la vidéo au déclencheur photo.

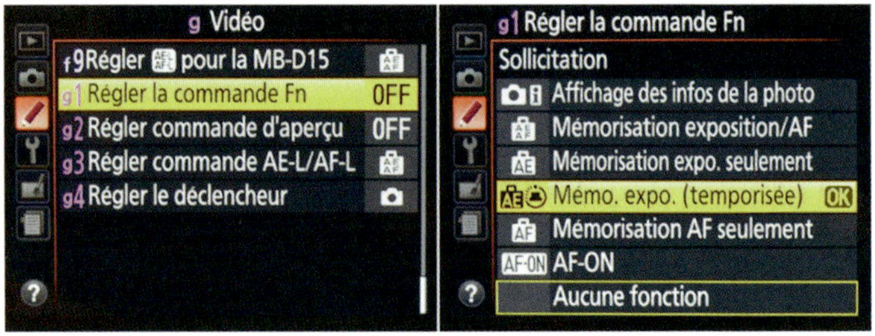

▲ Menu des commandes programmables en vidéo.

Attention !

Lorsqu'on attribue le démarrage vidéo au déclencheur, celui-ci n'est plus disponible pour prendre une photo en mode vidéo ou faire une mesure de balance des blancs par exemple.

Scintillement

Ce phénomène visible seulement sur l'afficheur en mode Lv photo, et sur l'afficheur et l'enregistrement en mode vidéo, peut se produire dans des lieux éclairés par des lampes à décharges ou tubes fluorescents. Dans le menu Configuration, l'appareil est réglé par défaut sur Automatique. Mais comme il n'existe que deux modes possibles (50 et 60 Hz), autant le régler d'office sur **50 Hz** qui est la fréquence du secteur utilisée en France et en Europe.

Modes d'exposition

On n'a que peu d'accès aux paramètres d'exposition. En effet, si tous les modes d'exposition sont utilisables, il faut savoir qu'en modes P, S et A on ne peut intervenir que sur la correction d'exposition pendant le tournage. En revanche le mode M permet d'agir sur la vitesse et la sensibilité pendant le tournage, mais sans indicateur d'exposition.

Le mode le plus intéressant est donc le mode A qui permet de fixer un diaphragme (avant l'activation du mode vidéo) en fonction du rendu souhaité, faible ou forte profondeur de champ par exemple. L'adaptation aux conditions de lumière se fait automatiquement par la vitesse et la sensibilité ce qui est un fonctionnement logique et souple. Une fois que l'on a activé le mode vidéo l'appui sur la commande *i* fait apparaître l'ensemble des réglages accessibles que l'on peut sélectionner à l'aide du PAD puis OK et modifier avec le PAD.

Attention !

Dans les cas de forte luminosité ambiante, ou d'utilisation d'un diaphragme très ouvert, la vitesse peut monter très haut, ce qui n'est pas très indiqué car cela peut provoquer des effets stroboscopiques avec les objets en mouvement comme les roues de véhicules et certains déplacements de caméra. Dans ce cas la solution est de monter un filtre gris neutre sur l'objectif.

Balance des blancs

Ce paramètre, accessible dans le menu Prise de vue vidéo (menu Prise de vue pour le D7100), est beaucoup plus critique en vidéo qu'en photo. En effet dans le cas de la prise de vue photo, l'utilisateur pro ou l'amateur travaillent en mode RAW qui permet une correction fine et facile de la balance des blancs en post-traitement. Ce n'est pas le cas en vidéo car le mode RAW n'est accessible qu'en vidéo professionnelle. Comme la correction est alors plus délicate et limitée, il est primordial d'avoir procédé à un réglage de qualité avant le tournage de chaque plan afin de préserver une bonne homogénéité tout au long des scènes. Néanmoins certains outils logiciels de postproduction avancés permettent une modification des images, comme **Adobe After Effects**, ainsi que dans la suite **Apple Final Cut Studio**.

Remarque Avec le D7100, le réglage du mode Balance des blancs mesurée se sélectionne dans le menu Prise de vue, mais on pourra ensuite l'utiliser dans le mode vidéo.

Picture Control

Vous avez accès aux divers réglages Picture Control dans le menu Prise de vue vidéo (menu Prise de vue pour le D7100).

9.3 VISÉE ET STABILITÉ

La visée reflex qui utilise le miroir de renvoi de l'image vers le viseur optique n'est plus utilisable du fait de la nécessité de l'exposition permanente du capteur. L'image ainsi capturée est visualisée en direct par l'écran arrière de l'appareil qui sert alors de viseur. C'est le mode Live view déjà présent dans les reflex et utilisé depuis toujours dans les compacts numériques. La tenue de l'appareil est donc très différente de celle du mode photo classique des reflex et ne facilite pas la stabilité et le confort. Cela amènera les utilisateurs les plus intéressés par la vidéo à compléter l'appareil par des accessoires permettant de retrouver confort et stabilité s'ils veulent sortir de l'usage basique de la vidéo avec le D7200.

N'oubliez pas, en extérieur particulièrement, de mettre en place l'obturateur d'oculaire en visée écran car une lumière violente (soleil direct) entrant par l'oculaire pourrait pénétrer dans la chambre reflex.

Accessoires de visée

Il existe des accessoires de visée que l'on peut adapter aux reflex en vidéo. Ce sont les **Viewfinder** que l'on fixe sur l'appareil soit par des élastiques de maintien soit par collage par adhésif sur l'écran pour les modèles les plus simples ou encore par fixation sur la griffe accessoire ou l'écrou de pied pour d'autres. Les avantages apportés sont de deux ordres :

- Ils isolent l'écran de la lumière ambiante et permettent donc une visée confortable même en plein soleil.
- Compte tenu de la proximité de l'œil avec l'écran et de la présence d'un oculaire (parfois réglable dans certains modèles) l'appréciation de la netteté devient beaucoup plus facile, ce qui rend la mise au point manuelle accessible, alors qu'elle est très difficile voire même impossible sans cet accessoire.
- De nombreux modèles existent sur le marché, plus ou moins perfectionnés et plus ou moins onéreux. Hoodman ou Reidl par exemple proposent plusieurs modèles adaptables dont le plus simple se fixe au boîtier à l'aide d'élastiques réglables.

◀ Viewfinder Hoodman, l'un des viseurs les plus simples et abordables.

◀ Le Viewfinder Reidl.

Ce type d'accessoire de visée ne peut être utilisé que lorsque l'appareil est fixé sur pied ou lorsqu'on est sécurisé par un assistant si l'on se déplace en filmant. D'autres modèles plus élaborés peuvent être utilisés pour réaliser une mise au point précise avant tournage, puis relevés afin de pouvoir utiliser l'écran de visée de manière classique pour faciliter les déplacements.

▲ Viewfinder Zaguto et son réglage dioptrique efficace (www.zacuto.com).

Connexion moniteur

Pendant le tournage l'appareil peut être connecté à un moniteur acceptant le signal vidéo par la liaison HDMI. On peut utiliser un moniteur de grandes dimensions en usage fixe (téléviseur) ou un moniteur spécialisé de dimensions plus modestes pouvant se fixer sur un *rig* (épaulière) ou un stabilisateur. La visualisation sur un moniteur HD est de très bonne qualité, l'affichage est complet, la présentation des données est semblable à celle de l'écran de l'appareil et l'on peut profiter des mêmes options d'affichage par la touche Info. Si l'on dispose d'un moniteur HD étalonné, cela peut permettre de vérifier rapidement la qualité de l'exposition du contraste et de la balance après une première prise, ce qui limitera les problèmes de postproduction. Mais le coût de cet accessoire portable de qualité est très élevé. Un moniteur moins performant ne pourra en aucun cas donner des indications fiables sur la balance des couleurs et sur l'exposition et se limitera à la fonction de cadrage.

▶ Affichage visée et lecture sur grande TV HD externe.

Trépied

La stabilité de l'image lors de l'enregistrement d'une vidéo est capitale, c'est même le premier paramètre à assurer. En effet, si l'image est instable l'aspect amateur est flagrant ; de plus le spectateur est conscient de l'existence de l'appareil, intermédiaire entre lui et la scène filmée, alors que si elle est parfaitement stable il ne perçoit plus l'existence de cet intermédiaire et l'image apparaît alors comme sa propre perception de la scène, il est dans la scène. Le premier accessoire indispensable pour la pratique sérieuse de la vidéo sera donc un trépied de qualité.

▶ Trépied vidéo.

Les trépieds photo ne sont pas adaptés à l'usage vidéo. C'est la raison de l'existence de modèles spécialisés dits à tête fluide. En effet les mouvements doivent pouvoir être effectués sans à-coups et de manière parfaitement régulière. Le démarrage du mouvement de panoramique doit être parfaitement progressif, la tête ne doit opposer aucune résistance, ce qui provoquerait un à-coup au démarrage et à l'arrêt du mouvement (collage). Cette qualité a bien sûr un coût. Mais heureusement le poids réduit des appareils reflex comparés aux caméras vidéo professionnelles permet de rester dans une gamme relativement raisonnable. De toute manière le choix d'un trépied ne peut être fait qu'en l'essayant avec son appareil équipé des accessoires qui seront utilisés.

La stabilisation optique VR peut être un plus en tournage vidéo de type reportage par exemple. Mais elle peut générer des bruits de fonctionnement que peut enregistrer le micro interne, ou même externe en milieu calme et, comme la visée Lv, elle est assez grande consommatrice de courant, ce qui diminue l'autonomie en vidéo. L'utilisation d'un pied dès que c'est possible, ou d'accessoires tels que épaulière, dolly ou stabilisateur, sera plus efficace.

Dolly

C'est un accessoire non indispensable mais souvent utilisé en cinéma ou en vidéo afin de permettre un travelling, c'est-à-dire un déplacement avant ou arrière ou latéral, régulier et maîtrisé. Il s'agit d'une plate-forme pour le reflex monté sur son trépied, équipée de roues reposant sur deux rails. Ce type de matériel peut parfaitement être bricolé sur la base d'un plateau en bois reposant sur deux rails (souvent des tubes PVC) par l'intermédiaire d'une série de roues de type skateboard. Dans ce cas l'opérateur peut être assis sur l'ensemble et se déplacer avec l'aide d'un assistant. Mais on peut aussi utiliser une dolly uniquement destinée au guidage de l'appareil seul.

Remarque

Pour construire une dolly consultez la vidéo :
http://tinyurl.com/7374clk.

Épaulière ou *rig*

Ces accessoires permettent de répartir la charge et le maintien de l'appareil entre plusieurs points, en général une main de l'opérateur et son épaule. Cela autorise des déplacements de l'utilisateur tout en conservant une certaine stabilité et fluidité dans les mouvements. Cette tenue en deux points évite une grande partie des instabilités incontrôlables lorsque l'appareil est tenu bras tendu. Il existe une grande diversité de *rigs* ou épaulières plus ou moins évolués et adaptés à certains usages et caméras. Internet est très riche en fournisseurs pour ce type d'accessoires.

◀ Épaulière Shape Sumo (www.shapewlb.com).

▶ Épaulière Zacuto avec contrepoids (www.zacuto.com). Ce type de modèle permet de contrebalancer le poids de l'appareil et évite la fatigue du bras.

Conseil Pour les premiers essais ou pour des usages très occasionnels de la vidéo, il est possible de limiter les mouvements en filmant, par l'utilisation de la courroie de cou. Il faut tenir l'appareil en le repoussant vers l'avant de manière à tendre la courroie, ce qui limite les mouvements involontaires et améliore la stabilité de l'image.

Stabilisateurs

Le nom générique donné couramment à ces stabilisateurs est **Steadicam**. Ce type de stabilisateur est destiné à être tenu d'une main et dispose d'un système de poignée surmonté d'un cardan supportant l'appareil photo. Le support de l'appareil est relié à une tige métallique lestée par un poids placé de manière à maintenir en équilibre parfait l'appareil toujours bien vertical. L'appareil est ainsi rendu indépendant de la main de l'opérateur qui peut alors se déplacer sans perturber la position de la caméra. L'utilisation de ces accessoires demande un peu d'entraînement mais permet des déplacements rapides d'une grande fluidité (il est important de se déplacer les genoux légèrement pliés de manière à limiter les mouvements verticaux dus à la marche). Il existe aussi une très grande variété de modèles du plus simple au plus sophistiqué à des prix tout aussi variés. On pourra trouver des exemples d'épaulières ou de stabilisateurs sur Internet (par exemple sur www.digistore.fr).

▶ Steadicam Merlin.

Remarque Il est même possible de fabriquer ce type de stabilisateur si on est un peu bricoleur. Plusieurs exemples sont disponibles sur le Web. Citons par exemple celui-ci particulièrement astucieux et semble-t-il efficace : http://tinyurl.com/6w7mg3k

Néanmoins l'utilisation de ce type de stabilisateur, extrêmement efficace pour suivre une personne marchant ou tourner autour de manière très fluide, est assez fatigante car un seul bras supporte le poids global de l'ensemble appareil-stabilisateur. Dans le domaine professionnel, donc très cher, un fabricant (Steadicam) propose un stabilisateur fixé sur un gilet muni d'un bras articulé qui supporte le poids de l'ensemble en évitant toute fatigue à l'opérateur.

9.4 MISE AU POINT

On peut choisir l'autofocus comme pour la photo, mais il faut savoir qu'il n'est pas ou peu utilisé en professionnel, il y a de très bonnes raisons à cela. Avec les camescopes amateurs le format minuscule des capteurs implique des focales très courtes et donc une profondeur de champ très importante. Cela limite considérablement le travail des systèmes AF et diminue aussi la visibilité des recherches même si l'AF n'est pas instantané. En vidéo professionnelle et/ou sur grand capteur on ne peut accepter que lors d'un changement de cadrage pendant la prise de vue l'autofocus aille se perdre à l'infini ou recherche la mise au point, c'est ce qui se passe avec un reflex utilisé à grande ouverture. En cinéma ou vidéo professionnelle on effectue une mise au point par plan, puis on arrête et on passe au suivant en effectuant une nouvelle mise au point. En reportage « sur le vif » les opérateurs contournent souvent la difficulté en utilisant le grand-angle qui permet à la fois une image dynamique et une profondeur de champ maximale qui rend inutile l'AF. Vous pourrez le remarquer dans les reportages de rues de la télévision où les reporters usent et abusent du grand-angle dans les interviews, ce qui leur permet de ne pas avoir à se soucier de la mise au point, et éventuellement de faire office à la fois de journaliste, cadreur et preneur de son, au détriment de l'esthétique de l'interviewé filmé à quelques centimètres du visage au grand-angle !

Donc si vous voulez absolument utiliser l'AF, ne compliquez pas son travail en changeant de cadrage et/ou de focale trop rapidement et utilisez le mode A et un diaphragme assez fermé (f/5,6 ou f/8). Le plus sûr est de régler la mise au point avant chaque plan et de n'en plus bouger. C'est une contrainte j'en conviens, mais elle est didactique car elle oblige à respecter la règle qui consiste à faire des plans courts, et lorsque l'on doit faire un plan plus long et en changeant de cadrage utiliser le plus possible le grand-angle et la mise au point fixe à l'hyperfocale (section **5.2**).

Une autre possibilité plus lourde mais plus professionnelle consiste à utiliser un accessoire qui permet de régler avec progressivité la mise au point manuelle en cours de prise de vues. Il s'agit du **follow-focus**. Le système consiste en un rail fixé à l'appareil et d'une couronne dentée que l'on fixe autour de la bague de mise au point de l'objectif. Une roue munie d'un engrenage vient s'enclencher dans la couronne dentée et permet de commander de manière souple et régulière la rotation de la bague de mise au point.

▶ Follow-focus.

Ce système peut être utilisé par exemple lors d'un travelling à l'aide d'une dolly ou lors de l'approche du sujet vers l'appareil. Il faut alors préparer le plan de manière à marquer les points de passage du sujet au sol, et leur correspondance sur la bague de mise au point. Ainsi pendant le tournage il sera plus facile de modifier la mise au point de manière synchronisée avec les repères marqués au sol et sur le follow-focus. La couronne de réglage peut aussi être commandée par un flexible, ce qui rend encore plus commode sa manipulation. Dans le cas d'une mise au point manuelle avec ce type d'accessoire mais sur un sujet mobile ou à l'aide d'une dolly, l'appareil doit impérativement être équipé d'un Viewfinder ou d'un écran de contrôle qui seuls permettent une visualisation précise de la netteté à l'écran. Ceci implique aussi souvent la présence d'un assistant chargé de guider et sécuriser les mouvements de l'opérateur. Les objectifs non AF présentent l'avantage de posséder une bague de mise au point manuelle plus large bien plus fluide que celle des modèles AF, et qui permet des réglages plus progressifs. C'est la raison pour laquelle ils sont souvent utilisés par les vidéastes.

9.5 CONSEILS DE BASE EN VIDÉO

Des plans courts

Sauf cas particulier, c'est un impératif. Chaque plan doit être bref, 10 secondes maximum. On peut filmer le même sujet plus longtemps en variant les points de vue entre chaque plan. Pour cela il faut changer de place. Un plan de 10 secondes de face en plan large de loin, puis un plan de 10 secondes en se positionnant sur le côté du sujet et un peu plus près, puis de nouveau un plan de face à distance moyenne ou en gros plan, etc. L'important c'est qu'il faut changer franchement de point de vue entre les plans sinon il y aura une impression de saut de l'image. Couper au montage si nécessaire et intervertir les plans pour plus de dynamisme (sauf si le sujet est une personne parlant et que l'on veut préserver la continuité du son si l'on ne dispose que d'une caméra). Il n'y a rien de plus désagréable que des plans trop longs en dehors des tremblements et mouvements de caméra ! Une bonne expérience est de regarder un film professionnel et de constater la manière dont il est filmé : plans courts, nombreux et très variés en cadrages, peu de mouvements de caméra ou très fluides et maîtrisés. Les seuls moments où les mouvements brusques de caméra sont acceptables c'est lors de scènes d'action, assez peu courantes en vidéo amateur. C'est un premier précepte, c'est le mouvement du sujet qui guide les mouvements de caméra. En revanche un montage modifiant fréquemment les points de vue par l'usage de plusieurs caméras est un procédé très souvent utilisé pour dynamiser une séquence.

Zoom et panoramique

À utiliser avec grande modération ! Utiliser le zoom pour préparer le cadrage avant de commencer et en cas d'utilisation en cours de prise procéder avec une vitesse de zooming très faible et régulière et éviter si possible la position trop extrême du zoom qui amènera immanquablement bougés et tremblements. Les objectifs stabilisés peuvent être une aide précieuse pour la stabilité de vos images à condition d'utiliser un micro externe.

Le panoramique est aussi à utiliser avec parcimonie, prendre un film vidéo ce n'est pas faire tenir tout le paysage dans 10 secondes de film ! Un panoramique doit être **très** lent (sinon il sera très désagréable et peu lisible à l'écran) et limité en amplitude (45° maximum). Et plus la focale utilisée est longue (déconseillé) plus il faut être lent et stable.

Éclairage

En extérieur en dehors de l'éclairage procuré directement par la lumière du jour et le soleil, la solution consiste à utiliser, comme en photo, des réflecteurs permettant de diminuer les ombres marquées sur le sujet filmé. Ces réflecteurs peuvent être des produits commerciaux comme les disques Lastolite, ou simplement des panneaux de polystyrène expansé très efficaces mais moins faciles à transporter !

En intérieur plusieurs solutions sont possibles. Les matériels détournés de leur usage premier comme les éclairages de chantier pouvant fournir un éclairage de puissance, les luminaires en papier permettant de diffuser la lumière et créant une ambiance plus douce, et les éclairages d'appoint spécialisés vidéo comme les ensembles de tubes fluorescents ou les panneaux de LED. Les panneaux de LED fournissent un éclairage de qualité peu énergivore et existant en différentes dimensions. Le modèle présenté est destiné à être monté sur la griffe porte-accessoires du reflex en usage type reportage. Mais des modèles bien plus grands permettent des éclairages plus élaborés. Le luminaire de papier est une solution pour obtenir à peu de frais un éclairage doux et diffusé lors d'une prise en intérieur. On l'équipera alors d'une lampe puissante.

▲ Éclairages d'appoint.

Son

C'est un point délicat. Même si le micro intégré du D7200 procure une qualité d'enregistrement très correcte, les appareils photo ne sont pas équipés idéalement pour la prise de son. En effet, les micros intégrés enregistrent les bruits de l'appareil (manipulations du zoom, moteur de mise au point, etc.) et bien sûr les bruits ambiants parasites de l'extérieur (vent par exemple). Sur le D7200 il est possible d'adapter un micro externe qui évitera une partie de ces inconvénients grâce à son éloignement de l'appareil et à sa caractéristique de directivité qui favorise les sons arrivant dans un angle assez étroit. En général le son ambiant est rarement intéressant (sauf en interview ou pour du film de famille en intérieur ou dans un endroit calme où les dialogues sont importants). Il sera beaucoup plus indiqué d'utiliser une musique de fond adaptée en postproduction, quitte à laisser le son original dans les séquences où il est de bonne qualité et intéressant (dialogues, bruits directement liés à la scène filmée).

◄ Micro externe directionnel stéréo. Il est de type unidirectionnel (cardioïde) et monté sur un support amortissant les vibrations. Il est doté d'un filtre électronique désactivable destiné à atténuer les bruits de vent et autres basses fréquences.

Dans les prises de son en extérieur, si l'on n'a pas la possibilité d'utiliser les services d'un perchman, la solution du micro cravate est excellente. Elle permet une assez bonne isolation sonore de la personne filmée et existe en liaison filaire (utilisable en interview statique) ou sans fil, cette dernière étant bien sûr la seule utilisable dans les autres cas.

Il est possible d'optimiser la prise de son en sélectionnant une des options dans le menu Son vidéo. On dispose du mode automatique de réglage du volume du son (par défaut) qui est assez efficace, et du mode manuel. Dans ce cas le niveau sera visualisé sur le bargraph affichable à l'écran, et après sélection de la fonction micro avec la commande **Q**, le réglage se réalise via le PAD. Le D7200 est équipé d'une prise casque très utile qui permet de vérifier en direct la qualité et le niveau de la prise de son.

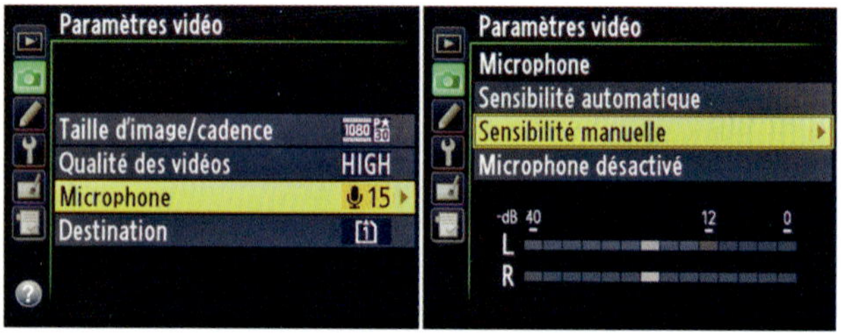

▲ Menu de réglage du micro.

Pour une prise de son de qualité et dans le cas où l'on filme avec plusieurs appareils, il existe des **enregistreurs numériques** indépendants. Si on utilise ce type de matériel il sera indispensable de procéder au « clap » en début de tournage afin de rendre possible la synchronisation du son et de l'image lors du montage des diverses sources d'image.

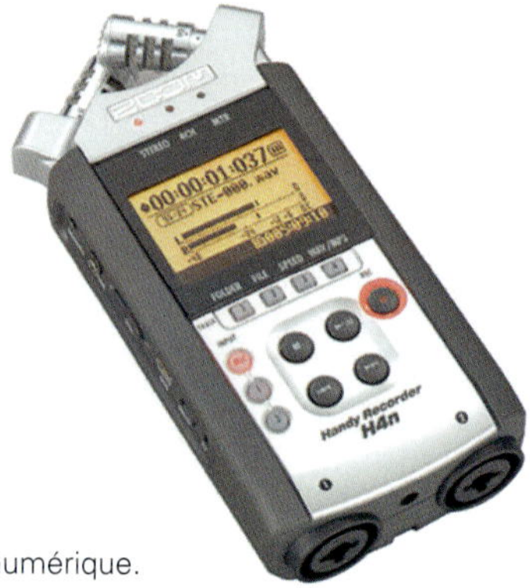

▶ Enregistreur numérique.

Photo pendant la vidéo

Pendant l'enregistrement d'une séquence vidéo il est possible de prendre une photo par l'intermédiaire du déclencheur photo. Malheureusement dans ce cas, la prise vidéo est stoppée mais elle est enregistrée. La photo est enregistrée dans la même taille que la vidéo, c'est-à-dire au format 16:9 et dans la même résolution.

9.6 MONTAGE ET POSTPRODUCTION

Lecture de la vidéo

Dans l'appareil elle se fait comme pour les photos en sélectionnant la vidéo en mode Lecture et en appuyant sur OK.

Mais il sera beaucoup plus qualitatif de contrôler ou visionner les vidéos en reliant l'appareil à un téléviseur HD par l'intermédiaire d'un câble HDMI.

Édition de la vidéo dans l'appareil

Dans le menu **Retouche** la fonction **Éditer la vidéo** permet une édition simple des plans vidéo en effectuant des coupes de début et de fin dans une prise.

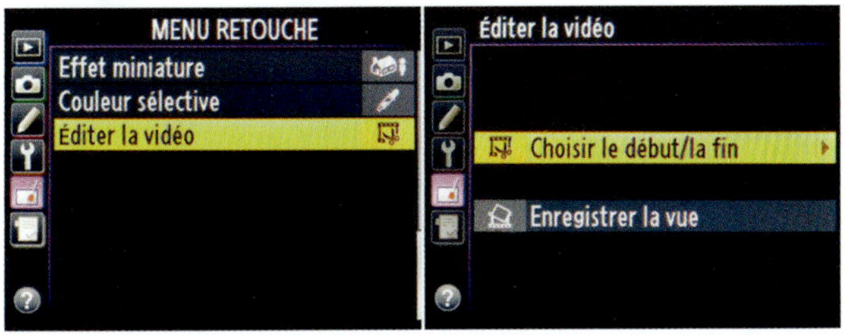

▲ Menu Éditer la vidéo.

Une autre option permet de sélectionner une image dans une vidéo, de la couper et de l'enregistrer comme une photo dans la carte. Pour cela, après avoir sélectionné cette fonction, on choisit le plan voulu puis on fait défiler la vidéo jusqu'à l'image souhaitée et on coupe l'image à l'aide d'une pression sur le haut du PAD. La taille de l'image enregistrée sera de 1 920 × 1 080 pixels comme la vidéo et permettra un tirage 13 × 19 cm de bonne qualité à condition que l'image choisie se trouve dans un instant où il n'y a aucun mouvement dans l'image.

Édition de la vidéo dans View NX-i

Une fois réalisées, les séquences vidéo peuvent être visionnées directement sur l'écran de l'appareil, ou en reliant l'appareil à un téléviseur à l'aide d'un câble HDMI (en option, se procurer un câble HDMI vers mini-HDMI). Il faudra simplement choisir le standard vidéo dans le menu Lecture (PAL en France) et sans doute sélectionner le menu adéquat dans le téléviseur. Mais il y a toujours des passages à éliminer, trop longs, peu intéressants ou bougés. Et rien n'est plus ennuyeux pour les spectateurs que de visionner une vidéo à la stabilité approximative et constituée de séquences trop longues. Donc le montage, même simple et rapide, est incontournable (sauf si on se contente de visionner les séquences en les insérant au milieu de photos et d'instants animés avec le logiciel Short Movie Editor fourni). Pour le faire nous allons utiliser les outils de View NX-i livrés avec l'appareil.

Après avoir installé et lancé le logiciel on va ouvrir la vidéo en plaçant la carte SD dans le lecteur USB ou en reliant l'appareil à l'ordinateur par le câble USB, et l'utilitaire Nikon Transfer installé avec View NX-i. Dans le bas de la fenêtre **Navigateur** de View NX-i apparaissent les images de l'appareil et les séquences vidéo reconnaissables au suffixe **.mov**. On sélectionne les vignettes vidéo et on clique sur **Movie Editor** dans la barre de menu, ce qui ouvre la fenêtre spécialisée dans laquelle apparaissent les séquences dans la partie source.

Préparation des séquences

On sélectionne la première séquence de notre film et on la fait glisser dans le premier emplacement de la table de montage séquentielle en bas de la fenêtre. À partir de là on peut déjà effectuer des coupes dans cette séquence, soit pour éliminer des passages inutiles, trop longs, flous ou inintéressants, soit pour diviser la séquence. Pour cela, en ayant sélectionné la séquence dans la table de montage, on clique sur l'icône Découpe dans la barre de menu, ce qui fait apparaître une nouvelle fenêtre qui va permettre de sélectionner la partie que l'on veut prélever dans la séquence. Il suffira d'avancer dans le film à l'aide de l'onglet jusqu'au début souhaité et de cliquer sur **Début** puis d'aller jusqu'à la fin souhaitée et de cliquer sur **Fin**. En appuyant sur OK on procède à la découpe. On peut ensuite insérer une autre séquence dans la table de montage et procéder à l'identique, ou même réinsérer la même séquence afin de prélever une partie non utilisée précédemment.

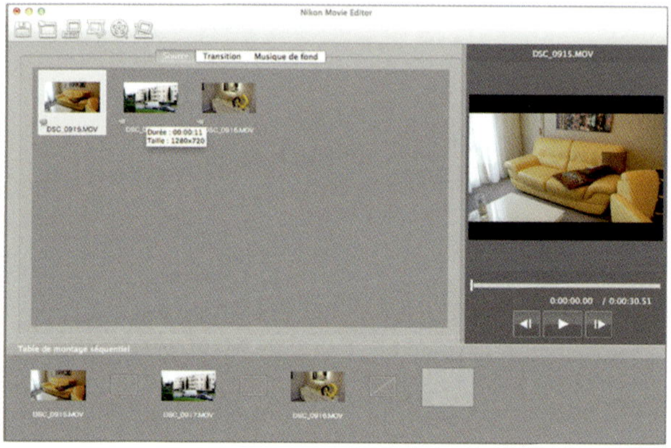

◀ Movie Editor.

Transitions

Les séquences peuvent et doivent se succéder directement dans la plupart des cas, mais il est possible de temps en temps, lors d'un changement de sujet dans le film, d'insérer une transition entre deux séquences. Pour cela on sélectionne le menu **Transition** dans la fenêtre et l'on choisit l'une des 11 options proposées. La plus douce est le **fondu enchaîné** qui mélange les dernières images de la première séquence avec les premières images de la deuxième de manière fluide. Cette transition, qui est la plus discrète par sa douceur et sa progressivité, pourra donc être utilisée plusieurs fois au cours du film. En revanche évitez le recours trop fréquent aux autres transitions qui donnent un côté artificiel et trop « amateur » au film. Il est possible de modifier la durée de la transition en faisant un clic droit (ou Ctrl + clic) sur la transition. Pour le fondu une durée de 1 seconde est suffisante dans la plupart des cas. Pour les transitions de type volet, choisir 0,5 seconde par exemple pour ne pas être trop insistant. De manière générale on pourra utiliser le fondu enchaîné lorsque l'on change de sujet, de lieu ou de moment dans le film ; les autres transitions seront utilisées le moins souvent possible. Les simples changements de plan de cadrage dans une même séquence seront directs sans artifices de transition.

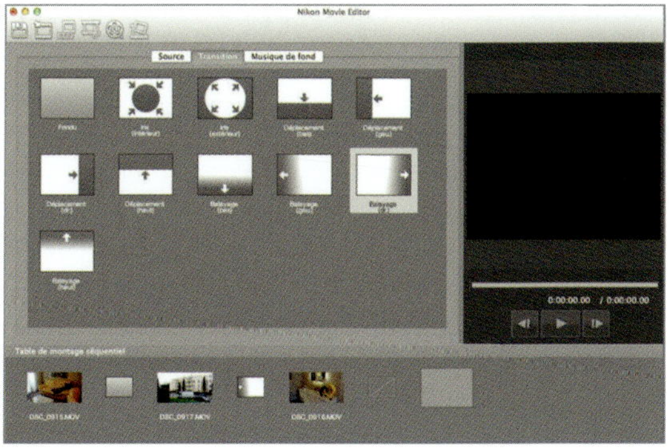

◀ Insertion de transitions.

■ Musique de fond

Il est aussi possible d'insérer une musique de fond qui remplacera le son original. On peut utiliser des fichiers **WAV** ou **AAC**. Si on ne dispose que de MP3 il est possible de les convertir avec **Audacity** (gratuit) par exemple (http://audacity.sourceforge.net).

Pour insérer une musique de fond cliquez sur le menu correspondant puis **Ajouter**, guidez jusqu'au fichier AAC ou WAV et validez par OK. Le titre apparaîtra dans la liste. Vous pouvez insérer plusieurs fichiers dans la liste et modifier leur ordre avec les boutons **Vers le haut** ou **Vers le bas**. Le volume sonore de chaque séquence peut être modifié séparément par un clic droit (ou Ctrl + clic) sur l'imagette de la séquence.

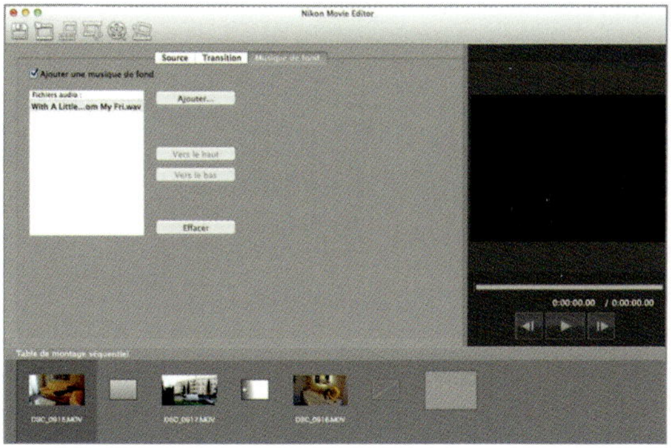

▶ Ajout d'un fond musical.

■ Exportation

Une fois l'ensemble du montage réalisé vous pouvez l'enregistrer (l'exporter). Cliquez sur l'icône Créer une vidéo (bobine) qui fera apparaître un menu où vous pourrez choisir le nom de la vidéo, le format d'exportation et sa taille. Il y a trois formats possibles donnant des compressions différentes donc des qualités différentes, le mode MOV H264/AAC étant le moins lourd et le mode Motion-JPEG/linear PCM étant le plus qualitatif. Les tailles d'image peuvent aussi être sélectionnées (dans le rapport 16:9).

Lecture du montage

Il va de soi que le fichier créé peut être lu sur tous les ordinateurs. Pour lire le montage vidéo sur un téléviseur, la solution la plus simple lorsqu'on possède un ordinateur portable muni d'une sortie HDMI est de le connecter au téléviseur. Sinon il faut utiliser un logiciel d'**authoring** qui permet de créer un DVD lisible par un lecteur DVD de salon avec son menu d'accueil. En ce qui concerne les logiciels de montage vidéo disponibles gratuitement ou presque, signalons **Windows Movie Maker** livré avec les PC, et **iMovie** et **iDVD** de la suite iLife pour Mac. Moyennant environ 100 € un logiciel comme **Adobe Premiere Elements** (Mac et PC) permet tout cela et bien d'autres choses comme le montage, le titrage, des effets, l'ajout d'un fond sonore, les modifications des couleurs, etc.

Stockage des clips et séquences

Image disque .dmg (Mac)

Les fichiers des différents clips d'une séquence vidéo se trouvant dans une carte SD peuvent être enregistrés tels quels sous la forme d'une image disque de la carte SD dans l'ordinateur plutôt que de transférer les fichiers séparés. L'avantage est que l'on dispose alors d'un élément de stockage monobloc plus difficile à modifier par erreur par rapport à des quantités de clips séparés même regroupés dans un dossier plus facile à ouvrir et modifier. Là, le disque sera enregistré en lecture seule, ce qui empêchera d'en modifier les éléments qu'il contient qui ne pourront l'être qu'extérieurement par la création de copies. Il suffit, après avoir glissé la carte dans un lecteur, d'accéder à l'utilitaire de disque et de sélectionner la carte qui apparaît dans la liste des disques présents puis de demander la création d'un disque image et d'indiquer sa destination.

Image disque ISO (PC)

Sous PC, on peut utiliser entre autres un logiciel de gravage qui permettra de réaliser une image disque ISO gravable. Ces images disques constitueront les archives des clips et séquences vidéo.

Logiciels de lecture et montage vidéo

Ils sont nombreux, mais on peut citer trois catégories principales :

Logiciels gratuits ou très peu onéreux

Pour la simple lecture et ou un montage simple :

- Quick Time (Mac ou PC).
- Windows Media Player (PC).
- VLC Player (Mac ou PC).

Logiciels de montage à prix raisonnable

- iMovie (Mac sur Appstore Apple). iMovie permet de créer un DVD non HD d'après ses vidéos.
- Final Cut Express (Mac).
- Adobe Premiere Elements (Mac ou PC).
- Sony Vegas Movie Studio (PC).

■ Logiciels professionnels (plus de 1 000 €)

Ces logiciels permettent un travail professionnel et peuvent être complétés de modules spécialisés comme Adobe After Effects pour les interventions sur la couleur et bien d'autres.

- Adobe Premiere pro (Mac ou PC).
- Apple Final Cut Pro (Mac).

Création de DVD et Blu-ray

C'est la dernière étape après le montage appelée **authoring**, c'est-à-dire création d'un DVD ou Blu-ray avec titres et chapitres accessibles directement depuis un menu d'accueil et autres fonctionnalités plus ou moins élaborées.

Pour Mac, on trouve **iDVD** dans la suite iLife. C'est un logiciel très simple et facile d'accès, largement automatisé, et il se charge de la compression. Comme son nom l'indique il ne peut pas traiter l'*authoring* des Blu-ray.

▶ Jaquette d'un DVD de vidéos familiales créée automatiquement avec iDVD.

Dans le domaine professionnel on citera par exemple **Adobe Encore** ou **DVD Studio Pro** d'Apple.

Pour Mac et PC, **Roxio Toast Titanium** permet, en plus de ses fonctions de gravage, l'*authoring* des DVD et Blu-ray.

Publier des fichiers vidéo sur le Web

De nombreux hébergeurs de vidéos pullulent sur le Web. Les plus connus, sont évidemment **YouTube** et **Viméo**. Ces deux hébergeurs acceptent les vidéos HD en 1080p. Quant aux formats acceptés, si on veut la qualité il faudra utiliser le H.264. YouTube accepte les fichiers vidéo en Flash (FLV), MPEG2 et MPEG4. La limite est fixée à 2 Go ou 10 minutes.

Les logiciels de montage intègrent souvent des possibilités d'exportation aux divers formats acceptés sur le Web. Les plus complets en choix de formats et de compression sont évidemment les logiciels pro comme Adobe Première ou Final Cut Pro mais on peut trouver son bonheur dans les logiciels plus simples et peu onéreux déjà cités dans la partie montage.

Matériel informatique

Compte tenu du poids des fichiers vidéo HD, le montage est une opération qui mobilise toute la puissance disponible de l'ordinateur. Il est donc indispensable de disposer d'un matériel récent, puissant (Core i7 par exemple), d'un système en 64 bits, de 8 Go de mémoire vive et doté d'une carte graphique performante et d'un disque dur rapide. Sans cela, le montage et l'exportation des vidéos HD risquent de devenir très laborieux voire impossibles.

10

ENTRETENIR SON APPAREIL

Le D7200 ne nécessite pas beaucoup d'entretien, mais comme pour tout appareil électronique et optique complexe, un minimum d'attention porté à son utilisation et quelques soins réguliers lui seront bénéfiques.

10.1 LE CAPTEUR ET LES POUSSIÈRES

Contrairement au film qui ne passe qu'une fois dans l'appareil, le capteur reste en place tout au long de sa vie. Il est donc confronté aux poussières présentes dans l'appareil et à celles venant de l'extérieur. Sa surface est traitée antistatique de manière à minimiser leur dépôt, mais il est inévitable que cela se produise à la longue.

Ce phénomène sera grandement limité par un entretien régulier de l'appareil et des objectifs et par quelques précautions élémentaires. Les poussières sont tout de même des ennemies de nos images ! Il convient donc de connaître les tenants et aboutissants de ce problème et les manières d'y remédier.

Les causes

Les poussières ont deux origines, l'intérieur et l'extérieur de l'appareil. Les mécanismes internes, obturateur, miroirs, moteurs de commande divers, créent inexorablement des micro-particules d'usure qui vont s'accumuler dans l'appareil. Mais la source la plus importante de poussières vient de l'extérieur. Remettons tout de suite au niveau qu'il mérite le problème souvent évoqué de l'entrée de poussières lors du changement d'objectif. Certes, si on procède dans une atmosphère saturée en poussières, ou par grand vent dans une zone de terre sèche, le risque est réel, mais dans les cas normaux les poussières ne se précipitent pas à l'intérieur de l'appareil dès que l'on a enlevé l'objectif !

Tentez une petite expérience

Ouvrez la porte du logement de cartes et montez un zoom sur l'appareil. Puis approchez votre visage au contact du logement de cartes et manœuvrez énergiquement la bague de zoom de l'objectif. Vous allez sentir un flux d'air entrant ou sortant selon le sens du mouvement des optiques du zoom qui agissent comme une pompe. La puissance de cette aspiration d'air extérieur permet de relativiser les risques d'entrée de poussières dans le cas d'un simple changement d'optique qui n'occasionne aucun déplacement d'air, et de comprendre l'origine de la grande majorité les poussières : toutes les ouvertures de l'appareil et des objectifs lors des mises au point et mouvements de zoom.

L'effet des poussières

Par son battement, le miroir provoque un mouvement d'air qui peut mobiliser les poussières présentes dans la chambre reflex. À la longue, elles peuvent se déposer sur le filtre placé devant le capteur. Une fois déposée la poussière forme un obstacle au passage de la lumière et son ombre va se projeter sur le capteur. Comme le filtre a une certaine épaisseur, il la maintient à une certaine distance du capteur, et la tache apparaîtra donc très floue et quasi transparente, invisible sur une image à structure complexe. Plus le diaphragme sera fermé plus l'ombre projetée sera nette et sombre, donc visible dans l'image. La visibilité des poussières est maximale dans les zones claires et unies de l'image, un ciel bleu par exemple, mais quasi nulle dans une partie d'image très riche en détails.

Les remèdes

Système anti-poussière de l'appareil

Il est constitué par des éléments piézoélectriques placés au contact du filtre surmontant le capteur et qui ont la propriété de vibrer en fonction du signal électrique de haute fréquence qu'on leur applique. Cette vibration tend à décoller les poussières de la surface du capteur et à les faire glisser vers le bas par simple gravité, c'est pour cela qu'il sera plus efficace si l'appareil est posé sur sa base, capteur vertical. Ce système n'est pas d'une grande efficacité mais il limite tout de même un peu la présence de poussières. Une option dédiée du menu **Configuration** permet d'activer ce nettoyage à la demande, ou automatiquement au démarrage de l'appareil ou à son arrêt, ou dans les deux cas.

▲ Système de nettoyage du capteur.

▲ Menu Nettoyer le capteur d'image.

Photos de correction des poussières

C'est une méthode logicielle utilisée depuis longtemps par Nikon qui nécessite l'utilisation conjuguée du logiciel Capture NX-D (voir section **8.3**). En conditions de voyage par exemple, cette solution peut être très efficace et pratique. Elle consiste à prendre, avant chaque journée de prise de vue, une image qui enregistre l'emplacement et la forme des poussières présentes sur le capteur. Lorsqu'on ouvre les images dans NX-D, on active le menu dédié et on importe la photo test qui permet au logiciel d'éliminer les poussières enregistrées des images traitées. Le logiciel procède comme on le ferait manuellement dans Photoshop avec l'outil tampon, mais de manière automatique et répétitive avec toutes les images.

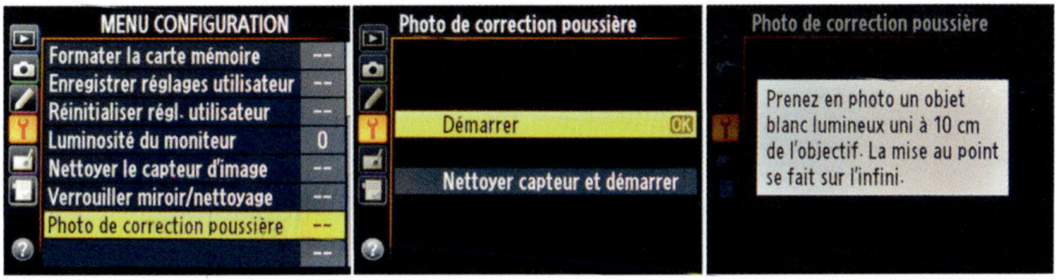

▲ Menu Photo de correction poussière.

Pour que cette méthode fonctionne correctement il faut impérativement :

- utiliser le format RAW ;
- faire l'image test avant de commencer les prises de vue, et renouveler l'opération à intervalles rapprochés car le logiciel n'acceptera pas de fonctionner avec un test trop ancien ;
- désactiver la fonction de nettoyage à chaque démarrage/arrêt ; on pourra utiliser cette fonction de temps en temps manuellement juste avant de refaire une image test.

Précautions

Ce sera le moyen le plus efficace d'éviter le plus gros du problème ! Comme la petite expérience précédente nous l'a montré, ce qu'il faut avant tout c'est que l'extérieur et l'environnement immédiat de l'appareil lui-même soient exempts de poussières afin que celles-ci ne puissent pas pénétrer à l'intérieur par toutes les ouvertures disponibles.

10.2 L'ENTRETIEN EN PRATIQUE

Vous constaterez qu'au bout de quelques jours/semaines d'utilisation, les plus grosses poussières s'amassent dans les rebords du logement de cartes, preuve des effets de l'aspiration par le pompage des objectifs. La mesure logique à prendre est d'éviter que cette aspiration puisse entraîner ces poussières vers l'intérieur de l'appareil en nettoyant fréquemment les bords des logements des cartes CF, avec un aspirateur (en puissance faible) plutôt qu'avec un pinceau, pour éviter de propulser les poussières présentes vers l'intérieur. De même pour l'intérieur des sacs de transport des appareils qu'il faut nettoyer régulièrement avec un aspirateur, en forte puissance cette fois, car les tissus produisent et accumulent beaucoup de très fines poussières et débris divers qui auront tôt fait de se retrouver dans les plus fines ouvertures des appareils, les secousses des transports aidant !

Pour vérifier l'état de propreté du capteur

- Utilisez une focale proche de 50 mm, sensibilité 100 ISO, désactivez l'AF, affichez la distance minimale sur l'objectif, passez en mode Priorité ouverture (A) et sélectionnez le diaphragme f/16.
- Visez une partie de ciel bleu ou de ciel blanc uniforme. Déclenchez.
- Visualisez l'image à 100 % à l'ordinateur pour rechercher la présence éventuelle de poussières, ou utilisez l'afficheur LCD. Dans ce dernier cas visualisez l'image avec un grossissement assez important (8 pressions successives sur la touche +). Placez le carré de visualisation en bas à gauche de l'écran, puis, avec le PAD, balayez horizontalement l'image à la recherche d'une poussière, qui apparaîtra comme une tache sombre. Arrivé en bout d'image, remontez le rectangle de visualisation d'un niveau et continuez le balayage dans l'autre sens et ainsi de suite jusqu'à la fin.

Vous devez être conscient qu'il y aura toujours quelques poussières visibles dans ces conditions d'observation très sévères. Tant que leur nombre et leur taille restent limités, on fait avec et on les élimine en post-traitement lorsqu'elles sont trop visibles dans l'image. Les poussières réellement gênantes sont celles se trouvant dans le haut de l'image car elles peuvent être particulièrement visibles sur fond de ciel bleu uni.
Attention, comme l'objectif projette une image inversée, les poussières qui apparaissent en haut dans l'image se trouvent en fait dans le bas du capteur !

En ce qui concerne le nettoyage physique du capteur pour les poussières gênantes résistantes au système de nettoyage de l'appareil, il est possible d'utiliser divers systèmes proposés dans le commerce. Mais le plus simple est d'abord d'utiliser une poire soufflante de taille assez importante (et adaptée à cet usage, c'est-à-dire qui possède une soupape permettant de ne pas aspirer l'air par la canule – vous trouverez cet accessoire chez les photographes ou les sites Internet spécialisés) afin de souffler à l'intérieur de la chambre reflex.

▲ Nettoyage de la chambre reflex.

Pour cela on procédera de la manière suivante, **et dans l'ordre** :

- Nettoyage général de l'extérieur de l'appareil et des diverses prises (gros pinceau très souple) puis finition avec la poire soufflante ou une bombe à air.
- Dans une autre pièce afin d'éviter les poussières que l'on vient de disperser, objectif démonté, nettoyage de la chambre reflex en variant les angles de jet d'air (poire/bombe à air).
- Dans le menu **Configuration**, activer **Verrouiller miroir** puis **Démarrer**. Le miroir remonte et l'obturateur s'ouvre, découvrant le capteur.
- Coups de soufflette sur le capteur en variant les angles de jet (poire/bombe à air).
- Fermeture de l'obturateur en mettant l'appareil hors tension.
- Ne pas oublier de nettoyer l'arrière des objectifs ainsi que l'intérieur des divers bouchons avant de les replacer.

Remarque Il est possible d'utiliser une bombe à air à la place de la poire sur le capteur, mais cela nécessite quelques précautions. Tout d'abord acheter une bombe adaptée à cet usage (garantie sans projection de liquide et projetant de l'air sec). Ne pas la secouer ! Il faut absolument que la bombe soit maintenue verticale et immobile pendant toute l'opération. De même, éviter de relâcher la pression sur la bombe pendant le nettoyage, toujours pour éviter tout « crachotement ». La meilleure méthode est de la poser au bord d'une table afin de la stabiliser pendant la durée du nettoyage. Il faut toujours commencer par actionner la bombe dans le vide en appuyant fermement sur sa buse, puis, après 2 secondes de fonctionnement et sans relâcher la pression, approcher l'appareil (à 15 cm de la canule, obturateur fermé, et à 10 cm minimum, obturateur ouvert). C'est donc l'appareil que l'on placera sous le jet d'air et que l'on inclinera sous divers angles pour provoquer une circulation d'air dans la chambre reflex. 3 à 4 secondes suffisent.

Il existe une autre méthode pour un nettoyage facile des poussières résistantes au précédent nettoyage. Le stylo **Lenspen SensorKlear** (digit-photo.com) dont le bout est doté d'un tampon triangulaire équipé d'un tissu doux et rempli de carbone antistatique, est d'une très bonne efficacité et particulièrement commode à utiliser sur le terrain en voyage.

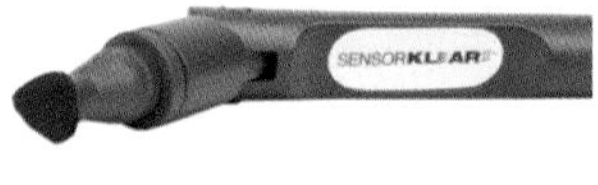

Bien que ces conseils d'utilisation soient simples et qu'ils ne demandent qu'un peu de soin, je décline toute responsabilité quant à leur utilisation. Chacun décidera de l'opportunité de les effectuer ou de s'adresser à un professionnel compétent. En cas de taches grasses, de projections humides séchées ou de poussières collées, la seule méthode réellement efficace est le nettoyage avec un liquide spécial et des bâtonnets adaptés. Dans ce cas le recours à un spécialiste est plus prudent. Pour les Parisiens ou les photographes de passage dans la capitale, Nikon effectue ce nettoyage, gratuitement pendant le temps de la garantie et payant au-delà, à l'**Espace Nikon** (88 boulevard Beaumarchais 75011 Paris).

Remarque Après ce tour rapide des différentes possibilités de nettoyage, n'ayez crainte. Si vous conservez votre sac de transport propre (passage régulier de l'aspirateur pour éliminer les nombreuses poussières et débris divers qui s'accumulent) et que vous nettoyez régulièrement les trappes de votre appareil et l'arrière de vos objectifs, le système de nettoyage du D7200 suffira à vous prémunir longtemps contre toute poussière gênante.

10.3 USAGE DE L'APPAREIL EN ZONE HUMIDE ET SOUS LA PLUIE

De manière générale on évitera les projections d'eau et de l'humidité, mais il arrive que l'on ne puisse éviter de mouiller l'appareil lors de prises de vue par temps pluvieux. Le D7200 est protégé contre les entrées d'eau par des joints placés au niveau de toutes les commandes, mais il ne s'agit en aucun cas d'étanchéité, seulement d'une protection contre une pluie de faible intensité et pendant un temps limité.

Une précaution simple dans les cas courants de prise de vue sur pied est de se munir d'une peau de chamois de taille adaptée à son équipement que l'on posera sur le fût de l'objectif ainsi que l'avant du boîtier. Ainsi on évitera la stagnation de l'eau directement sur l'appareil qui pourrait pénétrer à la longue. Il suffira d'essorer la peau de temps en temps qui reprendra sa faculté d'absorption. Dans les cas plus extrêmes ou pour des longues durées d'exposition, il existe des protections adaptées aux diverses tailles et formes d'appareils et d'objectifs chez les spécialistes de l'affût en photo animalière. Une fois les prises terminées, une peau sèche permettra d'éliminer facilement toute trace d'eau résiduelle. D'autre part un appareil qui a subi ce genre d'exposition doit faire l'objet systématiquement d'un séchage complet pendant plusieurs heures dans une pièce à température convenable, objectif démonté et trappe de cartes ouverte afin de permettre l'élimination de l'humidité interne. De même pour les objectifs, sans oublier les sacs de transport.

Dans des pays tropicaux au taux d'humidité très élevé, en cas de séjours de courte durée les risques sont très faibles même sans précautions particulières. Néanmoins on ne peut que conseiller, lorsque l'on peut disposer d'une chambre d'hôtel climatisée, d'en profiter pour procéder comme ci-dessus pour assécher l'intérieur de l'appareil chaque nuit.

Pour des séjours plus longs il sera utile de procéder de même, et si l'on est dans la nature loin des climatiseurs il faudra s'équiper d'une mallette étanche (Pélican) dans laquelle on placera un sachet de produit dessicant (silicagel), en n'oubliant pas de le régénérer fréquemment en le plaçant dans un four (classique) à une température de 50° à 60° environ pendant quelques minutes jusqu'au changement de couleur des cristaux, s'ils sont visibles. Éviter le stockage prolongé des appareils et objectifs dans les sacs qui stockent l'humidité et rendent difficile son élimination par le manque de circulation d'air autour des appareils.

En cas d'usage de l'appareil en zones très froides, il faut absolument éviter de rentrer l'appareil et les objectifs dans une pièce chauffée. En effet, dans ce cas, l'humidité de l'air chaud se condense sur l'appareil très froid qui va alors être presque instantanément noyé. Il convient donc de le laisser enfermé dans un sac photo épais avant de l'amener à l'intérieur afin qu'il se réchauffe très lentement.

GLOSSAIRE

Aberrations (optiques) : anomalies dans les images produites pouvant concerner, entre autres, la géométrie, les couleurs ou la répartition de la lumière dans l'image.

Airy (tache d'–) : phénomène lié à la diffraction (voir section **6.6**).

Asphérique : profil non sphérique de la courbure d'une lentille. Cette forme complexe permet de réduire les distorsions géométriques et certaines aberrations tout en diminuant le nombre de lentilles nécessaires.

Autofocus : système de mise au point de netteté automatique. Voir chapitre **2**.

Balance des blancs : réglage permettant d'obtenir un rendu des couleurs satisfaisant pour l'œil, quel que soit le type d'éclairage ambiant. Voir section **4.2**.

Bracketing : expositions multiples de la même scène avec différents réglages. Voir section **3.4**.

Buffer : mémoire tampon de l'appareil. Les données enregistrées par le capteur sont provisoirement stockées dans cette mémoire, en attendant que le logiciel de l'appareil les ait traitées pour les stocker dans la carte SD. C'est une sorte de file d'attente.

Bulb : utilisé pour désigner la pose dite B. L'obturateur reste ouvert tant que l'on maintient le déclencheur enfoncé. L'autre mode moins courant est la pose T où une pression sur le déclencheur ouvre l'obturateur qui reste ouvert jusqu'à ce que l'on ré-appuie sur le déclencheur.

Capteur : pièce électronique composée de millions de points sensibles à la lumière, capable d'enregistrer l'image fournie par l'objectif de l'appareil.

Coefficient multiplicateur : l'angle de champ d'une optique est fonction de sa focale. Selon la taille du capteur on utilise des optiques de focale adaptée. Ainsi un 50 mm est une focale dite « normale » sur un appareil 24 × 36. Une focale donnant le même angle de champ (le même cadrage) sur un appareil APS-C (DX) sera un 35 mm. Il existe donc un rapport ×1,5 entre les deux formats. Si l'on monte un 50 mm sur un D7200 configuré en mode DX on obtiendra l'équivalent en angle de champ d'un 75 mm monté sur un appareil 24 × 36.

Couple vitesse-diaphragme : les différentes combinaisons de ces deux paramètres fournissant la même quantité de lumière au capteur. Voir section **3.1**.

Dématriçage : « développement » des données brutes (RAW) du capteur.

Diaphragme : iris réglable obturant plus ou moins les objectifs (voir section **3.1**).

Diffraction : défaut optique dû à l'interaction des rayons lumineux avec les bords des lamelles de diaphragme. Ce défaut se traduit par une perte de résolution (netteté) de l'image, particulièrement sensible aux fortes fermetures du diaphragme (voir section **6.6**).

D-Lighting : système Nikon d'amélioration de la dynamique de l'image par éclaircissement des basses lumières et éventuellement action simultanée sur les paramètres d'exposition (voir sections **4.4** et **6.3**).

Dynamique : la plage dynamique d'une scène, c'est l'écart entre la partie la plus claire et la plus sombre de cette scène. La dynamique du capteur de l'appareil photo est l'écart de luminosité maximum qu'il est capable d'enregistrer dans la même exposition. Voir section **3.5**.

ED *(Extra low Dispersion)* : verre utilisant des composants permettant une focalisation des diverses couleurs de la lumière exactement dans le même plan. Cela évite les aberrations chromatiques.

Ergonomie : organisation et accessibilité des boutons de réglages, des menus de l'appareil.

Espace couleur : ensemble des couleurs perceptibles par un élément photosensible ou reproductibles par un périphérique (voir section **4.2**).

EXIF (données –) : données enregistrées dans un fichier lié à chaque image, comportant la date et l'heure de prise de vue et tous les réglages et paramètres de l'appareil photo.

Exposer à droite : expression signifiant exposer de manière à placer les hautes lumières de l'image à l'extrême droite de l'histogramme, sans l'atteindre tout à fait. On utilise ainsi l'entière dynamique de l'appareil et son meilleur rapport signal/bruit (voir section **6.1**).

Filé (effet de –) : effet de vitesse donné par l'utilisation d'un temps d'obturation trop lent pour figer un mouvement (filé du sujet mobile si le photographe est immobile, ou filé du paysage si le photographe suit le mobile tout en déclenchant). Voir section **5.4**.

Firmware : microprogramme informatique organisant les divers réglages, menus et fonctions de l'appareil. Il peut être mis à jour pour corriger des anomalies de fonctionnement ou améliorer des performances ou même ajouter des fonctions. Voir section **4.8**.

Flare : effet produit par les diverses réflexions anormales de la lumière à l'intérieur de l'objectif et de la chambre reflex (voir section **6.8**).

Focale (distance –) : désigne une des caractéristiques principales d'un objectif. Elle est exprimée en mm. C'est la distance qui sépare le centre optique de l'objectif du capteur lorsque l'objectif est réglé sur l'infini. Un zoom est un objectif à focale variable. Plus la focale est longue, plus le champ couvert est étroit (téléobjectif) ; plus la focale est courte, plus le champ couvert est large (grand-angle).

HDMI (*High Definition Multimedia Interface*) : connectique récente destinée à la vidéo haute définition.

Histogramme : en photo, c'est un graphique représentant la répartition des différents tons de l'image des basses aux hautes lumières. Voir section **3.4**.

IL : indice de luminance (ou en anglais EV pour *exposure value*). Corriger l'exposition de +1 IL consiste à doubler la quantité de lumière arrivant sur le capteur, en ouvrant le diaphragme d'une valeur ou en diminuant la vitesse d'une valeur. La luminance d'un sujet est la quantité de lumière qu'il réfléchit dans la direction de l'appareil photo (voir section **3.1** et tableau p. 49).

IPTC (*International Press Telecommunications Council*) : norme de stockage de métadonnées (titre, auteur, copyright, etc.) dans les fichiers images numériques.

ISO : acronyme d'un organisme international créant différentes normes. En photographie on parle de sensibilité ISO qui est une échelle de sensibilités normalisées.

LCD (*Liquid crystal display*) : écran à cristaux liquides. L'écran qui permet de visualiser les images sur le D7200 est un écran LCD.

Luminance : voir IL.

Mesure matricielle : mesure de cellule multizones, dite évaluative (voir section **3.2**).

Métadonnées : informations inscrites dans le fichier image regroupant toutes les conditions de prise de vue.

Mo (mégaoctet) : 1 million d'octets (1 octet = 8 bits).

Nanocrystal : traitement de surface Nikon de dernière génération des lentilles d'objectif, permettant d'obtenir une réduction drastique des reflets et une augmentation du contraste des images obtenues. Les objectifs bénéficiant de ce traitement sont marqués d'un N doré.

NEF (*Nikon Electronic File*) : suffixe des fichiers RAW Nikon.

Obturateur : système mécanique équipé de rideaux métalliques permettant d'exposer le capteur à l'image fournie par l'objectif pendant un temps programmé (voir section **3.1**).

PdC : voir profondeur de champ.

Photosite : cellule de base sensible à la lumière d'un capteur (parfois improprement nommé pixel).

Piqué : netteté perçue de l'image, netteté des transitions principalement (voir section **6.6**).

Pixel : de l'anglais *picture element* ou élément de base d'un fichier image informatique.

Pose B (*bulb*) : l'obturateur s'ouvre par action sur le déclencheur et reste ouvert jusqu'à ce que l'on relâche la pression. Le temps de pose est décompté par le photographe lui-même.

Pose T : pose de longue durée obtenue par l'intermédiaire de la télécommande, une pression sur celle-ci ouvre l'obturateur et une deuxième pression le referme. Le temps de pose est décompté par le photographe lui-même.

Postérisation : diminution de la richesse de tons d'une image (voir section **6.1**).

Profondeur de champ : étendue en profondeur de la zone nette dans l'image. Plus on ferme le diaphragme, plus la zone de netteté est importante. Voir section **5.2**.

Rapport de reproduction : c'est le rapport entre la dimension réelle de l'objet photographié et la taille de son image sur le capteur. Si les deux sont identiques on dit que le rapport est 1:1. Si l'objet est deux fois plus petit sur le capteur que dans la réalité le rapport est 1:2 et ainsi de suite.

RAW : « brut » en anglais. Chez Nikon ce type de fichier est nommé par le suffixe NEF (*Nikon Electronic File*). C'est un fichier électronique comportant les données enregistrées par le capteur sous forme numérique. Ce n'est qu'une liste de chiffres et symboles caractérisant les données enregistrées par chaque pixel du capteur. À ce stade ce n'est pas encore un fichier image.

Résolution : capacité d'un objectif ou d'un capteur à transmettre ou reproduire les plus fins détails de la scène (voir section **6.6**).

RVB : les trois couleurs primaires rouge, vert, bleu (RGB en anglais).

Synchronisation (vitesse de –) : c'est la vitesse maximale utilisable avec le flash, 1/250 s dans le cas du D7200. Jusqu'à cette vitesse, l'obturateur mécanique découvre entièrement le capteur, permettant au flash de l'illuminer d'un bloc. Au-delà de cette vitesse, l'obturateur se comporte comme une fente qui balaye le capteur. La durée de ce balayage étant beaucoup plus longue que celle de l'éclair du flash, celui-ci ne peut éclairer l'ensemble du capteur, sauf en utilisant la fonction de synchronisation haute vitesse (voir section **5.1**).

Téléobjectif : longue focale.

TTL (mesure –) : *Through The Lens*, à travers l'objectif. Voir section **3.2**.

Vignetage : défaut optique des objectifs se manifestant par l'assombrissement des bords et coins de l'image. Ce défaut est maximal à pleine ouverture et s'atténue en fermant le diaphragme.

VR (*Vibration Reduction*) : système optique Nikon de réduction du bougé du photographe et des vibrations de l'appareil. Voir section **2.5**.

Zoom : objectif à focale variable.

LIVRES, SITES ET ADRESSES UTILES

Photo numérique

- Tom Ang, *Masterclass de photographie*, Dunod, 2016.
- Tom Ang, *Manuel de photographie numérique*, Dunod, 2e édition, 2015.
- Tom Ang, *Comment tout photographier*, Dunod, 2015.
- Florence At, Vincent Burgeon et Fabien Ferrer, *Tu n'utiliseras point le flash automatique : les 365 lois de la photographie*, Dunod, 2015.
- Pierrick Bourgault, *100 conseils pratiques pour mieux photographier*, Dunod, 2e édition, 2015.
- Jacques Croizer, *Tous photographes : sur le terrain ! Apprenez à tout photographier*, Dunod, 2016.
- Jacques Croizer, *Tous photographes ! 58 leçons pour réussir vos photos*, Dunod, 2e édition, 2014.
- Michael Freeman, *101 trucs & astuces pour la photo numérique*, Dunod, 2016.
- Michael Freeman, *Photographie : 50 pistes créatives*, Eyrolles, 2016.
- Arnaud Frich, *La photographie panoramique*, Eyrolles, 2014.
- David Gibson, *Street photography : le manuel du photographe de rue*, Dunod, 2014.
- Volker Gilbert, *Les secrets de l'exposition en photographie*, Eyrolles, 2017.
- David Taylor, Tracy Hallett, Paul Lowe et Paul Sanders, *Mon cours de photo en 20 semaines chrono*, Dunod, 2016.

Traitement de l'image

- Philippe Chaudré, *L'essentiel de Lightroom 6/CC : développement, catalogage, retouche et diffusion*, Dunod, 2015.
- Martin Evening, *Photoshop CC pour les photographes*, Eyrolles, 2015.
- Martin Evening, *Lightroom 6/CC pour les photographes*, Eyrolles, 2015.
- Éric Klasen, *Travaux pratiques Retouche de portrait avec Photoshop*, Dunod, 2012.
- Éric Klasen, *Travaux pratiques Noir & blanc et monochromes avec Photoshop*, Dunod, 2013.
- Patrick Moll, *Maxi Travaux pratiques Lightroom 6/CC – Des fondamentaux aux fonctions avancées : 61 TP pour maîtriser Lightroom* (+ CD), Dunod, 2015.
- Karine Warbesson, *Travaux pratiques avec Photoshop Elements*, Dunod, 2011.

Sites utiles

- Site support de Nikon France (téléchargements de modes d'emploi et de mises à jour de logiciels et *firmwares*) : https://nikoneurope-fr.custhelp.com/app/answers/list
- Site de suivi des réparations :
  http://europe-nikon.com/fr_FR/service_support/repair_track_iframe.page?lang=
- Site officiel de Nikon France : www.nikon.fr

- Site officiel de Nikon Japon : www.nikon.com/index.htm
- Site de l'auteur consacré aux reflex Nikon : http://b-rome.com
- Pictchallenge, site de Jean-Marie Sepulchre consacré à des tests d'objectifs et d'appareils numériques : www.pictchallenge.fr et http://pictchallenge.blogspot.com
- Aube nature, site principalement dédié à la photo animalière : www.aube-nature.com
- Nikon Passion, site de passionnés de Nikon et de l'image en général : blog.nikonpassion.com
- Tests d'appareils et actualité numérique : www.lemondedelaphoto.com
- Site de la rédaction de la revue *Réponses Photo* : http://photofloue.net
- Un site renommé pour tout ce qui touche à la photo panoramique et à la calibration écran : http://arnaudfrichphoto.com
- Blog informatif particulièrement tourné vers le reportage et le voyage : http://macandphoto.com
- Site et forum de la revue *Chasseur d'images* : chassimages.com
- Forum dédié au matériel Nikon : www.pixelistes.com

Adresses utiles

Nikon France :

191 rue du marché Rollay 94504 Champigny-sur-Marne Cedex

Tél. 01 45 16 45 16

Espace Nikon où l'on peut déposer et récupérer ses réparations :

88 boulevard Beaumarchais 75011 Paris

Nikon School, centre de formation de Nikon qui organise des stages sur les logiciels maison ainsi que Photoshop et sur les techniques d'éclairage ou de prise de vue avec des spécialistes reconnus :

88 boulevard Beaumarchais 75011 Paris

www.nikon.fr/Nikon_Spirit/espace.nsf/wHome/Home.htm

76459 (I) CSB 135° NOC-API
Dépôt légal : avril 2017
Imprimé en France par Loire Offset Titoulet (42000 Saint-Étienne)